普通高等院校电子信息类系列教材

SDH 技术（第 2 版）

孙学康　毛京丽　编

人民邮电出版社

北京

图书在版编目（CIP）数据

SDH技术 / 孙学康，毛京丽编. —2版. —北京：人民邮电出版社，2009.7
(普通高等院校电子信息类系列教材)
ISBN 978-7-115-19984-3

Ⅰ. S… Ⅱ. ①孙…②毛… Ⅲ. 光纤通信－同步通信网－高等学校－教材 Ⅳ. TN929.11

中国版本图书馆CIP数据核字（2009）第093411号

内容提要

本书分为两部分共10章。第1部分包括第1章和第2章，详细地介绍了SDH的基本概念以及SDH的复用、映射和定位等基本原理。第2部分包括第3章至第10章，内容侧重实际应用技术，介绍SDH设备（包括终端设备、分插复用设备、数字交叉连接设备、中继设备）、SDH传输网的结构及其自愈功能、SDH传输系统性能分析、基于SDH多业务传送平台、SDH网络同步、SDH&MSTP网络管理等实际问题。另外，讨论了SDH在互联网、接入网中的应用方案以及MSTP在城域网中的应用方案，并通过实例，介绍了SDH网络规划设计内容。

本书可作为高等学校通信专业的教材，也可供从事通信工作的工程技术人员参考。

普通高等院校电子信息类系列教材

SDH技术（第2版）

◆ 编　　孙学康　毛京丽
责任编辑　滑　玉

◆ 人民邮电出版社出版发行　北京市崇文区夕照寺街14号
邮编　100061　电子函件　315@ptpress.com.cn
网址　http://www.ptpress.com.cn
北京铭成印刷有限公司印刷

◆ 开本：787×1092　1/16
印张：15
字数：359千字　　2009年7月第2版
印数：20 501 – 23 500册　　2009年7月北京第1次印刷

ISBN 978-7-115-19984-3/TN

定价：26.00元

读者服务热线：(010)67170985　印装质量热线：(010)67129223
反盗版热线：(010)67171154

前言（第2版）

随着IP业务的迅速发展，特别是各种多媒体应用的实用化，因特网已由简单的传送数据文件发展到普遍提供实时视频、音频通信及动画、广告等其他娱乐服务，数据传输量大大增加，因而对通信网络的服务质量提出了更高的要求。尽管SDH光传送网最初是针对话音业务而设计的，但其低传输损耗和高传输带宽的特点，特别是在基于SDH的多业务传送技术应用于城域网之后，使之成为高速数据业务的理想传输手段。SDH技术得到了不断发展与进步，因此我们在《SDH技术》第1版的基础上，作如下调整。

增加了有关基于SDH的多业务传送平台（MSTP）基本理论的内容，并在参照了相关MSTP技术协议标准的基础上，补充了MSTP网络管理及其MSTP在城域网中应用的内容，最后以实际网络应用为例，详细介绍了SDH网络设计中所涉及的网络结构、设备选型、通路组织、中继距离的确定等实际问题。同时取消了有关数字通信的预备知识和SDH微波传输系统相关内容。

本书主要作为通信专业本科生教材。在编写过程中，注意到应使其具有便于自学的特点，理论适中、内容实用，因而也可供从事通信方面工作的工程技术人员参考。

本书的第1、2、6、8、10章由毛京丽负责编写，第3、4、5、7、9章由孙学康负责编写。全书由李文海教授审稿。

感谢在本书的编写过程中做出贡献的李文海教授、张政教授、张金菊教授，还感谢为本书编写和出版给予帮助的北京邮电大学的石方文、刘勇等各位同事。

由于时间紧迫、学识有限，书中难免有不足之处，请不吝指正。

编　者

2009年5月

前　言（第1版）

本书主要作为通信专业本科生教材，在编写过程中，注意到应使其具有便于自学的特点，因而也可供从事通信方面工作的工程技术人员参考。

本书涉及到传输领域中的主要内容如下：

第一章主要介绍 SDH 的概念、特点、帧结构及段开销等。

第二章主要介绍 SDH 的复用结构以及映射、定位和复用的相关内容。

第三章主要介绍 SDH 设备（包括终端设备、分插复用设备、数字交叉连接设备、中继设备）。

第四章主要介绍 SDH 传输系统的基本结构，并对 SDH 光传输系统性能进行了详细的分析。

第五章主要论述 SDH 传输网的结构及其自愈功能。

第六章首先介绍网同步的基本概念，然后详细分析了 SDH 的网同步所涉及的一些问题。

第七章介绍 TMN 基础，并具体论述了有关 SDH 管理网（SMN）的一些问题。

第八章主要针对 SDH 在微波通信、因特网以及接入网中的应用进行了全面的分析和论述。

由于此教材涉及到了数字通信的基本理论，为此，在本书的开始扼要地编写了一段数字通信的基础知识，作为学习本书的预备知识。

本书的第一、二、六、七章以及预备知识由毛京丽编写；第三、四、五、八章由孙学康编写。全书由李文海教授审稿。

感谢为本书的编写做过贡献的李文海教授、张政教授、张金菊教授，还要感谢为本书编写和出版给予帮助的北京邮电大学网络教育学院的各位同事。

本书在编写过程中主要参考了韦乐平编著的《光同步数字传送网》、曾甫泉等编著的《光同步数字传输网技术》等书，在此表示深深的感谢。

由于时间紧迫、学识有限，书中难免有不足之处，请不吝指正。

编　者

2002 年 3 月

目 录

第1章 概述

21 世纪人类进入高度发达的信息社会，这就要求高质量的信息服务与之相适应，也就是要求现代通信网向着数字化、综合化、宽带化、智能化和个人化方向发展。传输系统是现代通信网的主要组成部分，而传统的准同步数字体系（PDH）有其自身的一些弱点，为了适应通信网的发展，需要一个新的传输体制，同步数字体系（SDH）则应运而生。

本章首先分析 PDH 的弱点，然后引出 SDH 的概念及特点，最后介绍 SDH 的速率和帧结构。

1.1 PDH 的弱点

现在的 PDH 传输体制已不能适应现代通信网的发展要求，其弱点主要表现在如下几个方面。

1. 没有全世界统一的标准

PDH 只有地区性数字信号速率和帧结构标准而没有世界性标准。从 20 世纪 70 年代初期至今，全世界数字通信领域有两个基本系列：以 2048kbit/s 为基础的原 CCITT（现为 ITU-T）G. 732，G. 735，G. 736，G. 742，G. 744，G. 745 及 G. 751 等建议构成的一个系列和以 1544kbit/s 为基础的原 CCITT G. 733，G. 734，G. 743 及 G. 746 等建议构成的一个系列，而 1544kbit/s 系列又有北美、日本之分，三者互不兼容，造成国际互通困难。

2. 没有世界性的标准光接口规范

由于 PDH 没有世界性的标准光接口规范，导致各个厂家自行开发的专用光接口大量出现。不同厂家生产的设备只有通过光/电变换成标准电接口（G. 703 建议）才能互通，而光路上无法实现互通和调配电路，限制了联网运用的灵活性，增加了网络运营成本。

3. 采用异步复用，复用结构缺乏灵活性

PDH 准同步系统的复用结构，除了几个低等级信号（如 2048kbit/s，1544kbit/s）采用同步复用外，其他多数等级信号采用异步复用，即靠塞入一些额外的比特使各支路信号与复用设备同步并复用成高速信号。这种方式难以从高速信号中识别和提取低速支路信号。为了上、下电路，必须将整个高速线路信号一步一步分解成所需要的低速支路信号等级，上、下支路信号后，再一步一步复用成高速线路信号进行传输。复用结构复杂，缺乏灵活性，硬件数量大，

上、下业务费用高。图 1-1 给出了从一个 140Mbit/s 信号中分出、插入一个 2Mbit/s 信号所经历的过程。

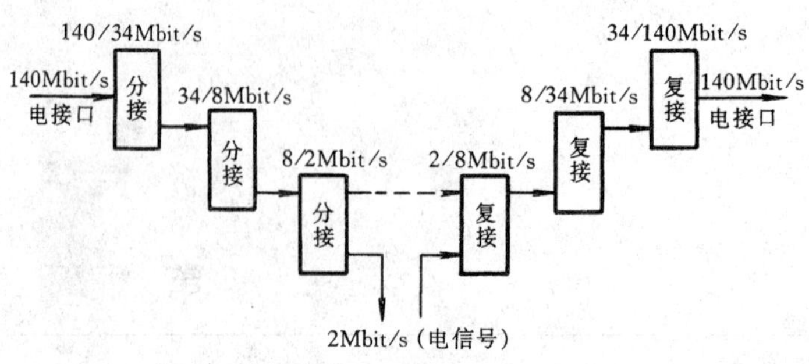

图 1-1 PDH 中分插支路信号的过程

4. 采用按位复接

复接方式大多采用按位复接，虽然节省了复接所需的缓冲存储器容量，但破坏了一个字节的完整性，不利于以字节为单位的现代信息交换。目前缓冲存储器容量的增大不再是困难的，大规模存储器容量已能满足 PCM 三次群一帧的需要。

5. 网络管理能力不强

复用信号的结构中用于网络运行、管理、维护（OAM）的比特很少，网络的 OAM 主要靠人工的数字交叉连接和停业务检测，这种方式已经不能适应不断演变的电信网的要求。

6. 数字通道设备利用率低

由于建立在点对点传输基础上的复用结构缺乏灵活性，使数字通道设备利用率很低。非最短的通道路由占了业务流量的大部分。例如，北美大约有 77%的 DS_3（45Mbit/s）速率的信号传输需要一次以上的转接，仅有 23%的 DS_3 速率信号是点到点一次传输。可见目前的体制无法提供最佳的路由选择，也难以迅速、经济地为用户提供电路和业务，包括对电路带宽和业务提供在线的实时控制。

基于传统的准同步数字体系的上述弱点，它已不能适应现代电信网和用户对传输的新要求，必须从技术体制上对传输系统进行根本的改革，找到一种有机地结合高速大容量光纤传输技术和智能网络技术的新体制。这就产生了美国提出的光同步传输网（SONET）。

这一概念最初由贝尔通信研究所提出，1988 年被原 CCITT 接受并加以完善，重新命名为同步数字体系（SDH），使之成为不仅适用于光纤，也用于微波和卫星传输的通用技术体制，SDH 体制的采用将使通信网发展进入一个崭新的阶段（注：SDH 网基本上采用光纤传输，只是当个别地方地形不好时，可以借助于微波、卫星传输）。

1.2 SDH 的概念

1.2.1 SDH 的概念

SDH 网是由一些 SDH 的网络单元（NE）组成的，在光纤上进行同步信息传输、复用、分插和交叉连接的网络（SDH 网中不含交换设备，它只是交换局之间的传输手段）。SDH 网的概念中包含以下几个要点。

(1) SDH 网有全世界统一的网络节点接口（NNI），从而简化了信号的互通以及信号的传输、复用、交叉连接等过程。

(2) SDH 网有一套标准化的信息结构等级，称为同步传递模块 STM-N（N=1、4、16、64），并具有一种块状帧结构，允许安排丰富的开销比特（即比特流中除去信息净负荷后的剩余部分）用于网络的 OAM。

(3) SDH 网有一套特殊的复用结构，允许现存准同步数字体系、同步数字体系和 B-ISDN的信号都能纳入其帧结构中传输，即具有兼容性和广泛的适应性。

(4) SDH 网大量采用软件进行网络配置和控制，增加新功能和新特性非常方便，适合将来不断发展的需要。

(5) SDH 网有标准的光接口，即允许不同厂家的设备在光路上互通。

(6) SDH 网的基本网络单元有终端复用器（TM）、分插复用器（ADM）、再生中继器（REG）和同步数字交叉连接设备（SDXC）等。

1.2.2 SDH 网的基本网络单元简介

本书第 3 章将详细介绍 SDH 网的几种基本网络单元。为了方便读者学习，在此先简单介绍一下终端复用器（TM）、分插复用器（ADM）、再生中继器（REG）和同步数字交叉连接设备（SDXC）的作用。

1. 终端复用器和分插复用器

SDH 网的基本网络单元中最重要的两个网络单元是终端复用器和分插复用器。以 STM-1 等级为例，其各自的功能如图 1-2 和图 1-3 所示。

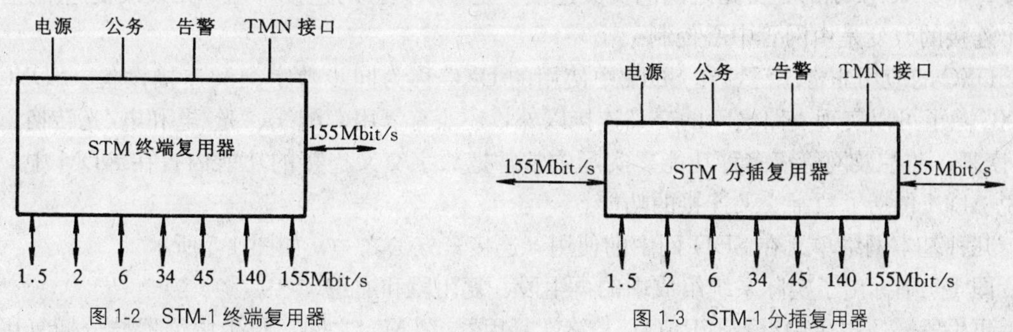

图 1-2 STM-1 终端复用器　　图 1-3 STM-1 分插复用器

终端复用器（TM）的主要任务是将低速支路信号纳入 STM-1 帧结构，并经电/光转换成为 STM-1 光线路信号，其逆过程正好相反。

分插复用器（ADM）将同步复用和数字交叉连接功能综合于一体，具有灵活地分插任意支路信号的能力，在网络设计上有很大灵活性。另外，ADM 也具有电/光转换、光/电转换功能。

以从 140Mbit/s 的码流中分插一个 2Mbit/s 低速支路信号为例，来比较一下传统的

PDH 和新的 SDH 的工作过程。在 PDH 系统中，为了从 140Mbit/s 码流中分插一个 2Mbit/s支路信号需要经过 140/34Mbit/s，34/8Mbit/s，8/2Mbit/s 三次分接后才能取出一个 2Mbit/s 的支路信号，然后，一个 2Mbit/s 的支路信号需再经 2/8Mbit/s，8/34Mbit/s，34/140Mbit/s 三次复接后才能得到 140Mbit/s 的信号码流（见图 1-1）。而采用 SDH 分插复用器后，可以利用软件一次分插出 2Mbit/s 支路信号，十分简便，如图 1-4 所示。

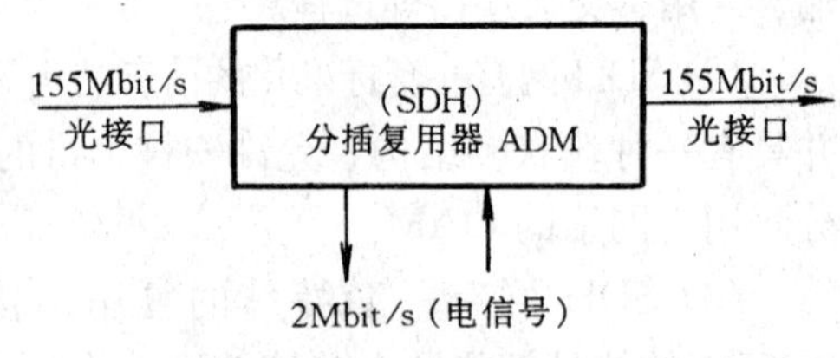

图 1-4　SDH 分插信号流图示

2. 再生中继器

再生中继器（REG）是光中继器，其作用是将光纤长距离传输后受到较大衰减及色散畸变的光脉冲信号转换成电信号或进行放大、整形、再定时、再生为规划的电脉冲信号，再调制光源变换为光脉冲信号送入光纤继续传输，以延长通信距离。

3. 同步数字交叉连接设备

简单地说，数字交叉连接设备（DXC）的主要作用是实现支路之间的交叉连接。这个支路的含义是广义的。在 PDH 中支路指的是 PCM 各次群（也叫 PDH 支路信号）；在 SDH 中 DXC 实现交叉连接的支路可以是各同步传递模块 STM-N（N=1，4，16，64），也可以是更低等级的信号，包括 PDH 的各支路信号及各种虚容器（有关虚容器的概念参见本书第 2 章）；在数字数据网（DDN）中，本地局内的 DXC 其交叉连接的支路指的是 64kbit/s（或 32kbit/s，16kbit/s 及 8kbit/s）的信号，而在骨干节点机中的 DXC 其交叉连接的支路指的是 PCM 各次群。

DXC 的作用与交换机不同。交换机实现的是用户之间的动态连接，用户有权改变这个连接；而 DXC 实现的是支路之间的交叉连接，是半永久性的连接，用户无权改变这个连接，这个连接的改变是由网管中心控制。

DXC 的应用非常广泛，在 SDH 中使用的 DXC 称为同步数字交叉连接设备（SDXC）。SDXC 除了可以实现支路之间的交叉连接以外，还兼有复用、配线、光/电和电/光转换、保护/恢复、监控及网管等多种功能。实际中常常把数字交叉连接的功能内置在 ADM 中，或者说 ADM 包括了数字交叉连接的功能。

几种基本网络单元在 SDH 网中的使用（连接）方法之一，如图 1-5 所示。

图 1-5 中标出了实际系统组成中的再生段、复用段和通道。

再生段——再生中继器（REG）与终端复用器（TM）之间，再生中继器与分插复用器（ADM）或 SDXC 之间以及再生中继器与再生中继器之间称为再生段。再生段两端的 REG、TM 及 ADM（或 SDXC）称为再生段终端（RST）。

复用段——终端复用器与分插复用器（或 SDXC）之间及分插复用器与分插复用器之间称为复用段。复用段两端的 TM 及 ADM（或 SDXC）称为复用段终端（MST）。

通道——终端复用器之间称为通道。通道两端的 TM 称通道终端（PT）。

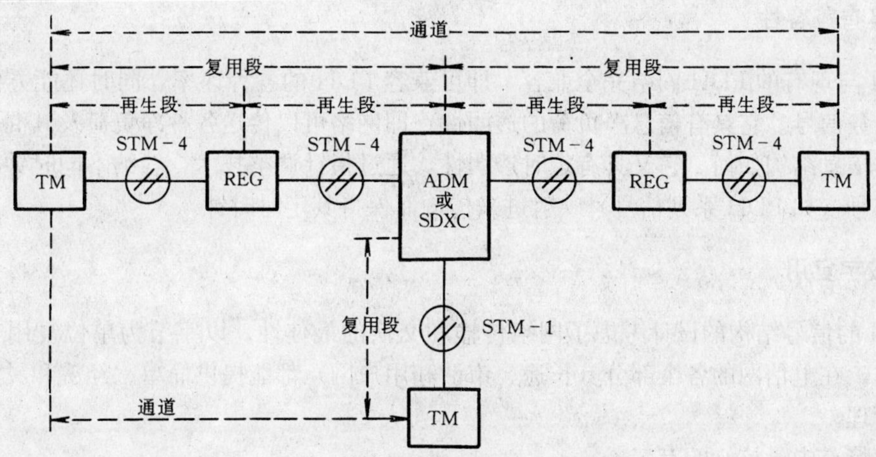

图 1-5　基本网络单元在 SDH 网中的使用

1.3　SDH 的特点

1.3.1　SDH 的特点

SDH 的特点主要体现在如下几个方面。

1. 有全世界统一的数字信号速率和帧结构标准

SDH 把北美、日本和欧洲、中国流行的两大准同步数字体系（三个地区性标准）在 STM-1 等级上获得统一，第一次实现了数字传输体制上的世界性标准。

2. 同步复用

采用同步复用方式和灵活的复用映射结构，净负荷与网络是同步的。因而只需利用软件控制即可使高速信号一次分接出支路信号，即所谓一步复用特性。这样既不影响别的支路信号，又避免了对整个高速复用信号都分解，省去了全套背靠背复用设备，使上、下业务十分容易，也使数字交叉连接（DXC）的实现大大简化。

3. 强大的网络管理能力

SDH 帧结构中安排了丰富的开销比特（约占信号的 5%），因而使得 0AM 能力大大加强。智能化管理，使得信道分配、路由选择最佳化。许多网络单元的智能化，通过嵌入在段开销（SOH）中的控制通路可以使部分网络管理功能分配到网络单元，实现分布式管理。

4. 有标准的光接口

将标准的光接口综合进各种不同的网络单元，减少了将传输和复用分开的需要，从而简化了硬件，缓解了布线拥挤。同时有了标准的光接口信号，使光接口成为开放型的接口，可以在光路上实现横向兼容，各厂家产品都可在光路上互通。

5. 具有兼容性

SDH 与现有的 PDH 网络完全兼容，即可兼容 PDH 的各种速率，同时还能方便地容纳各种新业务信号。它具有信息净负荷的透明性，即网络可以传送各种净负荷及其混合体而不管其具体信息结构如何。它又具有定时透明性，通过指针调整技术，容纳不同时钟源（非同步）的信号（如 PDH 系列信号）映射进来传输而保持其定时时钟。

6. 按字复用

SDH 的信号结构的设计考虑了网络传输和交换的最佳性。以字节为单位复用与信息单元相一致。在电信网的各个部分（长途、市话和用户网）都能提供简单、经济和灵活的信号互连和管理。

上述特点中最核心的有三条：

- 同步复用；
- 标准光接口；
- 强大的网络管理能力。

1.3.2 SDH 的缺点

SDH 也有不足之处，主要体现在如下几个方面。

(1) 频带利用率不如传统的 PDH 系统（这一点可从第 2 章介绍的复用结构中看出）。

(2) 大规模使用软件控制和将业务量集中在少数几个高速链路和交叉节点上，这些关键部位出现问题可能导致网络的重大故障，甚至造成全网瘫痪。

(3) 采用指针调整技术会产生较大的抖动，造成传输损伤。

(4) SDH 与 PDH 互连时（在从 PDH 到 SDH 的过渡时期，会形成多个 SDH“同步岛”经由 PDH 互连的局面），由于指针调整产生的相位跃变使经过多次 SDH/PDH 变换的信号在低频抖动和漂移上比纯粹的 PDH 或 SDH 信号更严重（有关抖动和漂移的概念及指针调整会产生相位抖动的问题请参见第 2 章）。

尽管 SDH 有这些不足，但它比传统的 PDH 体制有着明显的优越性，必将最终取代 PDH 传输体制。

1.4 SDH 的速率与帧结构

要确立一个完整的数字体系，必须确立一个统一的网络节点接口，定义一整套速率和数据传送格式以及相应的复接结构（即帧结构）。

1.4.1 网络节点接口

网络节点接口（NNI）是实现 SDH 网的关键。从概念上讲，网络节点接口是网络节点之间的接口，从实现上看它是传输设备与其他网络单元之间的接口。如果能规范一个唯一的标准，它不受限于特定的传输媒介，也不局限于特定的网络节点，而能结合所有不同的传输设备和网络节点，构成一个统一的传输、复用、交叉连接和交换接口，则这个 NNI 对于网络的演变和发展具有很强的适应性和灵活性，并最终成为一个电信网的基础设施。NNI 在网络中的位置如图1-6所示。

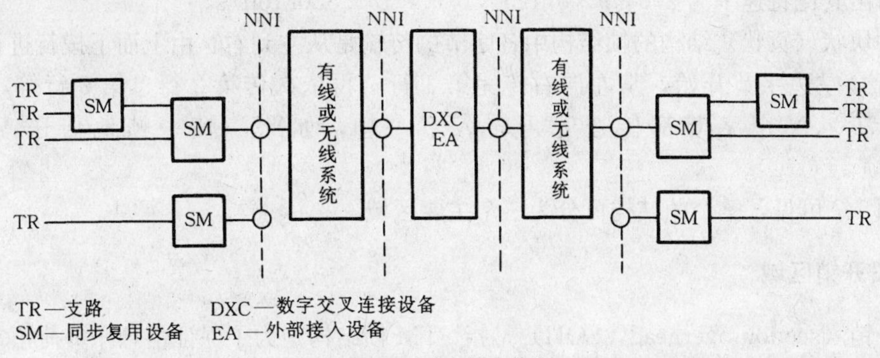

图 1-6 NNI 在网络中的位置

1.4.2 同步数字体系的速率

同步数字体系最基本的模块信号（即同步传递模块）是 STM-1，其速率为 155.520Mbit/s。更高等级的 STM-*N* 信号可以是将基本模块信号 STM-1 同步复用、字节间插的结果。其中 *N* 是正整数。目前 SDH 只能支持一定的 *N* 值，即 *N* 为 1，4，16，64。

ITU-T G.707 建议规范的 SDH 标准速率如表 1-1 所示。

表 1-1 **SDH 标准速率**

等　级	STM-1	STM-4	STM-16	STM-64
速率（Mbit/s）	155.520	622.080	2 488.320	9 953.280

1.4.3 SDH 帧结构

SDH 的帧结构必须适应同步数字复用、交叉连接和交换的功能，同时也希望支路信号在一帧中均匀分布、有规律，以便接入和取出。ITU-T 最终采纳了一种以字节为单位的矩形块状（或称页状）帧结构，如图 1-7 所示。

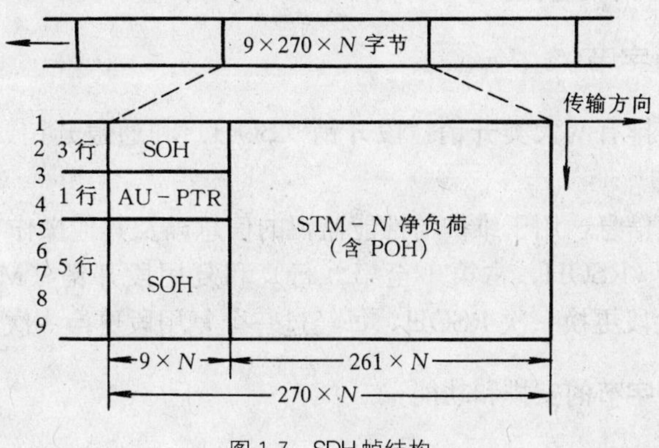

图 1-7 SDH 帧结构

STM-*N* 由 270×*N* 列 9 行组成，即帧长度为 270×*N*×9 个字节或 270×*N*×9×8 个比

特。帧周期为 125μs（即一帧的时间）。

对于 STM-1 而言，帧长度为 270×9=2430 个字节，相当于 19440bit，帧周期为 125μs，由此可算出其比特速率为 $270 \times 9 \times 8/125 \times 10^{-6} = 155.520$Mbit/s。

这种块状（页状）结构的帧结构中各字节的传输是从左到右、由上而下按行进行的，即从第 1 行最左边字节开始，从左向右传完第 1 行，再依次传第 2 行、第 3 行等，直至整个 9×270×N 个字节都传送完再转入下一帧，如此一帧一帧地传送，每秒共传8000 帧。

由图 1-7 可见，整个帧结构可分为三个主要区域。

1. 段开销区域

段开销（section overhead，SOH）是指 STM 帧结构中为了保证信息净负荷正常、灵活传送所必需的附加字节，是供网络运行、管理和维护（OAM）使用的字节。

帧结构的左边 9×N 列 8 行（除去第 4 行）属于段开销区域。对于 STM-1 而言，它有 72 字节（576bit），由于每秒传送 8000 帧，因此，共有 4.608Mbit/s 的容量用于网络的运行、管理和维护。

2. 净负荷区域

信息净负荷（payload）区域是帧结构中存放各种信息负载的地方，图 1-7 中横向第 10×N～270×N，纵向第 1 行到第 9 行的 2349×N 个字节都属此区域。对于 STM-1 而言，它的容量大约为 150.336Mbit/s，其中含有少量的通道开销（POH）字节，用于监视、管理和控制通道性能，其余荷载业务信息（详情后述）。

3. 管理单元指针区域

管理单元指针（AU-PTR）用来指示信息净负荷的第一个字节在 STM-N 帧中的准确位置，以便在接收端能正确地分解。

在图 1-7 帧结构中第 4 行左边的 9×N 列分配给指针用，即属于管理单元指针区域。对于 STM-1 而言它有 9 个字节（72bit）。采用指针方式，可以使 SDH 在准同步环境中完成复用同步和 STM-N 信号的帧定位。

1.4.4 段开销字节

SDH 帧结构中安排有两大类开销：段开销（SOH）和通道开销（POH），它们分别用于段层和通道层的维护。

SOH 中包含定帧信息，用于维护与性能监视的信息以及其他操作功能。SOH 可以进一步划分为再生段开销（RSOH，占第 1 至第 3 行）和复用段开销（MSOH，占第 5 至第 9 行）。每经过一个再生段更换一次 RSOH，每经过一个复用段更换一次 MSOH。

1. STM-1 段开销字节的安排和功能

(1) STM-1 段开销字节的安排

各种不同 SOH 字节在 STM-1 帧内的安排分别如图 1-8 所示。

(2) SOH 字节的功能

① 帧定位字节 A1 和 A2

SOH 中的帧定位字节 A1 和 A2 字节可用来识别帧的起始位置。A1 为 11110110，A2 为 00101000。STM-1帧内集中安排有 6 个帧定位字节，占帧长的大约 0.25%。选择这种帧定位长度是综合考虑了各种因素的结果，主要是伪同步概率和同步建立时间。根据现有安排，产生伪同步的概率等于 $(\frac{1}{2})^{48}=3.55\times10^{-15}$，几乎为 0，同步建立时间也可以大大缩短。

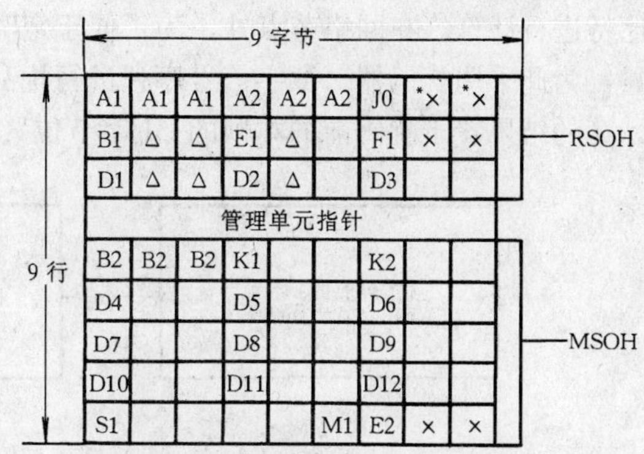

注：Δ 为与传输媒质有关的特征字节(暂用)；
× 为国内使用保留字节；
* 为不扰码字节；
所有未标记字节待将来国际标准确定(与媒质有关的应用，附加国内使用和其他用途)。

图 1-8 STM-1 SOH 字节安排

② 再生段踪迹字节 J0

J0 字节在 STM-N 中位于 S（1，7，1）或［1，6N+1］。该字节被用来重复地发送“段接入点标识符”，以便使段接收机能据此确认其是否与指定的发射机处于持续连接状态。

在一个国内网络内或单个营运者区域内，该段接入点标识符可用一个单字节（包含 0～255 个编码）或 ITU-T 建议 G. 831 规定的接入点标识符格式。在国际边界或不同营运者的网络边界，除双方另有协议外，均应采用 G. 831 的格式。

对于采用 C1 字节（STM 识别符：用来识别每个 STM-1 信号在 STM-N 复用信号中的位置，它可以分别表示出复列数和间插层数的二进制数值，还可以帮助进行帧定位）的老设备与采用 J0 字节的新设备的互通，可以用 J0 为“00000001”表示“再生段踪迹未规定”来实现。

③ 数据通信通路 D1～D12

SOH 中的（DCC）用来构成 SDH 管理网（SMN）的传送链路。其中 D1～D3 字节称为再生段 DCC，用于再生段终端之间交流 OAM 信息，速率为 192kbit/s（3×64kbit/s）；D4～D12 字节称为复用段 DCC，用于复用段终端之间交流 OAM 信息，速率为 576kbit/s（9×64kbit/s）。这总共 768kbit/s 的数据通路为 SDH 网的管理和控制提供了强大的通信基础结构。

④ 公务字节 E1 和 E2

公务字节 E1 和 E2 用来提供公务联络语声通路。E1 属于 RSOH，用于本地公务通路，可以在再生器接入。而 E2 属于 MSOH，用于直达公务通路，可以在复用段终端接入。公务通路的速率为 64kbit/s。

⑤ 使用者通路字节 F1

该字节保留给使用者（通常指网络提供者）专用，主要为特定维护目的而提供临时的数据/语声通路连接。

⑥ 比特间插奇偶检验 8 位码字节 B1

比特间插奇偶检验 8 位码（BIP-8）字节 B1 用作再生段误码监测。

这是使用偶校验的比特间插奇偶校验码。BIP-8 是对扰码后的上一个 STM-N 帧的所有比特进行计算（在网络节点处，为了便于定时恢复，要求 STN-N 信号有足够的比特定时含量，为此采用扰码器对数字信号序列进行扰乱，以防止长连“0”和长连“1”序列的出现），计算的结果置于扰码前的本帧的 B1 字节位置，可用图 1-9 加以说明。

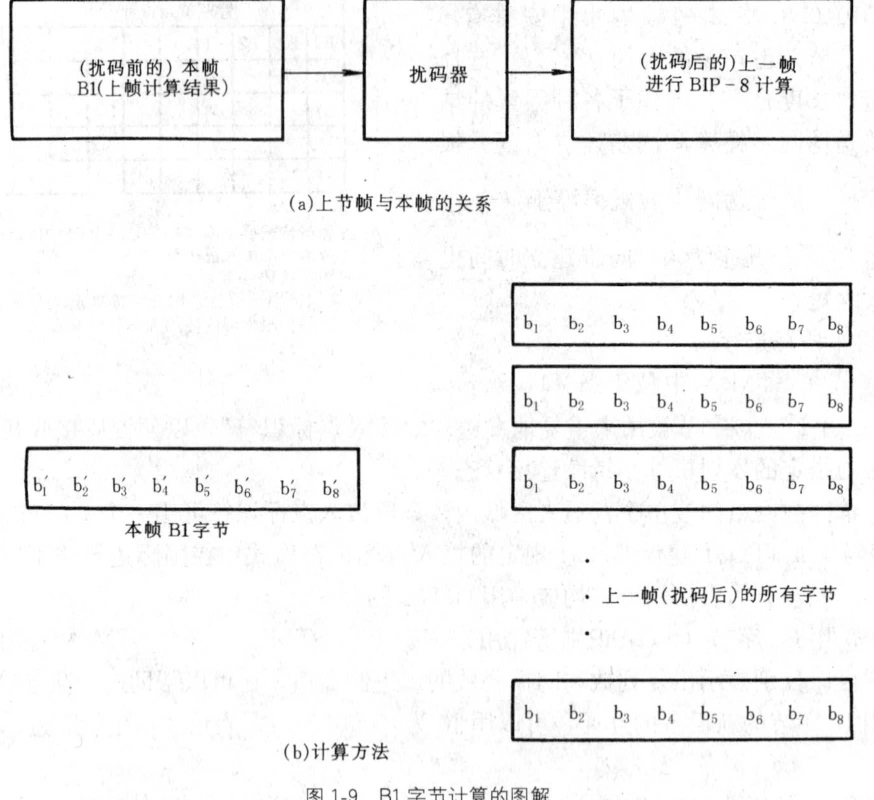

图 1-9 B1 字节计算的图解

BIP-8 的具体计算方法是：将上一帧（扰码后的 STM-N 帧）所有字节（注意再生段开销的第一行是不扰码字节）的第一个比特的“1”码计数，若“1”码个数为偶数时，本帧（扰码前的帧）B1 字节的第一个比特 b_1' 记为“0”。若上帧所有字节的第一个比特“1”码的个数为奇数时，本帧 B1 字节的第一个比特 b_1' 记为“1”。上帧所有字节 b_2～b_8 比特的计算方法依此类推。最后得到的 B1 字节的 8 个比特状态就是 BIP-8 计算的结果。

这种误码监测方法是 SDH 的特点之一。它以比较简单的方式实现了对再生段的误码自动监视。但是对同一监视码组内（例如各字节的 b_2 比特）恰好发生偶数个误码的情况，这种方法无法检出。不过这种情况出现的概率较小，因而总的误码检出概率还是较高的。

⑦ 比特间插奇偶检验 24 位码（BIP-N×24）字节 B2B2B2

B2 字节用作复用段误码监测，复用段开销字节中安排了 3 个 B2 字节（共 24bit）作此用途。B2 字节使用偶校验的比特间插奇偶校验 N×24 位码，其计算方法与 BIP-8 类似。其描述方法是：BIP-24 是对前一个 STM-N 帧的所有比特（再生段开销的第 1～3 行字节除外）进行计算，其结果置于扰码前的本帧的 B2 字节。

其具体计算方法是：每 x 个比特为一组（x=24 或 x=N×24bit）。将参与计算的全部比特从第 1 个比特算起，按顺序将 x 个比特分为一组，共分成若干组，将各组相对应的第 1

个比特的“1”码进行计数，若为偶数，则在本帧的B2字节的第1个比特位记为“0”，若相应比特“1”码的个数为奇数，则记为“1”，其余各比特位依此类推。

⑧ 自动保护倒换通路字节K1，K2（b_1～b_5）

K1，K2两个字节用作自动保护倒换（APS）信令。ITU-T G.70X建议的附录A给出了这两个字节的比特分配和面向比特的规约。

⑨ 复用段远端失效指示字节K2（b_6～b_8）

复用段远端失效指标（MS-RDI）字节用于向发信端回送一个指示信号，表示收信端检测到来话故障或正接收复用段告警指示信号（MS-AIS）。解扰码后K2字节的第6、7、8比特构成“110”码即为MS-RDI信号。

⑩ 同步状态字节S1（b_5～b_8）

同步状态字节S1的第5～8比特用于传送4种同步状态信息，可表示16种不同的同步质量等级。其中一种表示同步的质量是未知的，另一种表示信号在段内不用同步，余下的码留作各独立管理机构定义质量等级用。

⑪ 复用段远端差错指示字节M1

该字节用作复用段远端差错指示（MS-REI）。对STM-*N*信号，它用来传送BIP-*N*×24（B2）所检出的误块数。

⑫ 与传输媒质有关的字节△

与传输媒质有关的△字节仅在STM-1帧内，安排6个字节，它们的位置是S（2，2，1），S（2，3，1），S（2，5，1），S（3，2，1），S（3，3，1）和S（3，5，1）。

△字节专用于具体传输媒质的特殊功能，例如用单根光纤作双向传输时，可用此字节来实现辨明信号方向的功能。

⑬ 备用字节Z0

备用字节Z0的功能尚待定义。

用“×”标记的字节是为国内使用保留的字节。

所有未标记的字节的用途待将来国际标准确定（与媒质有关的应用，附加国内使用和其他用途）。

需要说明以下几点。

- 再生器中不使用这些备用字节。
- 为便于从线路码流中提取定时，STM-*N*信号要经扰码、减少连续同码概率后方可在线路上传送，但是为不破坏A1和A2组成的定帧图案，STM-*N*信号中RSOH第一行的9×*N*个开销字节不应扰码，因此其中带*号的备用字节之内容应予精心安排，通常可在这些字节上送“0”、“1”交替码。
- 收信机对备用开销字节的内容不予解读。

2. STM-*N*（*N*=4，16，64）段开销字节的安排

STM-*N*帧中SOH所占空间与*N*成正比，*N*不同，SOH字节在空间中的位置也不同，但SOH字节的种类和功能是相同或相近的。

各种不同SOH字节在STM-4，STM-16和STM-64帧内的安排分别如图1-10、图1-11和图1-12所示。

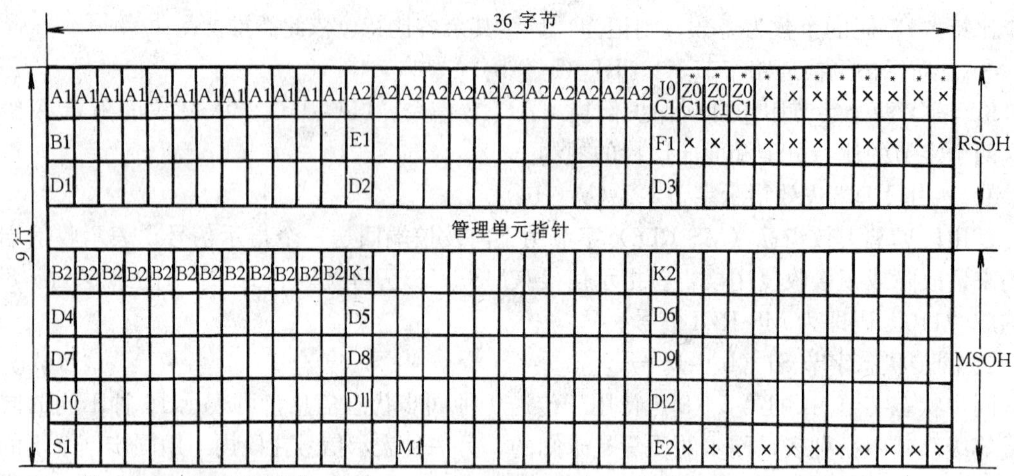

注：× 为国内使用保留字节；
* 为不扰码字节；
所有未标记字节待将来国际标准确定(与媒质有关的应用，附加国内使用和其他用途)；
Z0 为备用字节待将来国际标准确定；C1 为老版本(老设备)；J0 为新版本(新设备)。

图 1-10　STM-4 SOH 字节安排

注：× 为国内使用保留字节；
* 为不扰码字节；
所有未标记字节待将来国际标准确定(与媒质有关的应用，附加国内使用和其他用途)；
Z0 待将来国际标准确定。

图 1-11　STM-16 SOH 字节安排

将这些图对照比较即可明白字节交错间插的方法。以字节交错间插方式构成高阶 STM-N（N>1)段开销时，第一个 STM-1 的段开销被完整保留，其余 N-1 个 STM-1 的段开销仅保留定帧字节 A1，A2 和比特间插奇偶校验 24 位码字节 B2，其他已安排的字节（即 B1，E1，E2，F1，K1，K2 和 D1～D12）均应略去。

段开销字节在 STM-N 帧内的位置可用一个三坐标矢量 S（a，b，c）来表示，其中 a 表

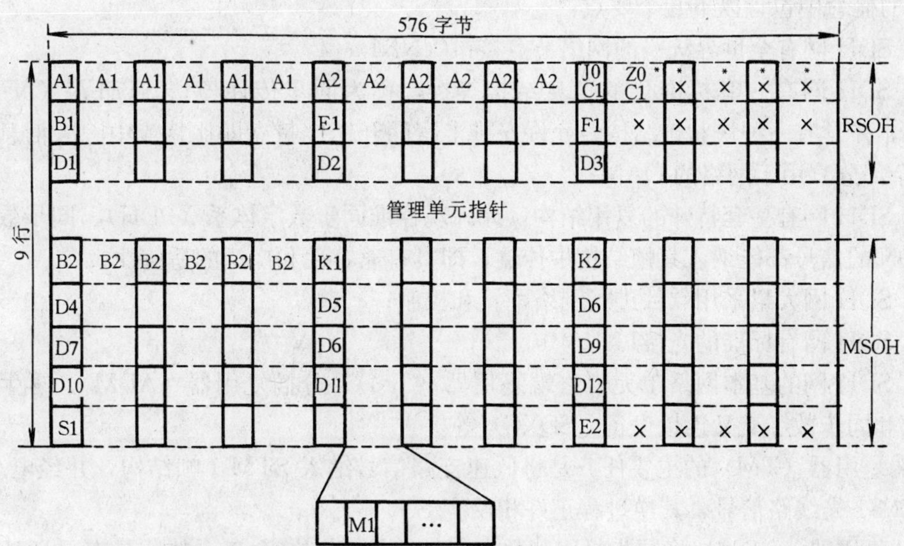

注：× 为国内使用保留字节；
＊为不扰码字节；
所有未标记字节待将来国际标准确定(与媒质有关的应用，附加国内使用和其他用途)；
Z0 待将来国际标准确定。

图 1-12 STM-64 SOH 字节安排

示行数，取值为 1～3（对应于 RSOH）或 5～9（对应于 MSOH）；b 表示复列数，取值为 1～9；c 表示在复列数内的间插层数，取值为 1～N。

字节的行列坐标［行数，列数］与三坐标矢量 S（a，b，c）的关系是

行数＝a

列数＝N（b－1）＋c

3. 简化的 SOH 功能接口

在某些应用场合（例如局内接口），仅仅 A1，A2，B2 和 K2 字节是必不可少的，很多其他开销字节可以选用或不用，从而使接口得以简化，设备成本可以降低。

小　结

1. 准同步数字体系（PDH）的弱点主要表现在如下几个方面：

(1) 没有全世界统一的标准；

(2) 没有世界性的标准光接口规范；

(3) 采用异步复用，复用结构缺乏灵活性；

(4) 采用按位复接；

(5) 网络管理能力不强；

(6) 数字通道设备利用率低。

2. SDH 网是由一些 SDH 的网络单元（NE）组成的，在光纤上进行同步信息传输、复用、分插和交叉连接的网络（SDH 网中不含交换设备，它只是交换局之间的传输手段）。

SDH 网的概念中包含以下几个要点：

(1) SDH 网有全世界统一的网络节点接口（NNI）；

(2) SDH 网有一套标准化的信息结构等级，称为同步传递模块 STM-N（N=1，4，16，64），并具有一种块状帧结构，允许安排丰富的开销比特（即比特流中除去信息净负荷后的剩余部分）用于网络的 OAM；

(3) SDH 网有一套特殊的复用结构，允许现存准同步数字体系（PDH）、同步数字体系和B-ISDN 的信号都能纳入其帧结构中传输，即具有兼容性和广泛的适应性；

(4) SDH 网大量采用软件进行网络配置和控制；

(5) SDH 网有标准的光接口；

(6) SDH 网的基本网络单元有终端复用器（TM）、分插复用器（ADM）、再生中继器（REG）和同步数字交叉连接设备（SDXC）等。

终端复用器（TM）的主要任务是将低速支路信号纳入 STM-1 帧结构，并经电/光转换成为 STM-1 光线路信号，其逆过程正好相反。

分插复用器（ADM）将同步复用和数字交叉连接功能综合于一体，具有灵活地分插任意支路信号的能力，在网络设计上有很大的灵活性。另外，ADM 也具有电/光转换、光/电转换功能。

再生中继器（REG）的作用是消除衰减和失真，以延长通信距离。

同步数字交叉连接设备（SDXC）的主要作用是实现支路之间的交叉连接。

3. SDH 的特点主要体现在如下几个方面：

(1) 有全世界统一的数字信号速率和帧结构标准；

(2) 同步复用；

(3) 强大的网络管理能力；

(4) 有标准的光接口；

(5) 具有兼容性；

(6) 按字复用。

4. SDH 主要不足之处是频带利用率不如传统的 PDH 系统。

SDH 的同步传递模块有 STM-1，STM-4，STM-16 和 STM-64，其速率分别为 155.520Mbit/s，622.080Mbit/s，2 488.320Mbit/s 和 9 953.280Mbit/s。

SDH 的帧周期为 125μs，帧长度为 $9\times270\times N$ 个字节（或 $9\times270\times N\times8$bit）。其帧结构为页面式的，有 9 行，$270\times N$ 列。主要包括三个区域：段开销（SOH）、信息净负荷区及管理单元指针。段开销区域用于存放 OAM 字节；信息净负荷区域存放各种信息负载；管理单元指针用来指示信息净负荷的第一字节在 STM 帧中的准确位置，以便在接收端能正确的分接。

段开销（SOH）中包含定帧信息，用于维护与性能监视的信息以及其他操作功能。SOH 可以进一步划分为再生段开销（RSOH，占第 1～3 行）和复用段开销（RSOH，占第 5～9 行）。每经过一个再生段更换一次 RSOH，每经过一个复用段更换一次 MSOH。段开销主要包括：①帧定位字节 A1 和 A2；②再生段踪迹字节 J0；③数据通信通路字节（DCC）D1～D12；④公务字节 E1 和 E2；⑤使用者通路字节 F1；⑥比特间插奇偶检验 8 位码（BIP-8）字节 B1；⑦比特间插奇偶检验 24 位码（BIP-$N\times24$）字节 B2B2B2；⑧自动保护倒换（APS）通路字节 K1，K2（$b_1 \sim b_5$）；⑨复用段远端失效指示（MS-RDI）字节 K2（$b_6 \sim b_8$）；⑩同步状态字节 S1（$b_5 \sim b_8$）；⑪复用段远端差错指示（MS-REI）字节 M1；⑫与传输媒质有关的字节 Δ；⑬备用字节 Z0。

复　习　题

1. SDH 的概念是什么？
2. 分插复用器的主要功能是什么？
3. SDH 的特点有哪些？其缺点是什么？
4. 网络节点接口的概念是什么？
5. SDH 帧结构分哪几个区域？各自的作用是什么？
6. 由 STM-1 帧结构计算出①STM-1 的速率，②SOH 的速率，③AU-PTR 的速率。
7. 简述段开销字节 BIP-8 的作用及计算方法。

第 2 章 同步复用与映射方法

SDH 网有一套特殊的复用结构，允许现存准同步数字体系、同步数字体系和 B-ISDN 的信号都能纳入其帧结构中传输，各种业务信号复用进 STM-N 帧的过程经历三个步骤：映射、定位和复用。

本章首先介绍 SDH 的复用结构，然后详细讨论映射、定位和复用的相关内容。主要包括映射的概念、方法及各种信号映射进 SDH 帧结构的过程；定位的概念、指针的作用、指针调整原理及指针调整过程；复用的概念及过程等。

2.1 复用结构

2.1.1 SDH 的一般复用结构

SDH 的一般复用结构如图 2-1 所示，它是由一些基本复用单元组成的有若干中间复用步骤的复用结构。各种业务信号复用进 STM-N 帧的过程都要经历映射（mapping）、定位（aligning）和复用（multiplexing）三个步骤。

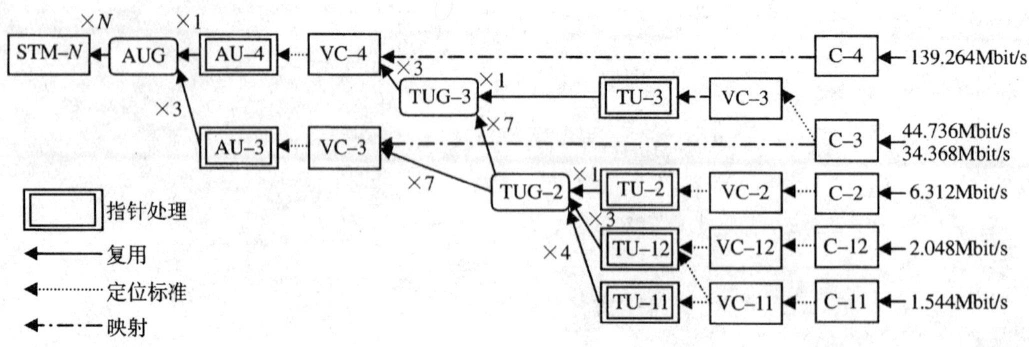

图 2-1 G. 709 建议的 SDH 复用结构

为了帮助读者理解图 2-1 所示的 SDH 复用结构，下面介绍 SDH 的基本复用单元。

2.1.2 复用单元

SDH 的基本复用单元包括标准容器（C）、虚容器（VC）、支路单元（TU）、支路单元组（TUG）、管理单元（AU）和管理单元组（AUG）（见图 2-1）。

1. 标准容器

容器（C）是一种用来装载各种速率的业务信号的信息结构，主要完成适配功能（例如速率调整），以便让那些最常使用的准同步数字体系信号能够进入有限数目的标准容器。目前，针对常用的准同步数字体系信号速率，ITU-T 建议 G. 707 已经规定了 5 种标准容器：C-11，C-12，C-2，C-3 和 C-4，其标准输入比特率如图 2-1 所示，分别为 1. 544Mbit/s，2. 048Mbit/s，6. 312Mbit/s，34. 368（或 44. 736Mbit/s）和 139. 264Mbit/s。

参与 SDH 复用的各种速率的业务信号都应首先通过码速调整等适配技术装进一个恰当的标准容器。已装载的标准容器又作为虚容器的信息净负荷。

2. 虚容器

虚容器（VC）是用来支持 SDH 的通道层连接的信息结构（虚容器属于 SDH 传送网分层模型中通道层的信息结构。其中 VC-11，VC-12，VC-2 及 TU-3 中的 VC-3 是低阶通道层的信息结构；而 AU-3 中 VC-3 和 VC-4 是高阶通道层的信息结构。详见第 5 章图 5-4），它由容器输出的信息净负荷加上通道开销（POH）组成，即

$$\text{VC-}n=\text{C-}n+\text{VC-}n\ \text{POH}$$

VC 的输出将作为其后接基本单元（TU 或 AU）的信息净负荷。

VC 的包封速率是与 SDH 网络同步的，因此，不同 VC 是互相同步的，而 VC 内部却允许装载来自不同容器的异步净负荷。

除在 VC 的组合点和分解点（即 PDH/SDH 网的边界处）外，VC 在 SDH 网中传输时总是保持完整不变，因而可以作为一个独立的实体十分方便和灵活地在通道中任意点插入或取出，进行同步复用和交叉连接处理。

虚容器有 5 种：VC-11，VC-12，VC-2，VC-3 和 VC-4。虚容器可分成低阶虚容器和高阶虚容器两类。准备装进支路单元（TU）的虚容器称为低阶虚容器；准备装进管理单元（AU）的虚容器称高阶虚容器；由图 2-1 可见，VC-1（包括 VC-11、VC-12）和 VC-2 为低阶虚容器；VC-4 和 AU-3 中的 VC-3 为高阶虚容器，若通过 TU-3 把 VC-3 复用进 VC-4，则该VC-3应归于低阶虚容器类。

3. 支路单元和支路单元组

支路单元（TU）是提供低阶通道层和高阶通道层之间适配的信息结构（即负责将低阶虚容器经支路单元组装进高阶虚容器）。有 4 种支路单元，即 TU-n（n=11，12，2，3）。TU-n 由一个相应的低阶 VC-n 和一个相应的支路单元指针（TU-n PTR）组成，即

$$\text{TU-}n=\text{VC-}n+\text{TU-}n\ \text{PTR}$$

TU-n PTR 指示 VC-n 净负荷起点在 TU 帧内的位置。

在高阶 VC 净负荷中固定地占有规定位置的一个或多个 TU 的集合称为支路单元组（TUG）。把一些不同规模的 TU 组合成一个 TUG 的信息净负荷可增加传送网络的灵活性。VC-4/3中有 TUG-3 和 TUG-2 两种支路单元组。一个 TUG-2 由一个 TU-2 或 3 个 TU-12 或 4 个 TU-11 按字节交错间插组合而成；一个 TUG-3 由一个 TU-3 或 7 个

TUG-2 按字节交错间插组合而成。一个 VC-4 可容纳 3 个 TUG-3；一个 VC-3 可容纳 7 个 TUG-2。

4. 管理单元和管理单元组

管理单元（AU）是提供高阶通道层和复用段层之间适配的信息结构（即负责将高阶虚容器经管理单元组装进 STM-*N* 帧，STM-*N* 帧属于 SDH 传送网分层模型中段层的信息结构。详见第 5 章图 5-4），有 AU-3 和 AU-4 两种管理单元。AU-*n*（*n*=3，4）由一个相应的高阶VC-*n*和一个相应的管理单元指针（AU-*n*PTR）组成，即

$$\text{AU-}n=\text{VC-}n+\text{AU-}n\text{PTR};\quad n=3,4$$

AU-*n* PTR 指示 VC-*n* 净负荷起点在 AU 帧内的位置。

在 STM－*N* 帧的净负荷中固定地占有规定位置的一个或多个 AU 的集合称为管理单元组（AUG）。一个 AUG 由一个 AU-4 或 3 个 AU-3 按字节交错间插组合而成。

需要强调指出的是：在 AU 和 TU 中要进行速率调整，因而低一级数字流在高一级数字流中的起始点是浮动的。为了准确地确定起始点的位置，设置两种指针（AU-PTR 和 TU-PTR）分别对高阶 VC 在相应 AU 帧内的位置以及 VC-1、VC-2 和 VC-3 在相应 TU 帧内的位置进行灵活动态的定位。这里要提一下，在 *N* 个 AUG 的基础上再附加段开销（SOH）便可形成最终的 STM-*N* 帧结构。

以上介绍了 SDH 的几种基本复用单元，为了帮助读者理解 SDH 的复用结构，在此基础上结合图 2-1 简单解释一下映射、定位和复用的概念（详见后述）。

映射——是将各种速率的 G. 703 支路信号先分别经过码速调整装入相应的标准容器，然后再装进虚容器的过程。即图 2-1 中将 2. 048Mbit/s 信号装进 VC-12、将 34. 368Mbit/s 信号装进 VC-3、将 139. 264Mbit/s 信号装进 VC-4 等的过程（此处只列举了我国常用的情况）。

定位——是一种以附加于 VC 上的支路单元指针指示和确定低阶 VC 帧的起点在 TU 净负荷中位置或管理单元指针指示和确定高阶 VC 帧的起点在 AU 净负荷中的位置的过程。即图 2-1 中以附加于 VC-12 上的 TU-12 PTR 指示和确定 VC-12 的起点在 TU-12 净负荷中位置的过程、以附加于 VC-3 上的 TU-3 PTR 指示和确定 VC-3 的起点在 TU-3 净负荷中的位置的过程、以附加于 VC-4 上的 AU-4 PTR 指示和确定 VC-4 的起点在 AU-4 净负荷中的位置的过程等（此处也只列举了我国常用的情况）。

复用——是一种把 TU 组织进高阶 VC 或把 AU 组织进 STM-*N* 的过程。即图 2-1 中将 TU-12 经 TUG-2 再经 TUG-3 装进 VC-4 的过程、将 TU-3 经 TUGV3 装进 VC-4 的过程以及将 AU-4 装进 STM-*N* 帧的过程（此处还只列举了我国常用的情况）。下面具体介绍我国的 SDH 复用结构。

2.1.3 我国的 SDH 复用结构

由图 2-1 可见，在 G. 709 建议的复用结构中，从一个有效负荷到 STM-*N* 的复用路线不是唯一的。对于一个国家或地区则必须使复用路线惟一化。

我国的光同步传输网技术体制规定以 2Mbit/s 为基础的 PDH 系列作为 SDH 的有效负荷并选用 AU-4 复用路线，其基本复用映射结构如图 2-2 所示。

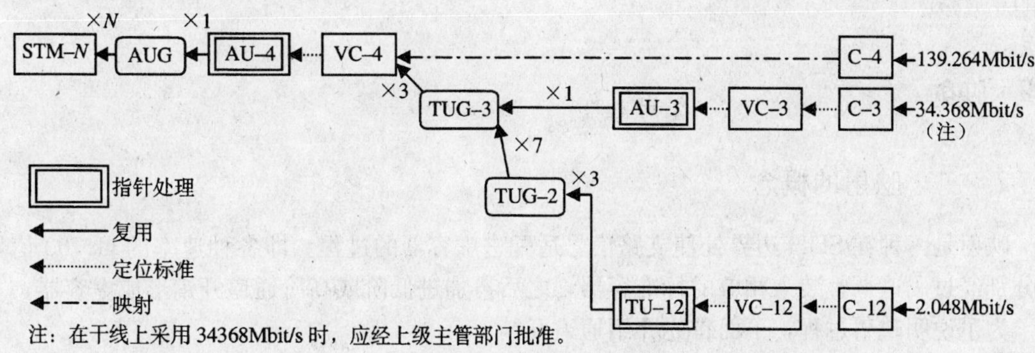

图 2-2　我国的基本复用映射结构

由图 2-2 可见：我国的 SDH 复用映射结构规范可有 3 个 PDH 支路信号输入口。一个 139.264Mbit/s 可被复用成一个 STM-1（155.520Mbit/s）；63 个 2.048Mbit/s 可被复用成一个STM-1；3 个 34.368Mbit/s 也能复用成一个 STM-1。

在 PDH 中，一个四次群（速率为 139.264Mbit/s，速率可类比一个 STM-1）里有 64 个 2.048Mbit/s（一次群），有 4 个 34.368Mbit/s（三次群）。但在 SDH 中，一个 STM-1（155.520Mbit/s）只能装载 63 个 2.048Mbit/s、3 个 34.368Mbit/s，显然，相比之下 SDH 的信道利用率低（这是 SDH 的一个主要缺点）。尤其是利用 SDH 传输 34.368Mbit/s 信号时的信道利用率太低，所以在规范中加“注”（即较少采用）。

为了对 SDH 的复用映射过程有一个较全面的认识，也为后面具体介绍映射、定位、复用作个铺垫，现以 139.264Mbit/s 支路信号复用映射成 STM-N 帧为例详细说明整个复用映射过程。参见图 2-3。

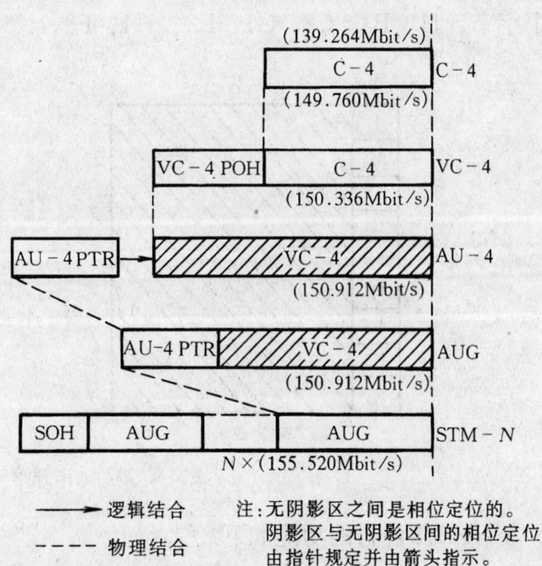

图 2-3　139.264Mbit/s 支路信号复用映射过程

(1) 首先将标称速率为 139.264Mbit/s 的支路信号装进 C-4，经适配处理后 C-4 的输出速率为 149.760Mbit/s。然后加上每帧 9 字节的 POH（相当于 576kbit/s）后，便构成了VC-4（150.336Mbit/s），以上过程称为映射。

(2) VC-4 与 AU-4 的净负荷容量一样，但速率可能不一致，需要进行调整。AU-PTR 的作用就是指明 VC-4 相对 AU-4 的相位，它占有 9 个字节，相当容量为 576kbit/s。于是经过 AU-PTR 指针处理后的 AU-4 的速率为 150.912Mbit/s，这个过程称之为定位。

(3) 得到的单个 AU-4 直接置入 AUG，再由 N 个 AUG 经单字节间插并加上段开销便构成了 STM-N 信号。以上过程称为复用。当 N=1 时，一个 AUG 加上容量为4.608Mbit/s 的段开销后就构成了 STM-1，其标称速率 155.520Mbit/s。

下面介绍映射、定位和复用的相关内容时主要以我国的基本复用映射结构为例加以说明。

2.2 映射

2.2.1 映射的概念

映射是一种在 SDH 边界处使支路信号适配进虚容器的过程。即各种速率的 G. 703 信号先分别经过码速调整装入相应的标准容器，之后再加进低阶或高阶通道开销形成虚容器。

为了说明映射过程，下面首先介绍通道开销。

2.2.2 通道开销

通道开销（POH）分为低阶通道开销（VC-1/VC-2POH）和高阶通道开销（HPOH）。

低阶通道开销附加给 C-1/C-2 形成 VC-1/VC-2，其主要功能有 VC 通道性能监视、维护信号及告警状态指示等。

高阶通道开销附加给 C-3 或者多个 TUG-2 的组合体形成 VC-3，而将高阶通道开销附加给 C-4 或者多个 TUG-3 的组合体即形成 VC-4。高阶 POH 的主要功能有 VC 通道性能监视、告警状态指示、维护信号以及复用结构指示等。

1. 高阶通道开销

高阶通道开销（HPOH）是位于 VC-3/VC-4/VC-4-Xc（VC-4 级联）帧结构第一列的 9 个字节：J1、B3、C2、G1、F2、H4、F3、K3、N1，如图 2-4 所示。

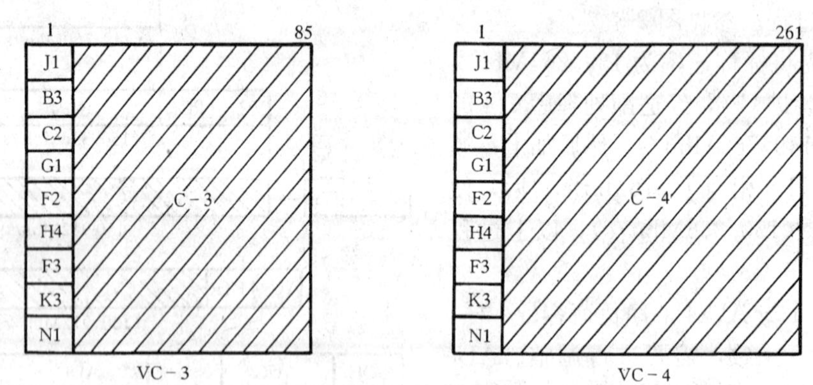

图 2-4　高阶通道开销（HPOH）位置示意图

HPOH 各自的功能如下。

(1) 通道踪迹字节

通道踪迹字节（J1）是 VC 的第 1 个字节，其位置由相关的 AU-4 或 TU-3 指针指示。这个字节用来重复发送高阶通道接入点识别符。这样，通道接收端可以确认它与预定的发送端是否处于持续的连接状态。

在国内网或单个运营者范围内，这个通道接入点识别符可使用 64 字节自由格式码流或 ITU-T 建议 G. 831 规定的接入点识别格式。在国际边界或在不同运营者的网络边界，除双方另有协议外，应采用 G. 831 规定的 16 字节格式。当它在 64 字节内传送 16 字节的格式时，需重复四次。

(2) 通道 BIP-8 码

通道 BIP-8 码（B3）具有高阶通道误码监视功能。在当前 VC-3/VC-4/VC-4-Xc 帧中，B3 字节 8bit 的值是对扰码前上一 VC-3/VG-4/VC－4-Xc 帧所有字节进行比特间插 BIP-8 偶校验计算的结果。

(3) 信号标记字节

信号标记字节（C2）用来指示 VC 帧的复接结构和信息净负荷的性质。例如，表示 VC-3/VC-4/VC-4-Xc通道是否装备，所载业务种类和它们的映射方式。表 2-1 列出了该字节 8 个比特对应的 16 进制码字及其含义。

表 2-1　　信号标记字节（C2）的编码规定

C2 字节 1234　5678	十六进制码字	含　义
0000　0000	00	通道未装载信号
0000　0001	01	通道装载非特定净负荷
0000　0010	02	TUG 结构
0000　0011	03	锁定的 TU
0000　0100	04	34. 368Mbit/s 和 44. 736Mbit/s 信号异步映射进 C-3
0001　0010	12	139. 264Mbit/s 信号异步映射进 C-4
0001　0011	13	异步转移模式（ATM）
0001　0100	14	城域网 MAN（分布式排队总线 DQDB）
0001　0101	15	光纤分布式数据接口（FDDI）

(4) 通道状态字节 G1

通道状态字节用来将通道终端的状态和性能回传给 VC-3/VC-4/VC-4-Xc 通道源端。这一特性，使得能在通道的任意端，或在通道的任意点上监测整个双向通道的状态和性能。

(5) 通道使用者字节 F2，F3

通道使用者字节 F2，F3 提供通道单元间的公务通信（与净负荷有关）。

(6) TU 位置指示字节 H4

TU 位置指示字节 H4 指示有效负荷的复帧（复帧的概念见后）类别和净负荷位置，还可作为 TU-1/TU-2 复帧指示字节或 ATM 净负荷进入一个 VC-4 时的信元边界指示器。

(7) 自动保护倒换通路字节 K3（$b_1 \sim b_4$）

自动保护倒换（APS）通路字节 K3（$b_1 \sim b_4$）用作高阶通道级保护的 APS 指令。

(8) 网络操作者字节 N1

网络操作者字节 N1 用作提供高阶通道的串接监视功能。

(9) 备用比特 K3（$b_5 \sim b_8$）

备用比特 K3（$b_5 \sim b_8$）留作将来使用，因此没有规定其值，接收机应忽略其值。

2. 低阶通道开销

低阶通道开销（VC-1/VC-2 POH）由V5，J2，N2和K4字节组成。以VC-12（由2.048Mbit/s支路信号异步映射而成）为例，低阶通道开销的位置如图2-5所示。

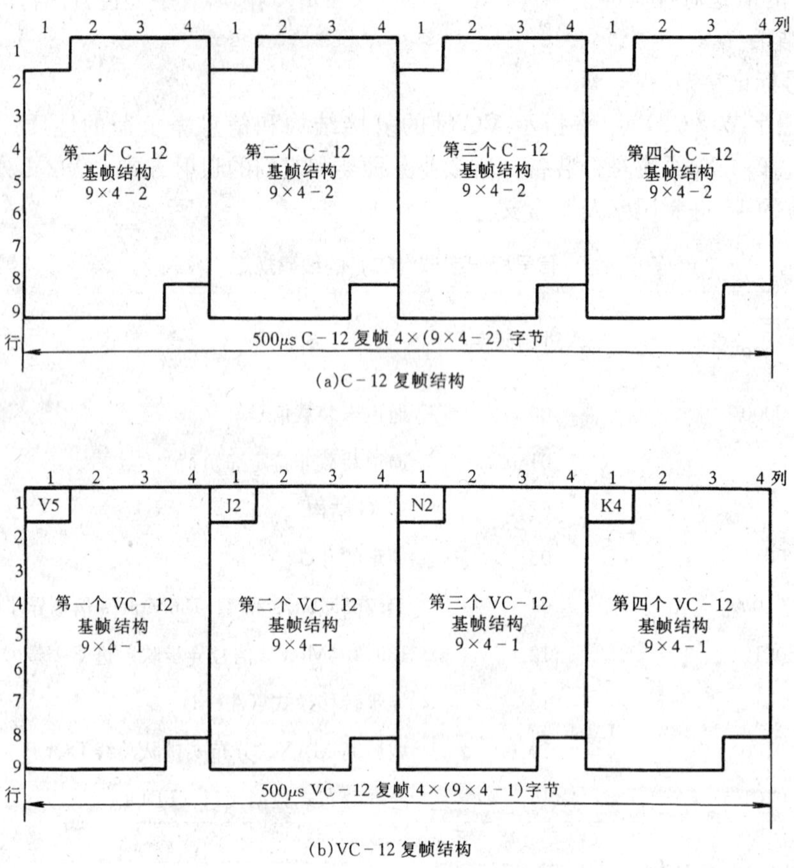

图2-5　低阶通道开销位置示意图

在此解释一下复帧的概念。为了适应不同容量的净负荷在网中的传送需要，SDH允许组成若干不同的复帧形式。例如，4个C-12基本帧（125μs）组成一个500μs的C-12复帧（如图2-5（a）所示），C-12复帧加上低阶通道开销V5、J2、N2、K4字节便构成VC-12复帧（如图2-5（b)所示，这里需要说明的是：也可以16个或24个基本帧组成一个复帧（复帧类别由HPOH中的H4指示）。可见，V5是第1个VC-12基帧的第1个字节，J2是第2个VC-12基帧的第1个字节，N2是第3个VC-12基帧的第1个字节，K4则是第4个VC-12基帧的第1个字节。下面分别加以介绍。

(1) V5字节

V5字节为VC-1/VC-2通道提供误码检测、信号标记和通道状态功能。

(2) 通道踪迹字节J2

通道踪迹字节J2用来重复发送低阶通道接入点识别符，所以通道接收端可据此确认它与预定的发送端是否处于持续的连接状态。此通道接入点识别符使用ITU-T建议G.831所规定的 16 字节帧格式。

（3）网络操作者字节 N2

网络操作者字节提供低阶通道的串接监视（TCM）功能。

（4）自动保护倒换通道字节 K4（$b_1 \sim b_4$）

自动保护倒换（APS）通道字节 K4（$b_1 \sim b_4$）用于低阶通道级保护的 APS 指令。

（5）增强型远端缺陷指示 K4（$b_5 \sim b_7$）

增强型远端缺陷指示字节 K4（$b_5 \sim b_7$）功能与高阶通道的 G1（$b_5 \sim b_7$）相类似，但 K4（$b_5 \sim b_7$）用于低阶通道。当接收端收到 TU-1/TU-2 通道 AIS 或信号缺陷条件，VC-1/VC-2组装器就将 VC-1/VC-2 通道 RDI（远端缺陷指示）送回到通道源端。

（6）备用比特 K4（b_8）

备用比特 K4（b_8）安排将来使用，接收端将忽略这个比特的值。

2.2.3　映射方式的分类

为了适应各种不同的网络应用情况，映射分为异步、比特同步和字节同步三种方法与浮动和锁定两种工作模式。

1. 三种映射方法

（1）异步映射

异步映射是一种对映射信号的结构无任何限制（信号有无帧结构均可），也无需其与网同步，仅利用正码速调整或正/零/负码速调整将信号适配装入 VC 的映射方法。它具有 50×10^{-6} 内的码速调整能力和定时透明性。

（2）比特同步映射

比特同步映射是一种对映射信号结构无任何限制，但要求其与网同步，从而无需码速调整即可使信号适配装入 VC 的映射方法。因此，可认为比特同步映射是异步映射的特例或子集。

（3）字节同步映射

字节同步映射是一种要求映射信号具有块状帧结构（例如 PDH 基群帧结构），并与网同步，无需任何速率调整即可将信息字节装入 VC 内规定位置的映射方式。它特别适用于在VC－1X（X＝1，2）内无需组帧和解帧地直接接入和取出 64kbit/s 或 $N \times 64$kbit/s 信号。

2. 两种工作模式

（1）浮动 VC 模式

浮动 VC 模式是指 VC 净负荷在 TU 或 AU 内的位置不固定，并由TU-PTR或 AU-PTR 指示其起点位置的一种工作模式。它采用 TU-PTR 和 AU-PTR 两层指针处理来容纳 VC 净负荷与 STM-N 帧的频差和相差，从而无需滑动缓存器即可实现同步，且引入的信号延时最小（约 10μs）。

浮动模式时，VC 帧内安排有 VC POH，因此，可进行通道性能的端到端监测。

三种映射方法都能以浮动模式工作。

(2) 锁定 TU 模式

锁定 TU 模式是一种信息净负荷与网同步并处于 TU 或 AU 帧内固定位置，因而无需 TU-PTR或 AU-PTR 的工作模式。PDH 一次群信号的比特同步和字节同步两种映射可采用锁定模式。

锁定模式省去了 TU-PTR 或 AU-PTR，且在 VC 内不能安排 VC POH，因此，要用 125μs（一帧容量）的滑动缓存器来容纳 VC 净负荷与 STM-N 帧的频差和相差，引入较大的（约 150μs）信号延时，且不能进行通道性能的端到端监测。

3. 映射方式的比较

综上所述，三种映射方法和两种工作模式可组合成 5 种映射方式，如表 2-2 所示。

表 2-2　PDH 信号进入 SDH 的映射方式

H－n	VC－n	映射方式		
		异步映射	比特同步映射	字节同步映射
H-4	VC-4	浮动模式	无	无
H-3	VC-3	浮动模式	浮动模式	浮动模式
H-12	VC-12	浮动模式	浮动/锁定	浮动/锁定

异步映射仅有浮动模式，最适合异步/准同步信号映射，包括将 PDH 通道映射进 SDH 通道的应用，能直接接入和取出各次 PDH 群信号，但不能直接接入和取出其中的 64kbit/s 信号。异步映射的接口最简单，引入的映射延时最小，可适应各种结构和特性的数字信号，是一种最通用的映射方式，也是 PDH 向 SDH 过渡期内必不可少的一种映射方式。

比特同步映射与传统的 PDH 相比并无明显优越性，不适合国际互连应用，目前也未用于国内网。

浮动的字节同步映射适合按 G. 704 规范组帧的一次群信号，其净负荷既可以具有字节结构形式（64kbit/s 和 N×64kbit/s），也可以具有非字节结构形式，虽然接口复杂但能直接接入和取出 64kbit/s 和 N×64kbit/s 信号，同时允许对 VC-1X 通道进行独立交叉连接，主要用于不需要一次群接口的数字交换机互连应用和两个需要直接处理 64kbit/s 和 N×64kbit/s业务的节点间的 SDH 连接。

锁定的字节同步映射可认为是浮动的字节同步映射的特例，只适合有字节结构的净负荷，主要用于大批 64kbit/s 和 N×64kbit/s 信号的传送和交叉连接，也适用于高阶 VC 的交叉连接。

下面首先以我国复用结构中的 139. 264Mbit/s，34. 368Mbit/s 和 2. 048Mbit/s 支路信号的映射为例介绍映射过程，然后简单介绍 ATM 信元和 IP 数据报的映射。

2. 2. 4　映射过程

1. 139. 264Mbit/s 支路信号（H-4）的映射

139. 264Mbit/s 支路信号的映射一般采用异步映射、浮动模式。

(1) 139.264Mbit/s 支路信号异步装入 C-4

139.264Mbit/s 支路信号异步装入 C-4 是由正码速调整方式异步装入的。我们可以把 C-4比喻成一个集装箱，其结构容量一定大于 139.264Mbit/s，只有这样才能进行正码速调整。C-4 的子帧结构如图 2-6 所示。

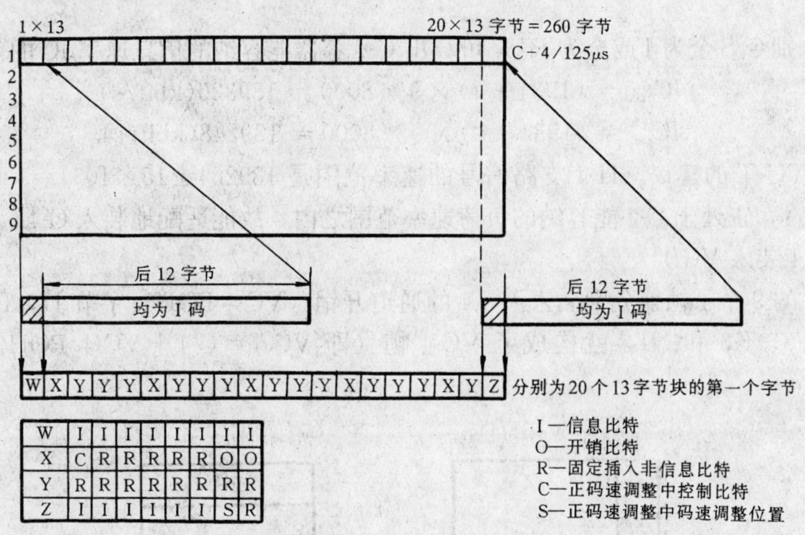

图 2-6　C-4 的子帧结构

C-4 基帧的每行为一个子帧，每个子帧为一个速率调整单元，并分成 20 个 13 字节块。每个 13 字节块的第一个字节依次分别为 W，X，Y，Y，Y，X，Y，Y，Y，X，Y，Y，Y，X，Y，Y，Y，X，Y，Z。

X 字节内含 1 个调整控制比特（C 码），5 个固定塞入比特（R 码）和 2 个开销比特（O 码），由于每行有 5 个 X 字节，因此每行有 5 比特 C 码。

Z 字节内含 6 个信息比特（I 码），1 个调整机会比特（S 码）和 1 个 R 码。

Y 字节为固定塞入字节，含 8 个 R 码。

W 字节为信息字节，含 8 个信息比特。每个 13 字节块的后 12 个字节均为信息字节 W，共 96 个 I 码。

$$\begin{aligned}\text{C4 子帧} &= (\text{C}-4)/9 = 241\text{W} + 13\text{Y} + 5\text{X} + 1\text{Z} = 260(\text{字节})\\ &= (1934\text{I} + \text{S}) + 5\text{C} + 130\text{R} + 10\ \text{O} = 2080(\text{bit})\end{aligned}$$

一个 C－4 子帧总计有 8×260＝2080bit，其分配是：

信息比特（I）：1934

固定塞入比特（R）：130

开销比特（O）：10

调整控制比特（C）：5

调整机会比特（S）：1

C 码主要用来控制相应的调整机会比特（S），确定 S 应作为信息比特（I）还是调整比特（R^*），接收机对 R^* 不予理睬。

在发送端，CCCCC＝00000 时 S＝I；CCCCC＝11111 时 S＝R^*。

为什么用 5 个 C 比特与一个 S 比特配合使用呢？这是因为在收信端解同步器中，为了防范 C 码中单比特和双比特误码的影响，提高可靠性，当 5 个 C 码并非全 0 或全 1 时，应按照择多判决准则做出去码速调整决定，即当多数 C 码为 1 时，解同步器认为 S 位为 R^*，故不理睬 S 比特的内容，而多数 C 码为 0 时，解同步器把 S 比特中的内容作为信息比特。

下面分别令 S 全为 I 或全为 R^*，可算出 C-4 容器能容纳的信息速率 IC 的上限和下限：

$$IC_{max} = (1934 + 1) \times 9 \times 8000 = 139320(\text{kbit/s})$$

$$IC_{min} = (1934 + 0) \times 9 \times 8000 = 139248(\text{kbit/s})$$

根据 ITU-T 的建议，H-4 支路信号的速率范围是 $139264 \pm 15 \times 10^{-6} = 139261$kbit/s～139266kbit/s，正处于 C-4 能容纳的负荷速率范围之内，故能适配地装入 C-4。

(2) C-4 装入 VC-4

在 C-4 的 9 个子帧前分别插入 VC-4 的通道开销（VC-4 POH）字节 J1，B3，C2，G1，F2，H4，F3，K3 和 N1，就构成了 VC-4 帧（即 VC-4＝C-4＋VC-4 POH），如图 2-7 所示。

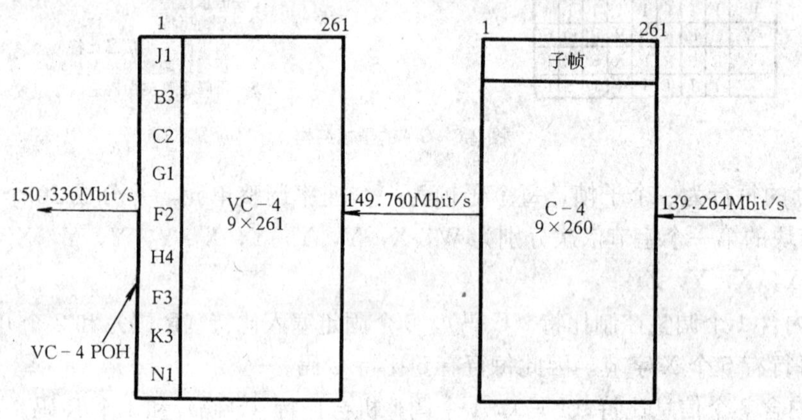

图 2-7 139.264Mbit/s 信号映射图解

2. 34.368Mbit/s 支路信号的异步映射

34.368Mbit/s 支路信号异步映射进 VC-3 的过程如图 2-8 所示。

VC-3 由 9 个字节的 VC-3 POH 加上 9 行 84 列的净负荷组成。该净负荷分为 3 个子帧（T1、T2 和 T3），每个子帧（分为 12 段）的组成如下：

- 1431 个信息比特（D）（3×8×59＋7＋8＝1 431）；
- 两组（每组 5 个）调整控制比特（C1，C2）；
- 两个调整机会比特（S1，S2）；
- 573 个固定塞入比特（R）。

两组（每组 5 个）调整控制比特 C1 和 C2 分别用于控制两个调整机会比特 S1 和 S2。

C1C1C1C1C1＝00000 表示 S1 为信息比特，而 C1C1C1C1C1＝11111 则表示 S1 为调整比特。C2 控制 S2 的情况相同。在解同步器中为防止 C 比特中的单比特或双比特误码影响，

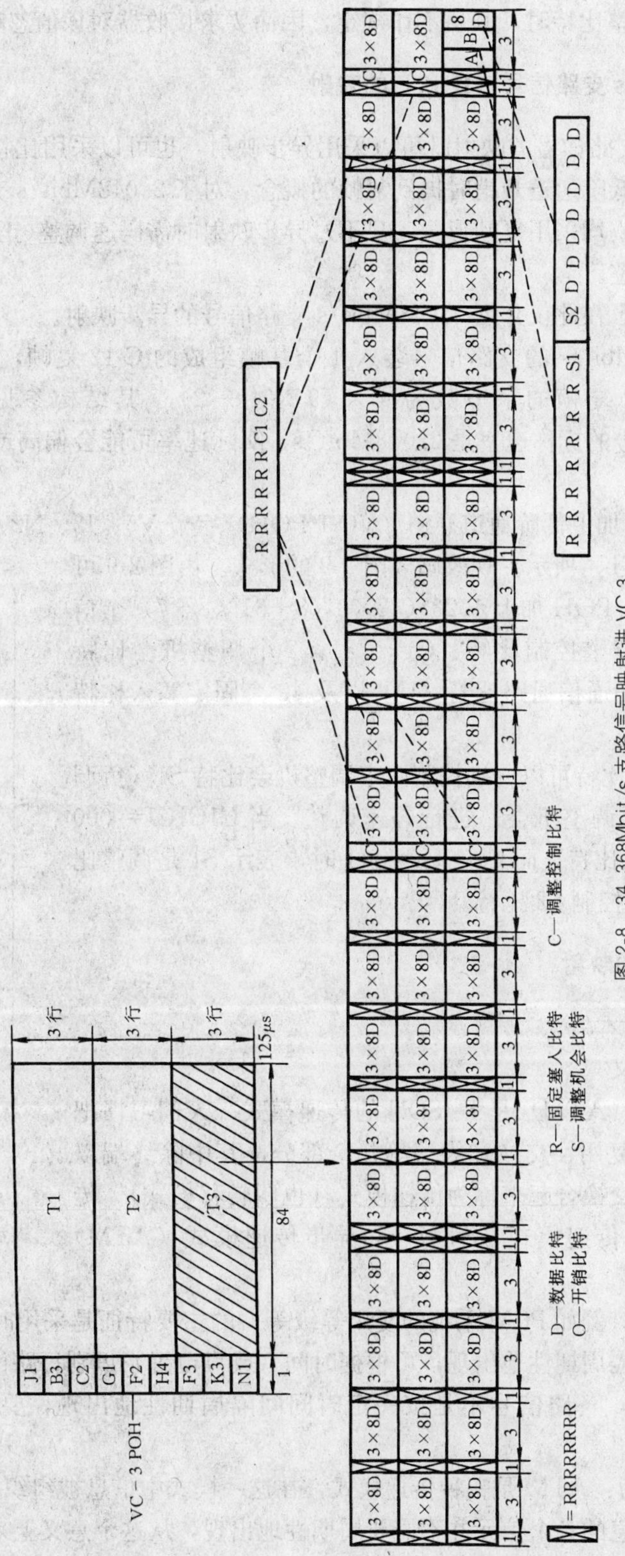

图 2-8 34.368Mbit/s 支路信号映射进 VC-3

采用 5 个比特多数判决准则来决定调整与否。

当 S1 和 S2 调整比特时，其值不作规定，因而要求接收器对该值忽略不计。

3. 2.048Mbit/s 支路信号（H-12）的映射

2.048Mbit/s 支路信号的映射既可以采用异步映射，也可以采用比特同步映射或字节同步映射。前面介绍低阶通道开销时提到复帧的概念，对于 2.048Mbit/s 支路信号不论是异步映射还是同步映射，均采用复帧形式，只不过异步映射时需码速调整(正/零/负调整)，同步映射时不需码速调整。

由于篇幅所限，在此仅介绍 2.048Mbit/s 支路信号的异步映射。

首先将 2.048Mbit/s 的支路信号装入 4 个基帧组成的 C-12 复帧，C-12 基帧的结构是 9×4−2字节，C-12 复帧的字节数为 4 ×（9 × 4 − 2），其结构参见图 2-5（a）。由于 E1（H-12)支路信号的标称速率是 2.048Mbit/s，实际速率可能会偏高或偏低些，所以要进行码速调整。

在 C-12 复帧中加上低阶通道开销（VC-1 POH）字节 V5、J2、N2、K4，便构成VC-12（复帧)，如图 2-5（b）所示。现改画成图 2-9 的形式。由图 2-9 可见，VC-12 由 VC-1 POH 加上 1023（32×3×8＋31×8＋7）个信息比特（I），6 个调整控制比特（C1，C2)，2 个调整机会比特（S1，S2)，8 个开销通信通路比特（O）以及 49 个固定塞入比特（R）组成。

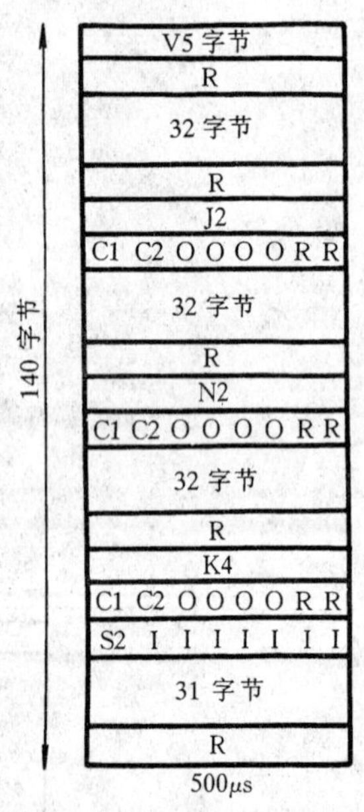

图 2-9 2.048Mbit/s 支路信号的异步映射成 VC-12（复帧）

两套 C1 和 C2 比特可以分别控制两个调整机会比特 S1（负调整机会）和 S2（正调整机会）进行码速调整。当 C1C1C1＝000 时，表示 S1 是信息比特，而 C1C1C1＝111 时，表示 S1 是调整比特。C2 按同样方式控制 S2 比特。

4. ATM 信元的映射

(1) ATM 的基本概念

① ATM 的定义

异步传递模式（ATM）是 B-ISDN 的传递模式。人们习惯把电信网分为传输、复用、交换和终端等几个部分，其中除终端以外的传输、复用和交换合起来称为传递模式（也叫转移模式）。传递模式可分为同步传递模式（STM）和异步传递模式（ATM）两种。

同步传递模式（例如 PCM 系统的复用等级等）的主要特征是采用时分复用，各路信号都是按一定时间间隔周期性地出现，可根据时间（或靠位置）识别每路信号。异步传递模式采用统计时分复用，各路信号不是按一定时间间隔周期性地出现，要根据标志识别每路信号。

ATM 的定义为：ATM 是一种传递模式，在这一模式中信息被组织成固定长度的信元，来自某用户一段信息的各个信元并不需要周期性地出现，从这个意义上来看，这种传递模式是异步的（统计时分复用也叫异步时分复用)。

② ATM 信元

ATM 信元具有固定的长度，从传输效率、时延及系统实现的复杂性考虑，原 CCITT 规定 ATM 信元长度为 53 字节。其中前 5 个字节为信头，包含有各种控制信息；后面 48 字节是信息段，也叫信息净负荷，它载荷来自各种不同业务的用户信息。

③ ATM 的特点

- ATM 以面向连接的方式工作——即终端在传递信息之前，先提出呼叫申请，建立虚电路（虚连接）。
- ATM 采用统计时分复用。
- ATM 网中没有逐段链路的差错控制和流量控制——ATM 的线路一般使用光纤，其传输可靠性很高，没有必要逐段链路的差错控制。而网络中适当的资源分配和队列容量设计将会使导致信元丢失的队列溢出得到控制，所以也没有必要逐段链路流量控制。为了简化网络的设计，ATM 将差错控制和流量控制都交给终端去完成。
- 信头的功能被简化——由于不需要逐段链路的差错控制和流量控制等，ATM 信元的信头功能十分简单，主要是标志虚电路和信头本身的差错校验等，所以信头的处理速度很快，处理时延很小。
- ATM 采用固定长度的信元，信息段的长度较小。为了降低交换节点内部缓冲区的容量，减少在缓冲区内的排队时延，与分组交换比，ATM 信元长度比较小，有利于实时业务的传输。

④ SDH 与 ATM 之间的关系

实际 ATM 网内 ATM 交换机之间 ATM 信元的传输的主要手段之一就是基于 SDH，即利用 SDH 的帧结构传送 ATM 信元。显然，必须解决如何将 ATM 信元映射到 SDH 帧结构中的问题（有关 ATM 的详细内容请参见 ATM 的相关书籍）。

(2) ATM 信元的映射原理

ATM 信元的映射是通过将每个信元的字节结构与所用虚容器字节结构（包括级联结构 VC-n-Xc，$X\geqslant 1$）进行定位对准的方法来完成的。由于 C-n 或 C-n-Xc 容量不一定是 ATM 信元长度（53 字节）的整数倍，因此允许信元跨过 C-n 或 C-n-Xc 的边界。

信元映射进虚容器后即可随其在网络中传送，当虚容器终结时信元也得到恢复。信头中含有信头误码控制（HEC）字段，占 8 个比特，它是信头中除 HEC 字段以外的其他部分乘以 8 再模二除生成多项式 $g(x)=x^8+x^2+x+1$ 所得的余数，HEC 为信元提供了较好的误码保护功能，使信元的错误传送概率减至最低。这种 HEC 方法利用受 HEC 保护的信头比特（32bit）与 HEC 控制比特之间的相关性来达到信元定界的目的，详细定界算法可参见 ITU-T 建议 I.432。

为了防止伪信元定界和信元信息字段重复 STM-N 帧定位码，在将 ATM 信元信息字段映射进 VC-n 或 VC-n-Xc 前，应先进行扰码处理。在逆过程中，当 VC-n 或 VC-n-Xc 信号终结后，也应先对 ATM 信元信息字段进行解扰处理后再传送给 ATM 层。G.707 规定扰码器采用生成多项式为 $x^{43}+1$ 的自同步扰码器。其优点是无需采用帧置位和复位，扰码器和解扰器能自动同步而且容易实现，不足之处是有误码增值，但由于已经选择了 x^r+1 形式的生成多项式，因而误码增值已压至最低。此外，为了减少扰码后的信元流对源数据的依赖性，r 值取得很大，为 43。需要指出的是，扰码器只对信元信息字段进行扰码，对信头不进行扰码。

(3) ATM 信元的映射过程

① 将 ATM 信元映射进 VC-3/VC-4

将 ATM 信元映射进 VC-3/VC-4 的过程如图 2-10 所示。

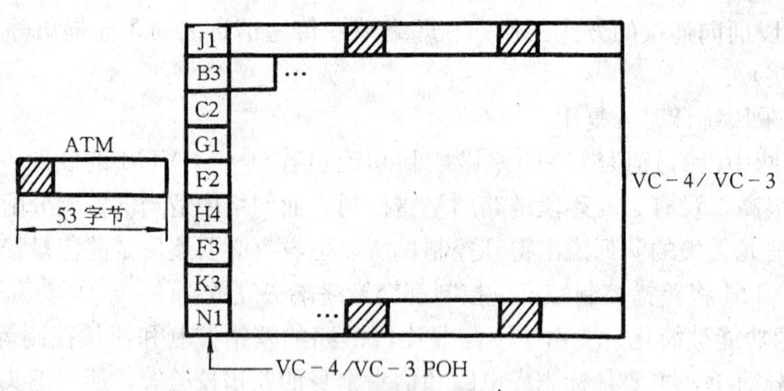

图 2-10 ATM 信元映射进 VC-3/VC-4

将 ATM 信元流映射进 C-3/C-4，只需将 ATM 信元字节的边界与 C-3/C-4 字节边界定位对准，然后，再将 C-3/C-4 与 VC-3/VC-4 POH 一起映射进 VC-3/VC-4 即可。这样，ATM 信元边界就与 VC-3/VC-4 字节的边界对准了。由于 C-3/C-4 容量（756/2340 个字节）不是信元长度（53 字节）的整数倍，因而允许信元跨越 C-3/C-4 边界。信元边界位置的确定只能利用 HEC 信元定界方法。

② 将 ATM 信元映射进 VC-12

将 ATM 信元流映射进 VC-12 的过程如图 2-11 所示。

具体过程为：VC-12 结构组织成由 4 帧构成的一个复帧（500μs），其中每 1 帧由 VC-12 POH 字节和 34 字节的净负荷区组成。将 ATM 信元装入 VC-12 净负荷区，只需将信元边界与任何 VC-12 字节边界对准即可。由于 VC-12 净负荷区规格与 ATM 信元长度无关，因而 ATM 信元边界与 VC-12 结构的对准对每一帧都不同，每 53 帧重复一次。信元同样允许跨越 VC-12边界，信元边界的位置只能利用 HEC 信元定界方法来确定。

③ 将 ATM 信元映射进 VC-4-Xc

在此首先介绍 VC-4 级联（VC-4-Xc）。

在实际应用中，可能需要传送大于单个 C-4 容量的净负荷，例如传送高清晰度电视的数字编码信号，此时可将多个C-4彼此关联复合在一起当作一个维持比特系列完整性的单个容器使用并称之为级联。

VC-4-Xc 帧的第 1 列是 VC-4-Xc POH，第 2～X 列规定为固定塞入字节。

X 个 C-4 级联成的容器记为 C-4-Xc，可用于映射的容量是 C-4 的 X 倍。相应地，C-4-Xc加上 VC-4-Xc POH 即构成 VC-4-Xc，如图 2-12 所示。

将 ATM 信元映射进 VC-4-Xc 的过程如图2-13所示。

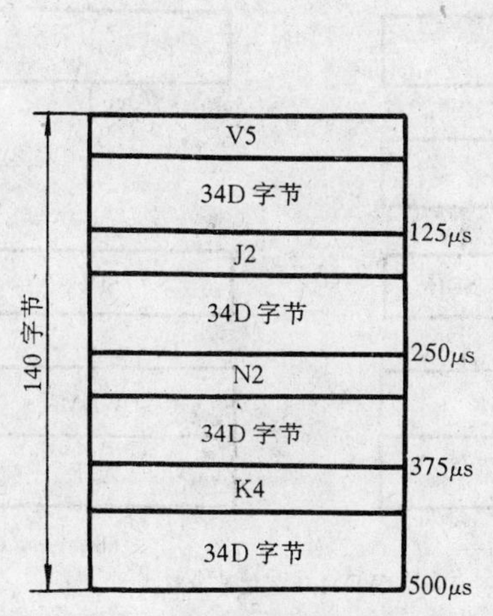

图 2-11　ATM 信元映射进 VC-12

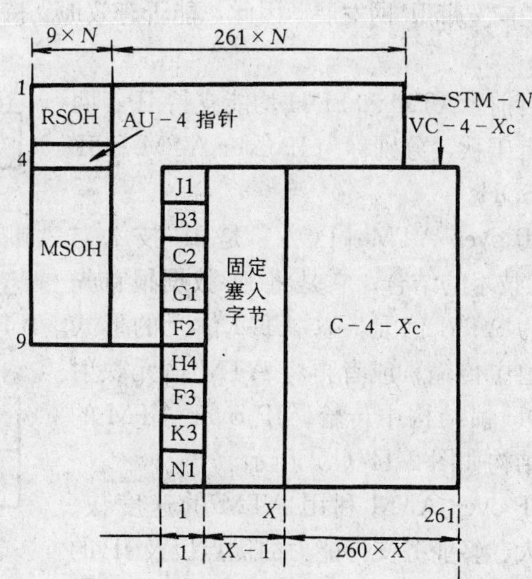

图 2-12　VC-4-Xc 的结构

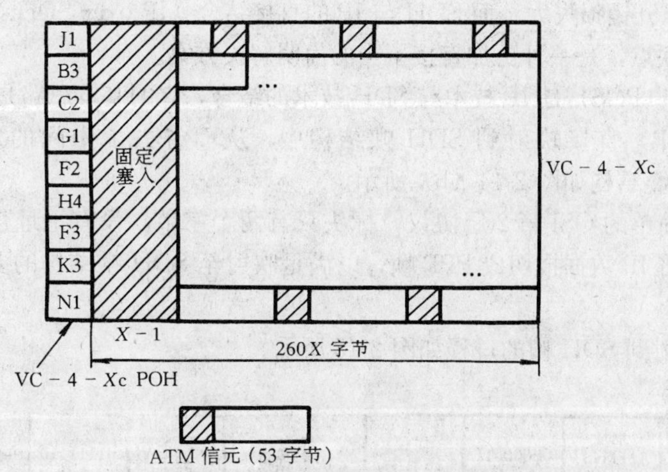

图 2-13　ATM 信元映射进 VC-4-X c

将 ATM 信元映射进 C-4-Xc 只需将 ATM 信元字节的边界与 C-4-Xc 字节边界对准，然后再将 C-4-Xc 与 VC-4-Xc POH 和（X-1）列固定塞入字节一起映射进 VC-4-Xc 即可。这样，ATM 信元边界就与 VC-4-Xc 字节边界对准了。由于 C-4-Xc 容量（2340 字节乘以 X 倍）不是信元长度的整数倍，因而允许信元跨越 C-4-Xc 边界。

5. IP 数据报的映射

随着计算机和通信技术的不断发展，Internet 已成为风靡全球的计算机网络，它是实现全球信息传递的一种快捷、有效、方便的手段，是近年来信息业发展的主要推动力。Internet是一种由不同种类计算机网或其他网络经路由器互连在一起的网络，其网络互连协议采用 TCP/IP（因此 Internet 也叫 IP 网）。

近些年来，IP 业务发展很快，而且将来电话网、计算机网和有线电视网三网融合的发展趋势是向宽带IP网发展。因此，能否有效地支持IP业务，已成为新技术是否具有长远性的标志之一。

目前，ATM和SDH均能支持IP，两者各有千秋，分别称为IP over ATM和IP over SDH。

IP over ATM（POA）是IP技术与ATM技术的结合，它是将IP数据报首先封装为ATM信元，以ATM信元的形式在信道中传输；或者再将ATM信元映射进SDH帧结构中传输。IP over ATM的重叠结构如图2-14（a）所示。

IP over ATM利用ATM的速度快、容量大、多业务支持能力的优点以及IP的简单、灵活、易扩充和统一性的优点，实现优势互补。不足之处是网络体系结构复杂，传输效率低，开销损失大。而SDH与IP的直接结合（IP over SDH）恰好能弥补上述IP over ATM的缺点，是一种更加直接了当的简明解决方案。

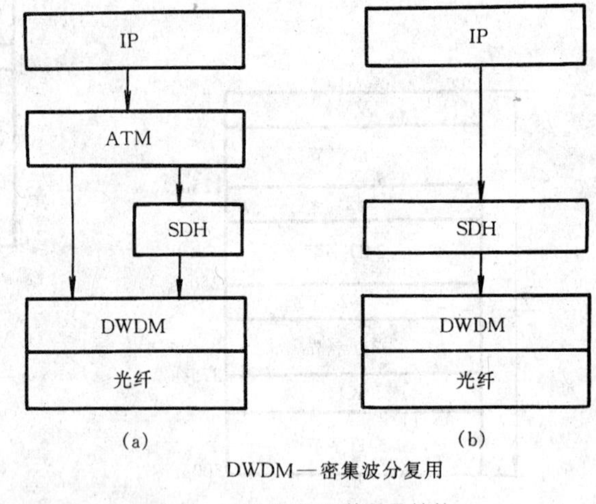

图2-14 POA和POS的重叠结构

IP over SDH（POS）是IP技术与SDH技术的结合，它的基本思路是将IP数据报通过点到点协议（PPP）直接映射到SDH帧结构中，从而省去了中间的复杂的ATM层。IP over SDH的重叠结构如图2-14（b）所示。

PPP是一个简单的OSI第2层协议，标头只有两个字节，没有地址信息，只是按点到点顺序。PPP可将IP数据报切成PPP帧，以满足映射至SDH帧结构的要求（详见本书第8章8.2节）。

IP数据报映射到SDH帧的过程如图2-15所示。

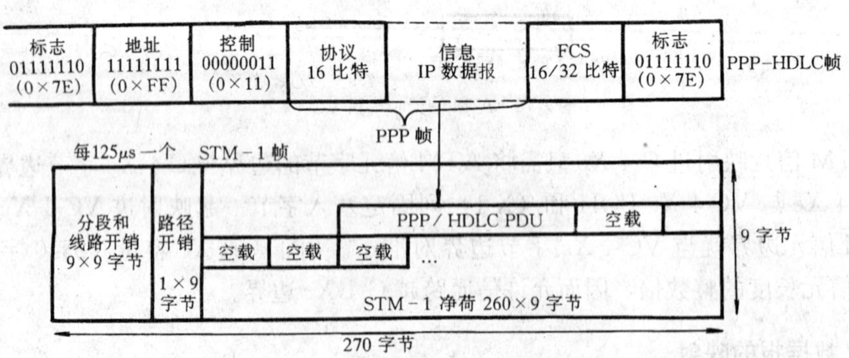

图2-15 IP数据报映射到SDH帧的过程

具体作法是：先将IP数据报封装进PPP帧，然后再利用高级数据链路控制规程（HDLC）按照RFC 1662的规定组帧，最后按字节同步映射进SDH的虚容器中，再加上相应的SDH开销置入STM-*N*帧中。

IP over SDH的协议栈如表2-3所示。

表 2-3 IP over SDH 的协议栈

Video	Voice	Data	高 层
IP			网 络 层
PPP			数据链路层
HDLC			
SDH			
DWDM			

IP over SDH 的优点是简化了 IP 网络体系结构，减少了开销，提供更高的带宽利用率，提高了数据传输效率，降低了成本；将 IP 网络技术建立在 SDH 传输平台上，可以很容易地跨越地区和国界，兼容各种不同的技术和标准，实现网络互连；而且可以充分利用 SDH 技术的各种优点，如自动保护倒换（APS），保证网络的可靠性。当然 IP over SDH 也有其自身的不足，例如，网络流量和拥塞控制能力差，大规模网络路由表太复杂，只有业务分级，尚无优先级业务质量，对于某些实时高质量业务难以确保质量等。

尽管如此，随着 IP 业务的飞速发展以及千兆比高速路由器技术的日益成熟和改进，IP over SDH 会获得越来越广泛的应用。

2.3 定位

2.3.1 定位的概念及指针的作用

1. 定位的概念

定位是一种将帧偏移信息收进支路单元或管理单元的过程。即以附加于 VC 上的支路单元指针指示和确定低阶 VC 帧的起点在 TU 净负荷中的位置或管理单元指针指示和确定高阶 VC 帧的起点在 AU 净负荷中的位置，在发生相对帧相位偏差使 VC 帧起点浮动时，指针值亦随之调整，从而始终保证指针值准确指示 VC 帧的起点的位置。

2. 指针的作用

SDH 中指针的作用可归结为以下三条。

（1）当网络处于同步工作方式时，指针用来进行同步信号间的相位校准。

（2）当网络失去同步时（即处于准同步工作方式），指针用作频率和相位校准；当网络处于异步工作方式时，指针用作频率跟踪校准（有关同步工作方式，准同步工作方式和异步工作方式的概念参见本书第 6 章中 SDH 网同步的内容）。

（3）指针还可以用来容纳网络中的频率抖动和漂移。

设置 TU 或 AU 指针可以为 VC 在 TU 或 AU 帧内的定位提供一种灵活和动态的方法。因为 TU 或 AU 指针不仅能够容纳 VC 和 SDH 在相位上的差别，而且能够容纳帧速率上的差别。

2.3.2 指针调整原理及指针调整过程

下面以 139.264Mbit/s 的 PDH 支路信号复用过程中在 AU-4 内的指针调整、34.368Mbit/s PDH 支路信号复用过程中在 TU-3 内的指针调整以及 2.048Mbit/s 的支路信号复用过程中在 TU-12 内的指针调整为例说明指针调整原理及指针调整过程。

1. VC-4 在 AU-4 中的定位（AU-4 指针调整）

（1）AU-4 指针

VC-4 进入 AU-4 时应加上 AU-4 指针，即

$$AU\text{-}4 = VC\text{-}4 + AU\text{-}4\ PTR$$

AU-4 PTR 由位于 AU-4 帧第 4 行第 1 至 9 列的 9 个字节组成，具体为

$$AU\text{-}4\ PTR = H1\ Y\ Y\ H2\ 1^*\ 1^*\ H3\ H3\ H3$$

其中：Y＝1001 SS 11，SS 是未规定值的比特

$$1^* = 11111111$$

虽然 AU-4 PTR 共有 9 个字节，但用于表示指针值并确定 VC-4 在帧内位置的，只需 H1 和 H2 两个字节即可。H1 和 H2 字节是结合使用的，以这 16 个比特组成 AU-4 指针图案，其格式如图 2-16 所示。H1 和 H2 的最后 10 比特（即第 7bit～16bit）携带具体指针值。H3 字节用于 VC 帧速率调整，负调整时可携带额外的 VC 字节（详见后述）。

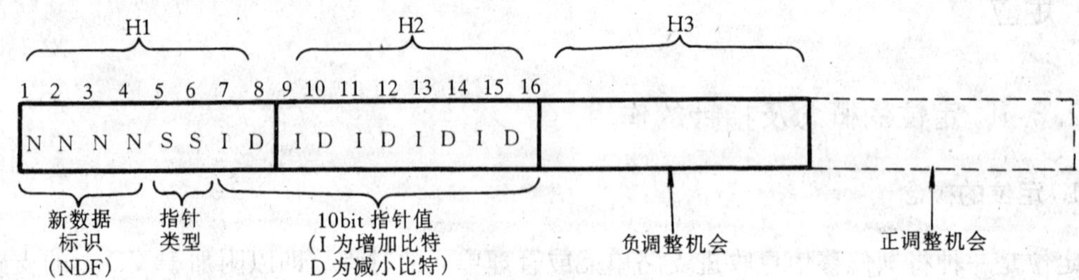

图 2-16 AU-4 指针图案

那么，10 个比特的指针值何以指示 VC-4 的 2349（9 行×261 列而得）个字节位置呢？10 个比特的 AU-4 指针值仅能表示 $2^{10}=1024$ 个 10 进制值，但 AU-4 指针调整是以 3 个字节作为一个调整单位的，故 2349 除以 3，只需 783 个调整位置即可。因此，由 10 个二进制码组合成的指针值（1024）足以表示 783 个位置。用 000，111，…，782 782 782，共 783 个指针调整单位序号表示。

（2）指针调整原理

图 2-17 示出了 AU-4 指针的位置和偏移编号。

为了便于说明问题，图 2-17 中将 VC-4 的所有字节（2349 个字节）安排在本帧的第 4 行到下帧的第 3 行，上下仍为 9 行。

① 正调整

先假定本帧虚容器 VC-4 的前 3 个字节位于图 2-17 的“000”位置，即指针值为零。当下一帧的 VC-4 速率比 AU-4 的速率低时，就应提高 VC-4 的速率，以便使其与网络同步。此时应在 VC-4 的第 1 个字节（J1）前插入 3 个伪信息填充字节，使整个 VC-4 帧在时间上

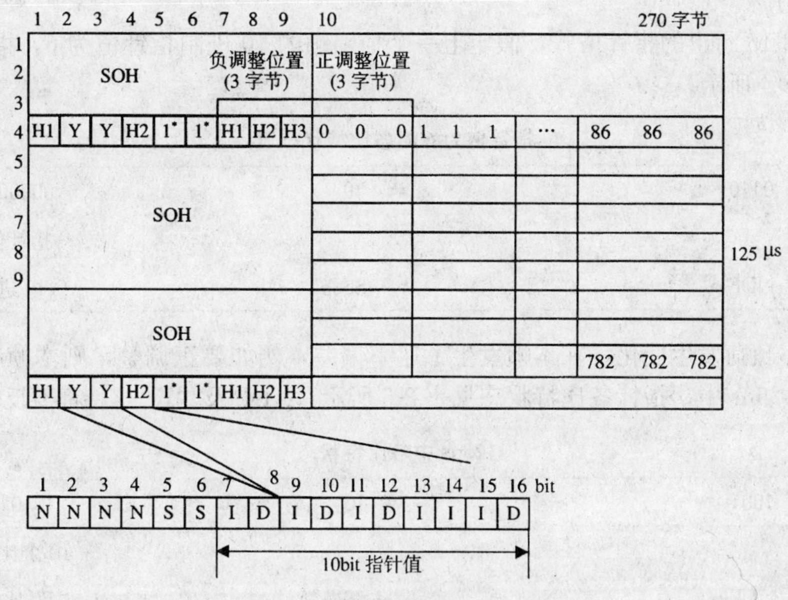

图 2-17 AU-4 指针位置和偏移编号

向后（即向右）推移一个调整单位，并且 10 进制的指针值加 1，VC-4 的前 3 个字节右移至“111”位置，这样，就对 VC-4（支路信号）的速率进行了正调整。

在进行这一操作时，即在调整帧的 125μs 中，指针格式中的 NNNN 4 个比特要由稳定态的“0110”变为调整态的“1001”，10 个比特指针值中的 5 个“I”比特（增加比特）反转。

当速率偏移较大，需要连续多次指针调整时，相邻两次操作至少要间隔 3 帧，即经某次速率调整后，指针值要在 3 帧内保持不变，本次调整后的第 4 帧（不含调整帧）才能进行再次调整。

若先前的指针值已经最大，则最大指针值加 1，其指针值为零。

② 负调整

仍然是本帧虚容器 VC-4 的前 3 个字节位于图 2-17 的“000”位置，当下帧的 VC-4 速率比 AU-4 的速率高时，就应降低 VC-4 的速率，以便使其与网络同步，即 VC-4 的前 3 个字节要前移（左移）。在本文所举的这个特殊例子中，可利用 AU-4 指针区的 H1 H2 H3 字节作为负调整机会，使 VC-4 的前 3 个字节移至其中。由于整个 VC-4 帧在时间上向前推移了一个调整单位，并且指针的 10 进制值减 1，故 VC-4（支路信号）的速率得到了负调整。

在进行这一操作时，即在调整帧的 125μs 中，指针格式中的 NNNN 4 个比特要由稳态时的“0110”变为调整态时的“1001”，10 个比特指针值中的 5 个“D”比特（减小比特）反转。

同样，在进行一次负调整后，3 帧内不允许再做调整，指针值在 3 帧内保持不变，如需调整，应在本次调整后的第 4 帧才能再次进行调整。

若先前的指针值为零，则最小指针值（零）减 1，其指针值为最大。

(3) 速率调整时指针值变化举例

下面以 AU-4 指针做正调整为例，说明 H1 和 H2 两个字节组成的指针中各个比特状态是如何变化的。

根据图 2-16 示出的指针格式，假定上一个稳定帧的 10 进制指针值为 6，指针中的各比特状态见表 2-4 所示。

表 2-4　　指针值为 6 时各比特状态表

0110	10	0000000110
←NDF→	←SS→	←指针值为 6→ （10 进制值）

若网络净负荷发生变化，在本帧发生了速率偏差，例如要正调整，则本帧叫做调整帧，在调整帧的 125μs 中，指针各比特状态见表 2-5 所示（NDF 及“I”比特都要反转）。

表 2-5　　125μs 中各比特状态

1001	10	1010101100
←NDF→	←SS→	←10 个比特中的→ “I”比特反转

经 125μs 的调整帧，在下一帧便确定了新的指针值，即重新获得了稳定状态，此时各个比特状态见表 2-6 所示。

表 2-6　　稳定状态后的各比特状态

0110	10	0000000111
←NDF→	←SS→	←指针值为 7→ （10 进制值）

本例说明，在 SDH 网络中，某节点有失步时，就要发生指针调整，以便达到同步的目的，可见指针调整是一种将帧速率的偏移信息收进管理单元的过程。

（4）AU-4 指针调整小结

综上所述，用表 2-7 对 AU-4 指针调整作一小结。

表 2-7　　指针调整小结

N N N N	S S	I D I D I D I D I D
新数据标帜（NDF）	**AU 类别**	**10 比特指针值**
表示所载净负荷容量有变化 净负荷无变化时 NNNN 为正常值“0110” 在净负荷有变化的那一帧，NNNN 反转为“1001”此即 NDF NDF 出现那一帧指针值随之改变为指示 VC 新位置的新值称为新数据。	对于 AU-4 SS=10	AU-4 指针值为 0～782 指针值指示了 VC 帧的首字节 J1 与 AU 指针中最后一个 H3 字节间的偏移量 **指针调整（产生）规则** （1）在正常工作时，指针值确定了 VC-4 帧在 AU-4 帧内的起始位置。NDF 设置为“0110” （2）若 VC 帧速率比 AU 帧速率低，5 个 I 比特反转表示要作正帧频调整，该 VC 帧的起始点后移，下帧中的指针值是先前指针值加 1 （3）若 VC 帧速率比 AU 帧速率高，5 个 D 比特反转表示作

续表

N　N　N　N	S　S	I　D　I　D　I　D　I　D　I　D
若净负荷不再变化，下一帧 NDF 又返回到正常值“0110”，并至少在 3 帧内不作指针值增减操作	对于 AU-4 SS=10	负帧频调整，负调整位置 H3 用 VC 的实际信息数据重写，该 VC 帧的起始点前移，下帧中的指针值是先前指针值减 1 （4）如果除上述第（2）、（3）条规则以外的其他原因引起 VC 定位的变化，应送出新的指针值，同时 NDF 设置为“1001”。NDF 只在含有新数值的第 1 帧出现，VC 的新位置将由新指针标明的偏移首次出现时开始 （5）指针值完成一次调整后，至少停 3 帧方可有新的调整

2. VC-3 在 TU-3 中的定位（TU-3 指针调整）

设置 TU-3 指针可以为 VC-3 在 TU-3 帧内的灵活和动态的定位提供一种手段。定位过程与实际 VC 的内容无关。

（1）TU-3 指针的位置

3 个单独的 TU-3 指针中的任意一个都分别包含在 3 个分离的 H1，H2 和 H3 字节中，具体位置如图 2-18 所示。

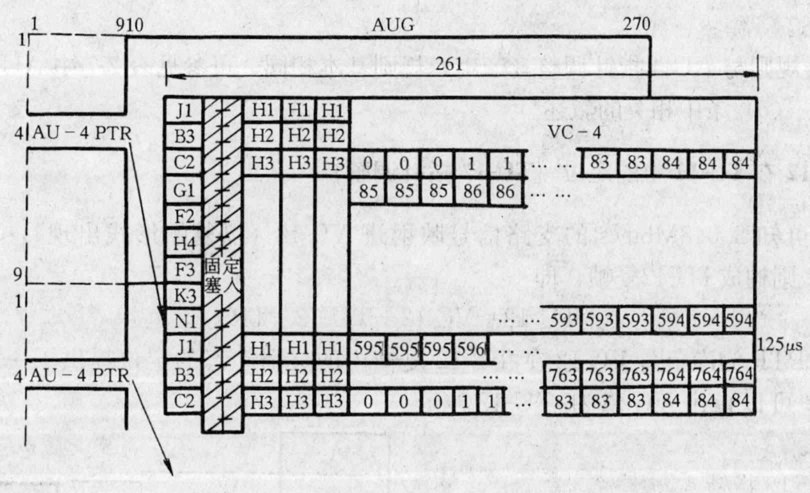

图 2-18　TU-3 指针偏移的编号

（2）TU-3 指针值

TU-3 指针值表示 VC-3 开始的字节位置，它包含在 H1 和 H2 两个字节中，因此，H1 和 H2 可以看作 1 个指针码字，如图 2-16 所示（TU-3 的指针图案与 AU-4 的相同）。指针码字的最后 10 个比特（即第 7～第 16 比特）携带具体指针值。当告警指示信号出现时，指针值将设置为全“1”。TU-3 指针值是二进制数，用十进制数表示的指针偏移范围（85×9）可达0～764，足以覆盖实际可能的最大偏移字节数。

（3）频率调整

如果 TU-3 帧速率与 VC-3 帧速率间有频率偏移，则 TU-3 指针值将按需要增加或减少，同时还伴随相应的正或负调整字节的出现或变化。与 AU-4 指针一样，相邻两次指针调整操作必须至少分开 3 帧，其间指针值保持不变。

如果 VC-3 的帧速率比 TU-3 帧速率慢，则需要插入正调整字节提高速率，即 VC 必须在时间上周期性地向后移动，指针值应加 1。进行这一操作的指示是将指针码字的第 7，9，11，13 和 15 比特（I 比特）进行反转并在接收机中按 5 比特多数判决准则作出决定。此后，将在TU-3帧内相应的单独 H3 字节后出现 1 个正调整字节，随后的 TU-3 指针将包含新的偏移值。

如果 VC-3 的帧速率比 TU-3 帧速率快，则可以利用 TU 指针区 H3 字节存放 VC 信息，即 VC 必须在时间上周期性地向前移动，指针值应减 1。进行这一操作的指示是将码字的第 8，10，12，14 和 16 比特进行反转，并在接收机中按 5 比特多数判决准则作出决定。此后，将在 TU-3帧内相应的单独 H3 字节内出现 1 个负调整字节，随后的 TU-3 指针将包含新的偏移值。

（4）新数据标志

与 AU-4 指针一样，在 TU-3 指针内也设置了新数据标志（NDF，即图 2-16 中 N 比特），允许由净负荷 VC-3 变化所引起的任何指针值变化。详细规定可参见本节“AU-4 指针”中有关内容。

（5）TU-3 指针的产生

TU-3 指针的产生规则可以总结如下。

① 正常工作时，TU-3 指针确定了 VC-3 在 TU-3 帧内的起始位置，NDF 设置为“0110”状态。

② 其余规则与 AU-4 指针调整（产生）规则基本相同，可参见表 2-7 中 AU-4 指针调整规则（2）～（5）条中相关的叙述。

3. VC-12 在 TU-12 中的定位（TU-12 指针调整）

由前述可知 2.048Mbit/s 的支路信号映射进 VC-12（以复帧形式出现），VC-12 加上 TU-12 PTR 则构成TU-12复帧，即

$$TU\text{-}12=VC\text{-}12+TU\text{-}12\ PTR$$

TU-12 PTR 为净负荷 VC-12 在 TU-12 复帧内的灵活动态的定位提供了一种方法，即 TU-12 PTR 可以指出 VC-12 在 TU-12 复帧内的位置。

（1）TU-12 指针

TU-12 复帧的结构如图 2-19 所示。

在 TU-12 复帧中有 4 个字节（V1，V2，V3，V4）分别为 TU-12 指针使用。其中 V1 是 TU-12 复帧的第 1 个字节，也即复帧中第 1 个 TU-12 帧的第 1 个字节。V2 到 V4 则是复帧中随后各个 TU-12 帧的第 1 个字节。真正用于表示 TU-12 指针值的是 V1 和 V2 字节，V3 字节作为负调整字节，其后的那个字节作正调整字节，V4 作为保留字节。

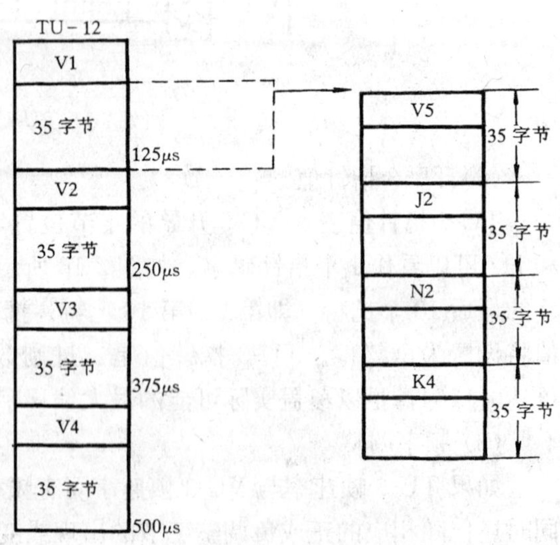

图 2-19　TU-12 复帧结构

V1 和 V2 字节可以看作一个指针码

字，其编码方式如图 2-20 所示。

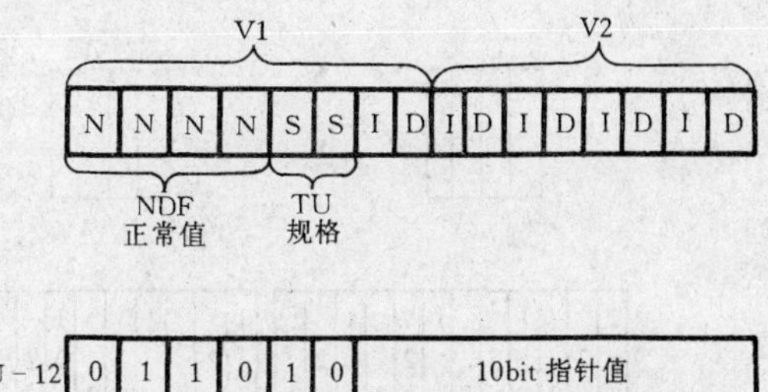

图 2-20 TU-12 指针编码

其中两个 S 比特表示 TU 的规格（TU-12为 10，TU-11 为 11，TU-2 为 00），第 7～16 比特表示二进制数的指针值，指示 V2 至 VC-12 第 1 字节的偏移。

(2) TU-12 指针调整原理

TU-12 指针调整原理与 AU-4 指针调整原理基本相同（包括指针值的变化及 NDF 的含义等），唯一区别的是 AU-4 有 3 个调整字节，而 TU-12 只有 1 个调整字节。

另外，需要指出的是此处只介绍的是TU-12指针调整，而 TU-11 和TU-2指针调整与TU-12 相同，只不过指针值中的 SS 不同以及 V2 至第 1 字节的偏移范围不同。

以上介绍了指针调整原理，这里有一个问题值得说明一下，就是指针调整会引起抖动。

所谓抖动（即定时抖动）指的是数字信号的特定时刻（例如最佳抽样时刻）相对理想位置的短时间偏离。所谓短时间偏离是指变化频率高于 10Hz 的相位变化，而将低于 10Hz 的相位变化称为漂移。

可见由于指针调整使得信号错位，所以会产生抖动。TU-12 和 TU-3 的指针调整单位为 1 个字节，所以一次指针调整使信号遭受的相位跃变为 8UI（对于二进制的数字信号，1 个 UI 等于 1 个比特的持续时间）；而 AU-4 的指针调整单位为 3 个字节，所以一次指针调整使信号遭受的相位跃变为 24UI。

2.4 复用

2.4.1 复用的概念

复用是一种使多个低阶通道层的信号适配进高阶通道层或者把多个高阶通道层信号适配进复用层的过程，即以字节交错间插方式把 TU 组织进高阶 VC 或把 AU 组织进 STM-*N* 的过程。由于经 TU 和 AU 指针处理后的各 VC 支路已相位同步，此复用过程为同步复用。

2.4.2 复用过程

下面还是以 139.264Mbit/s 支路信号、34.3648Mbit/s 支路信号和 2.048Mbit/s 支路信号在映射、定位、复用过程中所涉及到的复用为例加以介绍（请读者结合图 2-2 学习以下内容）。

1. TU-12 复用进 TUG-2 再复用进 TUG-3

3 个 TU-12（此处的 TU-12 不是复帧而是基本帧，有 9 行 4 列，共 36 字节）先按字节间插复用进一个 TUG-2（9 行 12 列），然后 7 个 TUG-2 按字节间插复用进 TUG-3（9 行 86 列，其中第 1，2 列为塞入字节）。这个过程如图 2-21 所示。

2. TU-3 复用进 TUG-3

单个 TU-3 复用进 TUG-3 的结构如图 2-22 所示。

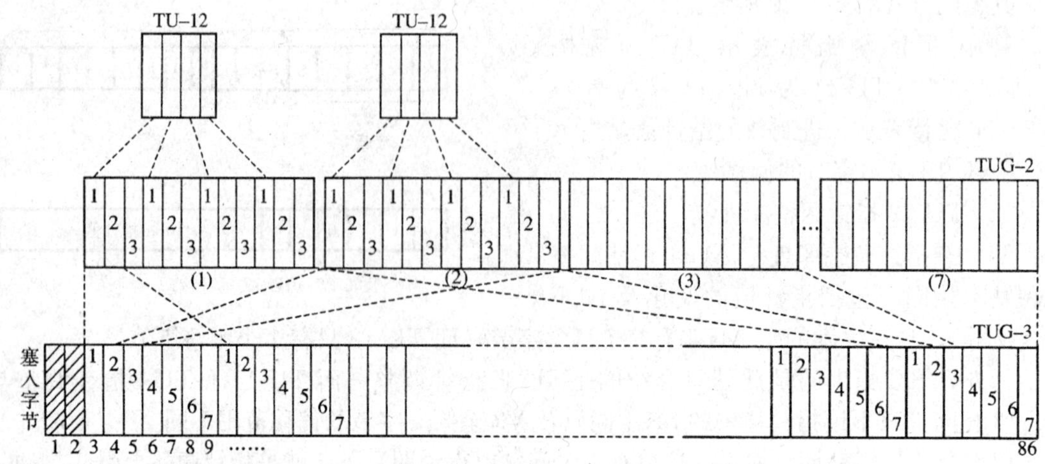

图 2-21 TU-12 复用进 TUG-2 再复用进 TUG-3

TU-3 由 VC-3（含 9 个字节的 VC-3 POH）和 TU-3指针组成，而 TU-3 指针由 TUG-3 的第 1 列的上面 3 个字节 H1、H2 和 H3 构成。VC-3 相对 TUG-3 的相位由指针指示。将 TU-3 加上塞入比特即可构成 TUG-3。

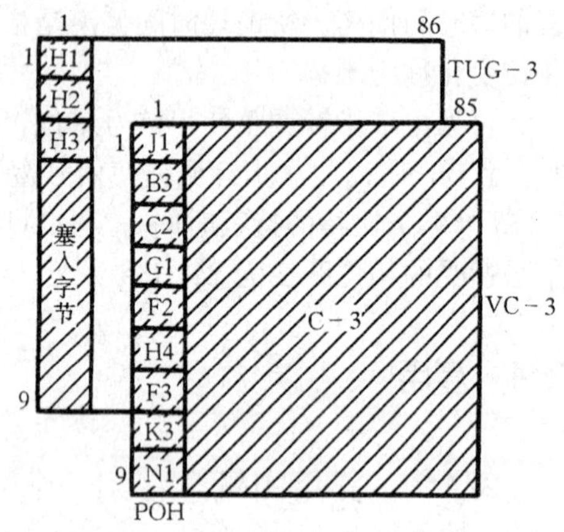

图 2-22 TU-3 复用进 TUG-3 的结构

3. 3 个 TUG-3 复用进 VC-4

将 3 个 TUG-3 复用进 VC-4 的安排如图 2-23 所示。

3 个 TUG-3 按字节间插构成 9 行 3×86＝258 列，作为 VC-4 的净负荷，VC-4 是 9 行 261 列，其中第 1 列为 VC-4 POH，第 2、3 列是固定塞入字节。TUG-3 相对于 VC-4 有固定的相位。

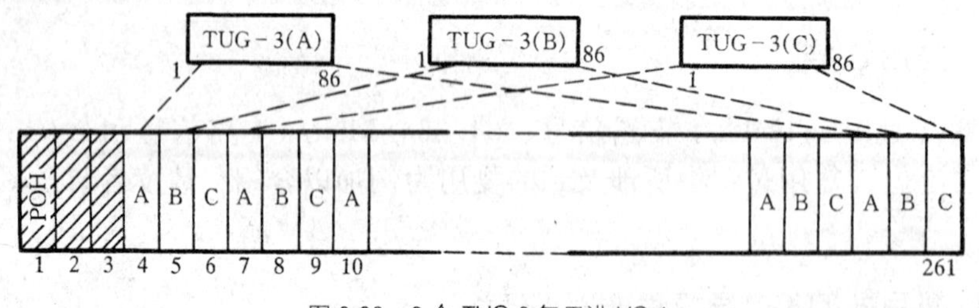

图 2-23 3 个 TUG-3 复用进 VC-4

4. AU-4 复用进 AUG

单个 AU-4 复用进 AUG 的结构如图 2-24 所示。

我们已知 AU-4 由 VC-4 净负荷加上 AU-4 PTR 组成，VC-4 在 AU-4 内的相位是不确定的，由 AU-4 PTR 指示 VC-4 第 1 字节在 AU-4 中的位置。但 AU-4 与 AUG 之间有固定的相位关系，所以只需将 AU-4 直接置入 AUG 既可。

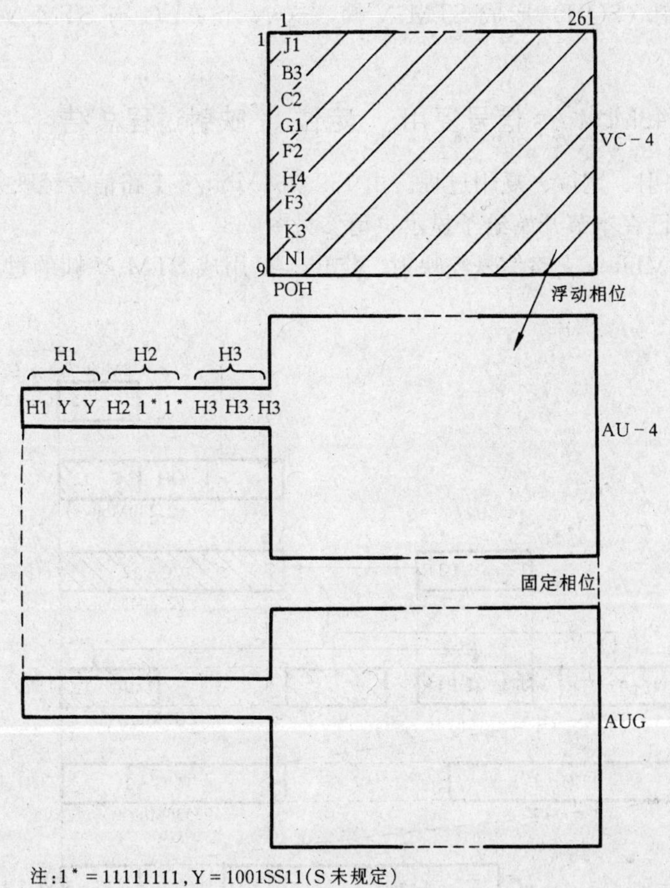

注：1* = 11111111，Y = 1001SS11（S 未规定）

图 2-24 AU-4 复用进 AUG

5. *N* 个 AUG 复用进 STM-*N* 帧

图 2-25 显示了如何将 *N* 个 AUG 复用进 STM-*N* 帧的安排。*N* 个 AUG 按字节间插复

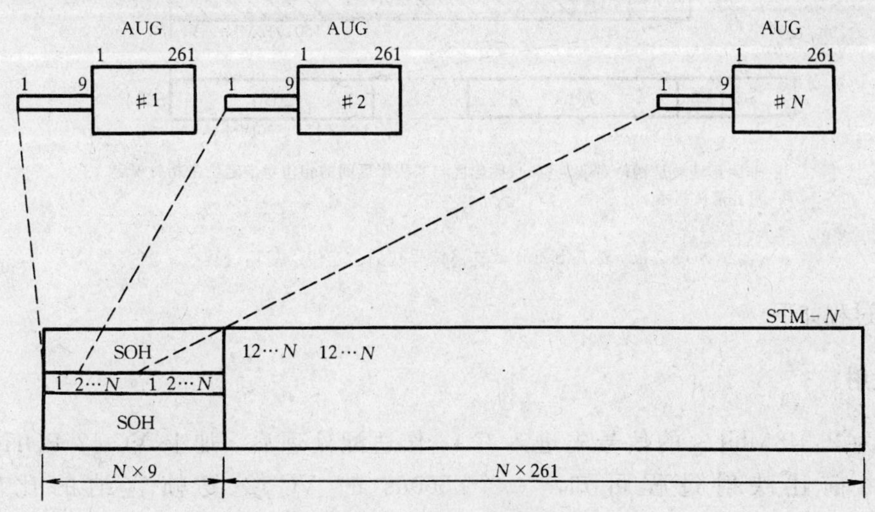

图 2-25 将 N 个 AUG 复用进 STM-N 帧

用，再加上段开销（SOH）形成 STM-*N* 帧，这 *N* 个 AUG 与 STM-*N* 帧有确定的相位关系。

2.4.3 2.048Mbit/s 信号复用、定位、映射过程总结

以上介绍了映射、定位、复用过程。由 139.264Mbit/s 支路信号经映射、定位、复用成 STM-*N* 帧的过程已在本节开始给予显示，请参见图 2-3。

现将由 2.048Mbit/s 支路信号经映射、定位、复用成 STM-*N* 帧的过程加以归纳总结，如图 2-26 所示。

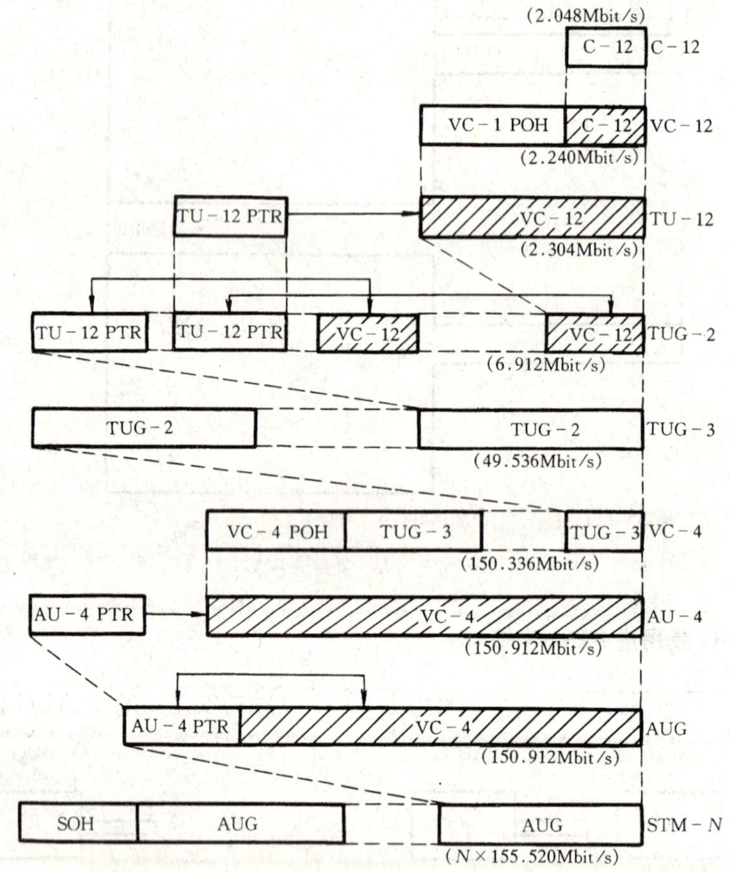

注：非阴影区域是相位对准定位的，阴影区与非阴影区间的相位对准定位由指针规定并由箭头指示。

图 2-26 2.048Mbit/s 支路信号映射、定位、复用过程

具体过程如下。

1. 映射

速率为 2.048Mbit/s 的信号先进入 C-12 作适配处理后，加上 VC-12 POH 构成了 VC-12。由前述映射过程可知，一个 500μs 的 VC-12 复帧容纳的比特数为 $4\times(4\times9-1)\times8=1120\text{bit}$，所以 VC-12 的速率为 $1120/500\times10^{-6}=2.240\text{Mbit/s}$。

2. 定位（指针调整）

VC-12 加上 TU-12 PTR 构成 TU-12。一个 500μs 的 TU-12 复帧有 4 个字节的TU-12 PTR，所含总比特数为 1120＋4×8＝1152bit，故 TU-12 的速率为 $1152/500\times10^{-6}$ ＝2.304Mbit/s。

3. 复用

3 个 TU-12（基帧）复用进 1 个 TUG-2，每个 TUG-2 由 9 行 12 列组成，容纳的比特数为 9×12×8 ＝ 864bit，TUG-2 的帧频为 8000 帧/s，因此，TUG-2 的速率为 8000×864＝6.912Mbit/s（或 2.304×3＝6.912Mbit/s）。

7 个 TUG-2 复用进 1 个 TUG-3，1 个 TUG-3 可容纳的比特数为 864×7＋9×2×8（塞入比特）＝6192bit，故 TUG-3 的速率为 8000×6192＝49.536Mbit/s。

3 个 TUG-3 按字节间插，再加上 VC-4 POH 和塞入字节后形成 VC-4（参见图 2-23），每个 VC-4 可容纳 (86×3＋3)×9×8＝261×9×8＝18792bit，所以其速率为 8000×18792＝150.336Mbit/s。

4. 定位

VC-4 再加 576kbit/s 的 AU-4 PTR（8000×9×8＝0.576Mbit/s）组成 AU-4，其速率为 150.336＋0.576＝150.912Mbit/s。

5. 复用

单个 AU-4 直接置入 AUG，速率不变。AUG 加 4.608Mbit/s 的段开销(8000×8×9×8＝4.608Mbit/s)，即形成 STM-1，速率为 4.608＋150.912＝155.520Mbit/s。或者 N 个 AUG 按字节间插复用（再加上 SOH）成 STM-N 帧，速率为 N×155.520Mbit/s。

2.4.4 34.368Mbit/s 信号复用、定位、映射过程总结

34.368Mbit/s 支路信号映射、定位、复用过程如图 2-27 所示。

具体过程如下。

1. 映射

速率为 34.368Mbit/s 的信号先进入 C-3 作适配处理，C-3 的速率为 $84\times9\times8/125\times10^{-6}$＝48.384Mbit/s；C-3 加上 VC-3 POH 构成了 VC-3。VC-3 的速率为 $85\times9\times8/125\times10^{-6}$＝48.96Mbit/s。

2. 定位（指针调整）

VC-3 加上 TU-3 PTR 构成 TU-3。TU-3 的速率为 $(85\times9+3)\times8/125\times10^{-6}$＝49.152Mbit/s。

3. 复用

1 个 TU-3 复用进 1 个 TUG-3，TUG-3 的速率为 $86\times9\times8/125\times10^{-6}$＝49.536Mbit/s。

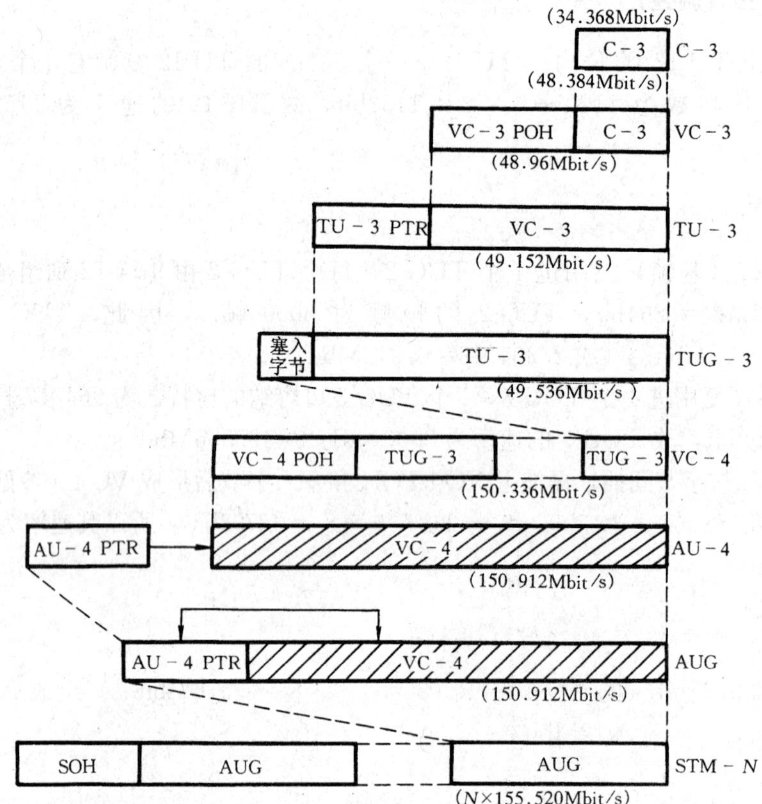

注：非阴影区域是相位对准定位的，阴影区与非阴影区间的相位对准定位由指针规定并由箭头指示。

图2-27 34.368Mbit/s支路信号映射、定位、复用过程

以后过程与2.048Mbit/s信号复用、定位过程相同。

2.5 复用映射单元的参数

根据以上各节的介绍，可以总结出各类基本复用映射单元的参数，主要参数如表2-8、表2-9和表2-10所示。

表2-8 各种容器的参数

容器	C-4	C-3	C-12
周期或复帧周期（μs）	125	125	500
帧频或复帧频率（Hz）	8000	8000	2000
结构	260×9	84×9	4×（4×9—2）
容量（字节数）	2340	756	136
速率（Mbit/s）	149.760	48.384	2.176

表 2-9 各种虚容器的参数

虚 容 器	VC-4	VC-3	VC-12
周期或复帧周期（μs）	125	125	500
帧频或复帧频率（Hz）	8000	8000	2000
结构	261×9	85×9	4(4×9－1)
容量（字节数）	2 349	765	140
速率（Mbit/s）	150.336	48.960	2.240

表 2-10 各种支路单元和管理单元的参数

支路单元和管理单元	AU-4	AU-3	TU-3	TU-12
周期或复帧周期（μs）	125	125	125	500
帧频或复帧频率（Hz）	8000	8000	8000	2000
结构	261×9＋9	87×9＋3	85×9＋3	4(4×9)
容量（字节数）	2358	786	768	144
速率（Mbit/s）	150.912	50.304	49.152	2.304

小 结

1. G.709 建议的 SDH 复用结构显示了将 PDH 各支路信号通过复用单元复用进 STM-*N* 帧结构的过程，我国主要采用的是将 2.048Mbit/s，34.368Mbit/s 及 139.264Mbit/s PDH 支路信号复用进 STM-*N* 帧结构。

SDH 的基本复用单元包括标准容器（C）、虚容器（VC）、支路单元（TU）、支路单元组（TUG）、管理单元（AU）和管理单元组（AUG）。

将 PDH 支路信号复用进 STM-*N* 帧的过程要经历映射、定位和复用三个步骤。

2. 通道开销分为低阶通道开销和高阶通道开销。低阶通道开销由 V5，J2，N2 及 K4 字节组成，其主要功能有 VC 通道性能监视、维护信号及告警状态指示等。高阶通道开销（HPOH）是位于 VC-3/VC-4/VC-4-Xc（VC-4 级联）帧结构第 1 列的 9 个字节：J1，B3，C2，G1，F2，H4，F3，K3 和 N1。HPOH 的主要功能有 VC 通道性能监视、告警状态指示、维护信号以及复用结构指示等。

映射分为异步、比特同步和字节同步三种方法与浮动和锁定两种工作模式。三种映射方法都能以浮动模式工作。139.264Mbit/s 支路信号的映射一般采用异步映射、浮动模式；2.048Mbit/s 支路信号的映射既可以采用异步映射，也可以采用比特同步映射或字节同步映射。

映射是一种在 SDH 边界处使各支路信号适配进虚容器的过程。

ATM 信元可以映射进 VC-3/VC-4，VC-12 及 VC-4-Xc；IP 数据报映射的具体作法是：先将 IP 数据报封装进 PPP 帧，然后再利用高级数据链路控制规程（HDLC）按照 RFC 1662 的规定组帧，最后按字节同步映射进 SDH 的虚容器中，再加上相应的 SDH 开销置入

STM-*N*帧中。

3. 定位是以附加于VC上的支路单元指针指示和确定低阶VC帧的起点在TU净负荷中的位置或管理单元指针指示和确定高阶VC帧的起点在AU净负荷中的位置的过程。

SDH中指针的作用有：①当网络处于同步工作方式时，指针用来进行同步信号间的相位校准；②当网络失去同步时，指针用作频率和相位校准；当网络处于异步工作方式时，指针用作频率跟踪校准；③指针还可以用来容纳网络中的频率抖动和漂移。

4. 复用是以字节交错间插方式把TU组织进高阶VC或把AU组织进STM-*N*的过程。

2.048Mbit/s支路信号经映射、定位、复用成STM-*N*帧的具体过程为：首先把速率为2.048Mbit/s的信号先进入C-12作适配处理后，加上VC-12 POH构成了VC-12（映射）；VC-12加上TU-12 PTR构成TU-12，3个TU-12（基帧）复用进1个TUG-2，7个TUG-2复用进1个TUG-3，3个TUG-3按字节间插，再加上VC-4 POH和塞入字节后形成VC-4（复用）；VC-4再加AU-4 PTR组成AU-4（定位）；单个AU-4直接置入AUG，AUG加段开销SOH即形成STM-1，或者*N*个AUG按字节间插复用（再加上SOH）成STM-*N*帧。

34.368Mbit/s支路信号映射、定位、复用的具体过程为：速率为34.368Mbit/s的信号先进入C-3作适配处理，C-3加上VC-3 POH构成了VC-3（映射）；VC-3加上TU-3 PTR构成TU-3（定位）；1个TU-3复用进1个TUG-3，以后过程与2.048Mbit/s信号复用、定位过程相同。

139.264Mbit/s支路信号映射、定位、复用的具体过程为：速率为139.264Mbit/s的支路信号装进C-4，经适配处理后加上每帧9字节的POH后，便构成了VC-4（映射）；VC-4加上AU-PTR构成AU-4（定位）；单个AU-4直接置入AUG，再由*N*个AUG经单字节间插并加上段开销便构成了STM-*N*信号（复用）。

5. 各种基本复用映射单元的主要参数如表2-8、表2-9和表2-10所示。

复 习 题

1. 画出我国的SDH基本复用映射结构。
2. 各种业务信号复用进STM-*N*帧的过程经历哪几个步骤？
3. 映射的概念是什么？
4. 映射方式有哪些？
5. 定位的概念是什么？指针的作用有哪些？
6. 什么叫复用？
7. 画出TUG-3复用进VC-4过程的示意图。
8. 简述34.368Mbit/s支路信号映射、定位、复用进STM-1帧结构的具体过程。

第3章 SDH设备

光同步数字传输网是由一些SDH网络单元组成。它的基本网络单元有同步光缆线路系统、同步复用器（SM）、分插复用器（ADM）和数字交叉连接设备（DXC）等，这些设备均由一系列逻辑功能块构成。本章将从SDH逻辑功能块入手，着重介绍SDH网络中所使用的复用器、数字交叉连接设备以及再生器等设备的类型、结构、功能和性能要求。

3.1 SDH逻辑功能块

对于SDH网络而言，其中所用设备的基本功能大致与PDH设备的功能相同，即复接、交叉连接和线路传输。因而，SDH设备通常可分为再生器、复用器和交叉连接设备，只是现在所使用的SDH设备大多以组件形式构成，不同的组件又由不同的逻辑功能块组成，这样便可使具体设备的物理实现与其功能无关，而是通过软件来实现个别功能或功能组的组合（如图3-1所示），从而实现横向兼容。下面逐一介绍各功能块完成的功能。

SDH逻辑功能块主要由基本功能块和辅助功能块构成。

3.1.1 基本功能块

所谓SDH的基本功能块是用来完成SDH的映射、复用、交叉连接功能的模块，大致包括下列各种功能块。

1. SDH物理接口功能

SDH物理接口功能（SPI）块所起的作用是在STM-*N*线路接口信号与逻辑电平信号之间完成相互转换，其功能图如图3-2所示，具体工作过程如下。

（1）信号流从参考点A到参考点B时的功能

在参考点A，接收到的是来自SDH传输网的STM-*N*光线路信号，然后经过SPI之后，将光信号转换成电信号；同时从接收信号中提取定时信号。将产生的定时信号经T1端送至同步设备的定时源（SETS）。若在参考点A未能接收到有效的STM-*N*信号，则SPI处于告警状态，即产生接收信号丢失（LOS），并将LOS信号向后传送给RST的同时，经S1端送往同步设备管理模块（SEMF）。

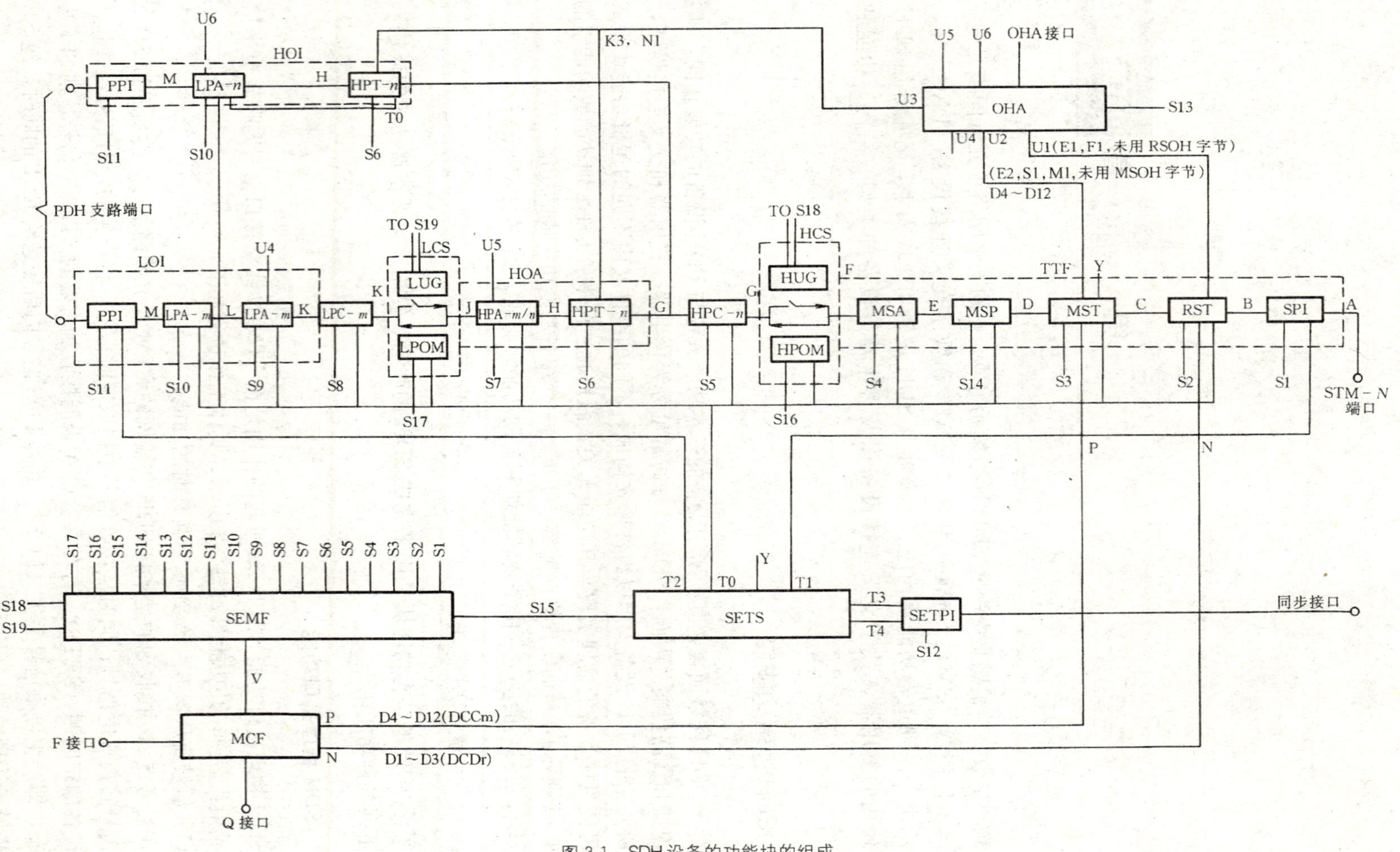

图 3-1　SDH 设备的功能块的组成

(2) 信号流从参考点 B 到参考点 A 时的功能

SPI 在参考点 B 将接收到的电信号经电/光转换，在参考点 A 形成适合光通道传输的 STM-N 光接口信号。同时通过 S1 端口将发送无光告警、激光器寿命等状态参数送至 SEMF。

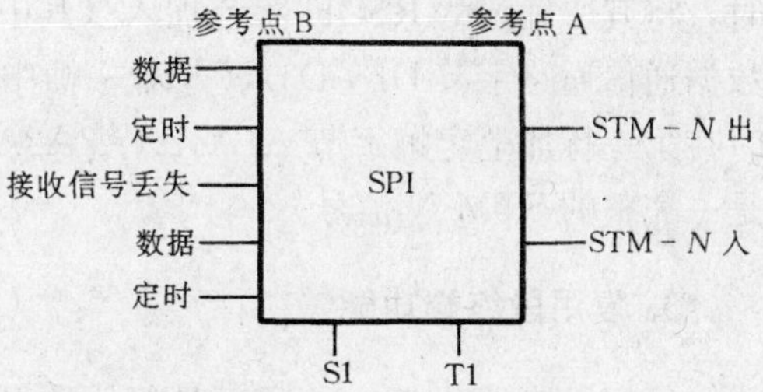

图 3-2 SDH 物理接口功能

2. 再生段终端功能

再生段终端（RST）功能是 RSOH 的源和宿，即在构成 SDH 帧信号的复用过程中加入 RSOH，而在解复用过程中取出 RSOH，其功能如图 3-3 所示，其具体工作过程如下。

(1) 信号流从参考点 B 到参考点 C 时 RST 完成的功能

① 在参考点 B，接收到来自 SPI 的 STM-N信号、定时信号以及 LOS 信号。若 RST 收到 LOS 信号，则在参考点 C 出现全 "1" 信号。

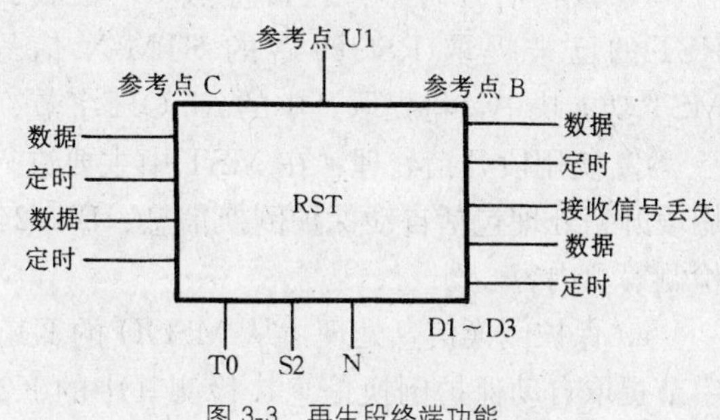

图 3-3 再生段终端功能

② 若 RST 收到的是正常信号，则开始搜寻帧定位字节 A1A1A1A2A2A2，这就是帧定位工作。当寻找到这些字节时，便处于定帧状态。当连续收到 5 个以上错误时，则处于帧失步（OOF）状态，如果 OOF 状态保持相对长的一定时间，则认为该设备进入帧丢失（LOF）状态。

③ 在定帧状态下，当设备得到帧定位后，RST 提取一帧中 RSOH 的第 1 行定帧字节后的 J0 字节，即再生段踪迹字节。若该字节与本接收机的段接入点标识符不一致，则将本帧信号全部送往光发射机，由光发射机向下一站点发送。

若再生段踪迹字节 J0 与本接收机的段接入点标识符一致，RST 则对一帧中除 RSOH 第 1 行字节以外的所有字节进行解扰码处理，从而恢复出原帧数据，然后再从中取出 RSOH 开销，并将其经 U1 参考点送到开销接入功能块（OHA）进行处理，因而在参考点 C 所得到的信号为仅带 MSOH 和定时的 STM-N 信号。

④ 若所接收到的是 STM-1 信号，则在此需进行包括比特间插奇偶校验 8 位码 BIP-8 处理、数字通信通路（DCC）字节处理等项开销处理工作。具体过程如下。

a. BIP-8 计算：RST 对这一帧解扰码后的所有比特进行 BIP-8 计算，其结果占用 8 比特，即一个字节，然后将该字节与下一帧解扰码后的 B1 字节进行比较。如果一致，则说明所接收到的本帧无误。如果不一致，则经 S2 端口将错误数向 SEMF 报告。

b. 数字通信通路（DCC）字节的处理：数字通信通路字节共 D1～D12，其中 D1～D3 是再生段数字通路字节，用于再生段终端间传送 OAM 信息；D4～D12 为复用段数字通信通路字节，用于为复用段终端间传送 OAM 信息提供通道，因而 RST 将 D1～D3 字节的内容送往 MCF（消息通信功能块），由 MCF 负责通过 F、Q 接口，为网管人员提供 SDH 网络的运行、维护和管理（OAM）。

(2) 当信号流从参考点 C 到参考点 B 时完成的功能

在参考点 C，所接收到的是带 MSOH 的 STM-N 信号和定时信号。该信号经过 RST

时，将其所确定的 RSOH 字节加入（其中包括上一帧扰码后的 BIP-8 计算结果 B1 以及本端数据通信通路字节 D1～D3），并对一帧中除第一行字节以外的所有字节进行扰码处理，同时在第一行加上定帧字节 A1A1A1A2A2A2 和再生段踪迹字节 J0，从而在参考点 B 输出的是一完整的 STM-*N* 信号。

3. 复用段终端功能

复用段终端功能（MST）是复用段开销的源和宿，即在构成 STM-*N* 信号的复用过程中加入 MSOH，而在解复用过程中取出 MSOH，其功能如图 3-4 所示，具体工作过程如下。

（1）信号从参考点 C 到参考点 D 的功能

① 接收信号内容：在参考点 C，接收到来自 RST 的已被提取 RSOH 后的 STM-*N* 信号，在 MST 功能块中，将提取其中的 MSOH 字节。

② 复用段开销处理：在 MST 中主要进行的复用段开销处理包括自动保护倒换信息、BIP-24 误码检测等项内容。

a. 保护倒换信息处理：从 MSOH 的 K1 和 K2 字节提取自动保护倒换信息，检测其中的 K2 字节（$b_6 \sim b_8$）位。当连续 3 帧以上观察到 K2 ＝“111”时，表示 MST 出现复用段告警（MS-AIS），若K2＝“110”时，则表示出现线路远端接收失效（MS-RDI）。如果出现上述情况，则将上述信息经 S3 报告 SEMF。

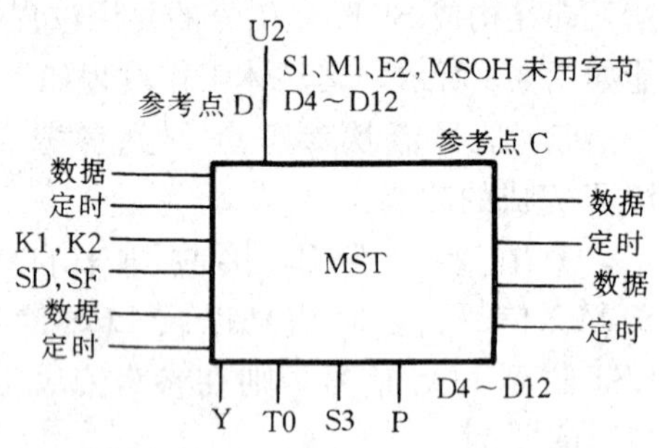

图 3-4 复用段终端功能

b. BIP-24 误码检验：BIP-24 误码检验位占据 MSOH 开销字节的 B2B2B2 三个字节。在 MST 功能块中对所接收到的除 RSOH 开销之外的 STM-*N* 信号进行 BIP-24 计算，其结果共 24 比特，然后将该计算结果与下一帧 MSOH 开销中的 B2B2B2 位进行比较。如果一致，则表示接收到的本帧信号正确，否则出现误码。当出现该种错误时，应在两帧内参考点 D 都出现全“1”信号和信号失效（SF）指示。若该种错误已经被排除，则 SEMF 功能块将通过配置命令，在两帧内去掉参考点 D 的全“1”信号。

c. 同步状态信号的处理：在 MSOH 开销中的 S1 字节的（$b_5 \sim b_8$）位为同步状态信息。通过该字节将所接收到的数字流的同步质量等级经 Y 端口报告给 SETS 功能块。

（2）信号从参考点 D 到参考点 C 时的功能

在参考点 D，MST 接收的信号为缺少 SOH 开销的 STM-*N* 信号，该信号进入 MST 中将接收到的如下信号构成 MSOH 开销。

① 经参考点 U2 来自 OHA 的 S1，M1，E2 以及 D4～D12 字节。

② 来自 MSP 的自动保护倒换字节 K1 和 K2。若 O 点出现 MS-AIS，则将 K2($b_6 \sim b_8$) ＝“111”或“110”反向插入，并回送给故障端，同时再将状态信号向 SEMF 报告。

③ 来自 S3 的同步状态信息。

这样在参考点 C，可以获得除 RSOH 开销外的 STM-*N* 信号。

4. 复用段保护功能

复用段保护功能（MSP）是通过对 STM-*N* 信号的监测及系统的评价来完成在复用段内

避免STM-*N*信号出现故障的功能块。如果出现此类故障，则可以利用 MSP 功能块中的 K1、K2 字节的协议，将适当的信道倒换到保护段上，从而实现防止故障的目的，其功能如图 3-5所示。

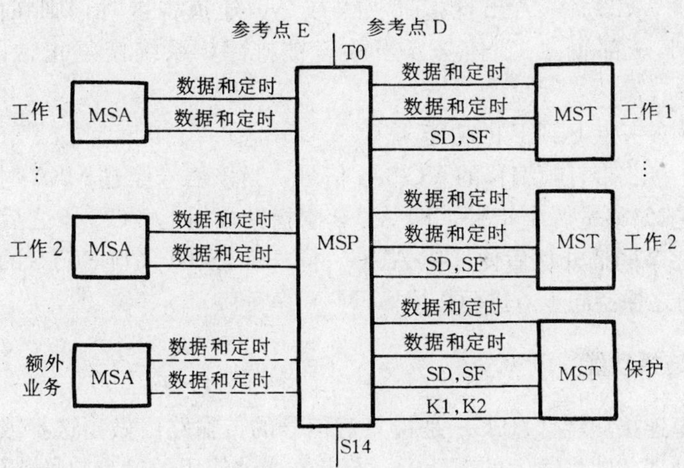

图 3-5 复用段保护功能

(1) 信号流从参考点 D 到参考点 E 的功能

从图 3-5 中可以看出，在参考点 D，MST 所接收的信号包括 STM-*N* 净负荷、定时、信号劣化缺陷 SD 和信号失效 SF 等信号，而通过 MSP 在参考点 E 送入复用段适配功能块（MSA）的是数据和定时信息。然而不同的保护方式，其工作过程不同，这部分内容将在第 4 章系统保护问题中进行详细介绍。

(2) 信号流从参考点 E 到参考点 D 的功能

在参考点 E，所接收的信号为来自 MSA 的除去 SDH 开销字节之外的 STM-*N* 信号，该信号是通过 MSP 透明传输到 D 点的。其 MSP 保护工作过程与信号流从参考点 D 到参考点 E 的情况一样。

5. 复用段适配功能

MAS，HPA 和 LPA 均具有适配的功能，在此分析一下复用段适配功能（MSA）的功能。

MSA 功能块是用于处理 AU-3/4 指针，并完成组合/分解整个 STM-*N* 帧信号的任务，其功能如图 3-6 所示，具体工作过程如下：

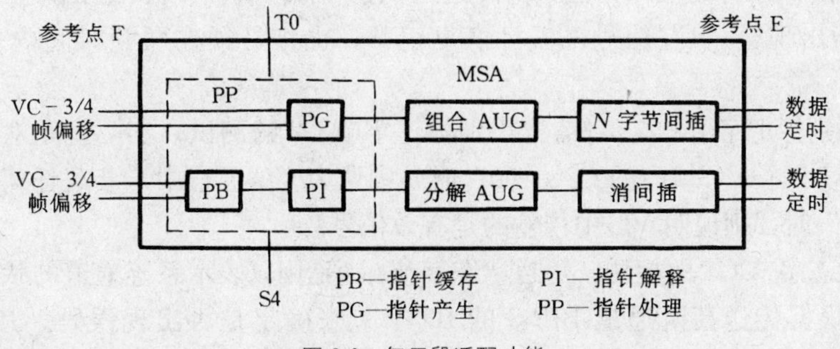

图 3-6 复用段适配功能

(1) 信号流从参考点E到参考点F时的功能

在参考点E所接收到的信号是STM-*N*净负荷和定时信号，当该信号经过MSA，通过对STM-*N*净负荷的消间插处理以及AU3/4进行的指针解释（PI）处理，在参考点F送出的是带有帧偏移的VC-3/4，若出现指针丢失或AU通道告警时，则在向SEMF通报的同时，在参考点F全部置“1”信号。当故障被排除，系统恢复正常时，去掉全“1”信号。

(2) 信号流从参考点F到E的功能

在参考点F，接收带有帧编移的VC-3/4信号，当该信号经过MSA时，首先由指针产生器（PG）根据帧偏移量产生指针，即AU-3/4指针，加上VC-3/4之后，形成AU-3/4，当多个AU经按字节间插处理后便形成AUG，同样在经T0来自SETS的定时信号的作用下，多个AUG与之保持同步，进而构成STM-*N*净负荷。

6. 高阶通道连接功能

所谓高阶通道连接功能（HPC）是指只对信号的传输路由做出选择或改变，而不对信号本身进行任何处理，即将输入的VC-3/4指定给可供使用的输出口的VC-3/4，从而实现在VC-3/4等级上的重新排列，因而，在实现交叉连接功能的同时，信号是透明传输的，它是实现DXC和ADM的关键功能块。

7. 高阶通道终端功能

高阶通道终端功能（HPT）是高阶通道开销的源和宿，即在构成STM-*N*净负荷过程中加入高阶通道开销（POH），而在分解过程中则取出POH。其功能图如图3-7所示。

(1) 信号流从参考点G到参考点H的功能

在参考点G所接收的信号为VC-3/4。当该信号经过HPT之后，从中取出POH开销进行通道开销处理，并在参考点H，输出高阶容器数据流C-3/4。

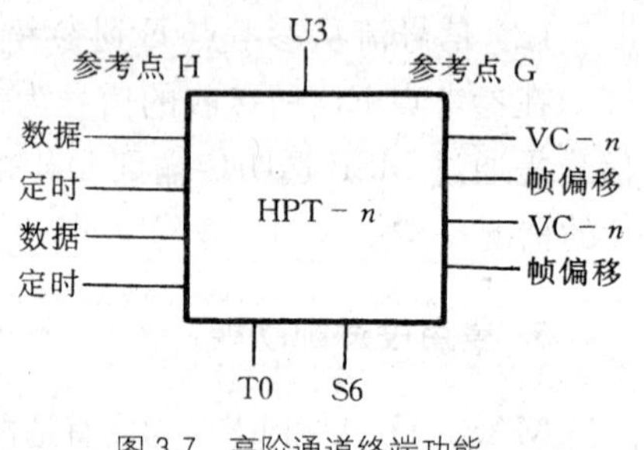

图3-7 高阶通道终端功能

通道开销处理的内容包括BIP-8计算、高阶通道识别符、信号标记字节等。下面逐一进行分析。

① BIP-8计算：对VC-3/4进行BIP-8计算，并与下一帧B3字节进行比较。如果一致，则证明本帧接收正确。如果不一致，则表示出现误码，因而HPT经S6将错误状态向SEMF报告。

② 高阶通道识别符的检测：检验高阶通道识别符J1，若出现失配错误，则在两帧时间内在参考点H出现全“1”信号。一旦恢复正常，也将必须在两帧时间内去掉全部“1”信号。

③ 信号识别标记字节C2：对信号识别标记字节C2的测试，实际上是对VC装载情况的检验。当连续5个VC帧内的C2＝“0”时，则认为VC通道中未装载任何有效信号，而当C2不为“0”时，则说明VC中传输的是有效信号。

④ 通道状态字节G1的检测：通道状态字节G1是用以表示系统通道的状态和性能参数的字节。其中根据传送高阶通道BIP-8的B3字节来确定是否出现误码。其指示占用G1（b_1～b_4）用以表示误码性质为远端误块（REI）。当误块未达到相当严重的程度时，系统仍

能工作，反之则在 G1 字节的 b_5 位置“1”以表示远端接收失效，同时向 SEMF 报告，并通过 V 接口和 MCF（消息通过功能块）下达命令，启动保护通道。

⑤ H4 字节检测：通过 H4 字节指示，将复帧位置信息传递给高阶通道适配功能（HPA）。

（2）信号流从参考点 H 到参考点 G 的功能

在参考点 H 所接收到的信号为 C-3/4 的数据流。当通过 HPT 时，在此装入 POH 后，便形成 VC-3/4，因而 G 参考点输出信号为 VC-3/4 和帧偏离信息。

8. 高阶通道适配功能

高阶通道适配功能（HPA）所完成的是高阶通道与低阶通道之间的组合和分解以及指针处理等项工作。即在复用和解复用过程中，当信号经过 HPA 时，在此将分别进行字节间插处理和消间插处理、指针的插入和取出操作，从而实现 VC-12 与 VC-3/4 之间的复用、解复用功能。其过程如下：

（1）信号流从参考点 H 到参考点 J 的功能

如图 3-8 所示，在参考点 H 所接收的信号是由 TU-1/2 复用而成的高阶容器 C-3/4，当该信号通过 HPA 时，通过对其进行消间插处理分解成若干个 TU-1/2，并同时进行指针处理，在指针处理器中取出 TU-1/2 指针，从而获得 VC-1/2 及其在高阶容器中的帧偏移量信息。

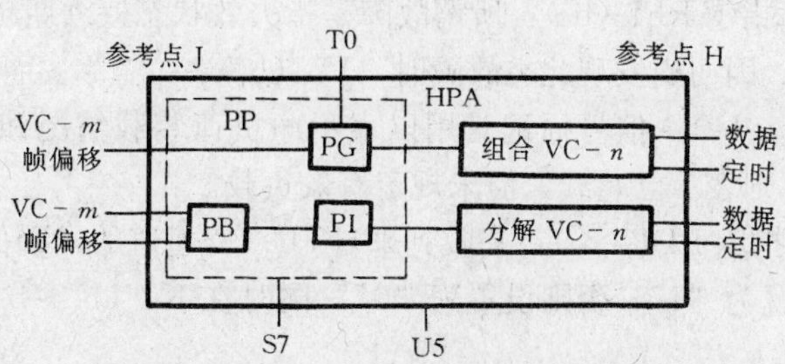

图 3-8 高阶通道适配功能

当从 HPT 收到的表示复帧指示的 H4 字节与复帧序列中单帧的预期值相比较，并连续几帧出现不一致时，则进入复帧丢失状态（LOM），应向 SEMF 报告。此后当连续几帧内预期值与 H4 一致，则系统退出 LOM 状态。

（2）信号流从参考点 J 到参考点 H 的功能

在参考点 J 所接收到的信号是带帧偏移信息的 VC-1/2 信号。当这样的信号进入 HPA 时，首先进行指针处理，从而获得 TU-1/2 指针，然后加上 VC-1/2，便形成 TU-1/2。若由几个 TU-1/2 按字节间插进行处理，则在 H 点就形成一个 VC-3/4。

9. 低阶通道连接功能

低阶通道连接（LPA）功能与高阶通道连接功能基本相同，只是对低阶信道信号的传输路由做出选择或改变，而不对其信号进行处理，通过此功能块可以实现低阶 VC 之间灵活的分配和连接。另外 LPC 还通过 S8 端完成 LPC 与 SEMF 之间的命令和信息的交互。

10. 低阶通道终端功能

低阶通道终端功能（LPT）是低阶通道开销的源和宿，即在构成 TU 支路信号过程中，加入低阶通道开销，而在分解过程中，取出 POH，其功能图如图 3-9 所示。

(1) 信号流从参考点 K 到参考点 L 的功能

① 传输信号内容：在参考点 K 所接收到的信号为低阶 VC-1/2 信息流。当其通过 LPT 时，将恢复出低阶通道开销 POH（V5 字节），而在 L 点则输出 C-1/2 信号流。

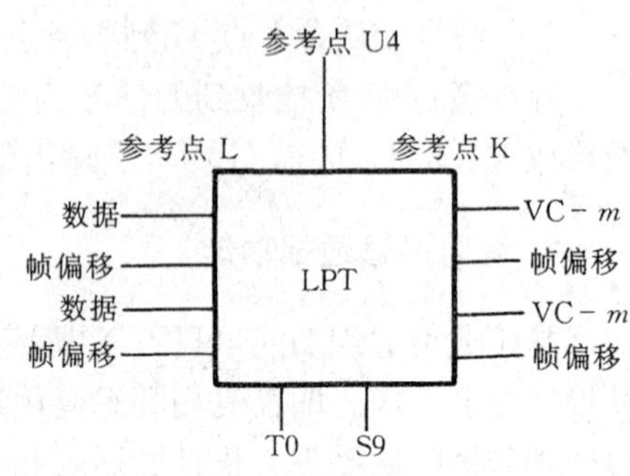

图 3-9 低阶通道终端功能

② 通道开销处理：通道开销处理包括 4 个字节——V5，J2，N2 和 K4。

a. V5 字节

i. BIP-2 误码检测（$b_1 \sim b_2$）：对 VC-1/2 进行 BIP-2 计算，并与下一帧中 V5 的（$b_1 \sim b_2$）进行比较。如果一致，则说明本帧接收的数据流正确。如果不一致，则表示出现误码，因而 LPT 将经 S9 向 SEMF 报告。

ii. 通道远端误块指示 REI（b_3）：当 BIP-2 码检测到一个或多个差错块时，则在通道远端误块指示 REI（V5 的 b_3）中有所表示，其中 REI 置为“1”。当未出现误块错误时，REI 为“0”。

iii. 通道远端故障指示 RFI（b_4）：所谓故障是指失效状态持续期超过传输系统保护机制所设定的门限的事件。因而当发现此类故障时，V5（b_4）＝“1”，否则 V5（b_4）＝“0”。

iv. 信号标记（$b_5 \sim b_7$）：信号标记是用以表示净负荷装载情况和映射方式的比特，如 000 表示未装载，001 则表示已装载，但未规定有效负载。

v. 远端接收失效指示 RDI（b_8）：当收到来自TU-1/2通道的告警信号（AIS）或信号失效指示时，该比特设置为“1”，否则设置为“0”，同时在 K4（$b_5 \sim b_7$）还提供一种增强型 RDI 功能。

b. J2（VC-1/2 通道踪迹字节）：通道踪迹字节是让收发两端识别接入点的识别符。利用该识别符，通道终端接收机便可与指定的发送机之间保持连接状态。

c. N2 网络运营者字节：用于提供低阶通道的串联连接功能。

d. K4 字节：该字节 K4（$b_1 \sim b_4$）是用于传输通道保护命令的自动保护倒换（APS）通路信息，K4（$b_5 \sim b_7$）为增强型低阶通道远端失效指示 RDI，K4（b_8）为备用比特。由于通道 AIS（告警指示信号失效）或通道踪迹失配都会产生 RDI。增强型 RDI 实际上是相对于比特型 RDI V5（b_8）而言的，因而在 VC-1/2 的 POH 中有增强型远端接收失效和比特型的远端接收失效两种。在增强型中，K4（b_5）值与 V5（b_8）值是相同的，而它们之间的区别在于当 K4（$b_6 \sim b_7$）同时为“1”或“0”时代表 FERF。如果它们的取值彼此相反，则代表增强型远端接收失效 RDI。由于增强型 RDI 有版本控制功能，使得依照此概念产生出来的产品具有良好的后向兼容性。

以上信息均要向 SEMF 报告。

(2) 信号流从参考点 L 到参考点 K 的功能

在参考点 L 所接收到的是 C-12。当该信号经过 LPT 之后，便加入低阶 POH（V5 字节），从而构成 VC-12。

当 LPT 监视到 TIM（踪迹识别符失配）或 SLM（信号标记失配）全“1”信号时，则在 V5 字节的 b_8 内装入 FERF 指示，反之则去掉 FERF 指示。

11. 低阶通道适配功能

低阶通道适配功能（LPA）是通过映射、去映射的方式，用于完成 PDH 信号与 SDH 网络之间的适配过程。即在数据流经过 LPA 的去映射和解同步处理之后，则在 M 参考点可获得相应的准同步信息和定时信号，反之，不同速率的 PDH 信号经过 LPA 的映射和同步处理之后，被装入各自相应的不同容器之中，其中高阶容器内的信息流经过 H 点送到 HPT，低阶容器内的信息流则经 L 点送至 LPT。具体过程如下。

(1) 信号流从参考点 L 到参考点 M 的功能

如图 3-10 所示，在参考点 L 所接收到的是带有帧偏移的低阶同步信息的容器 C-12，在数据流经过 LPA 的去映射和解同步处理之后，在参考点 M 便可以获得相应的准同步信息和定时信号，同理当来自于 HPT 的数据流 C-3/4 经过 LPA 的同样处理之后，可以获得高次群的 PDH 信号和定时信号。

(2) 信号流从参考点 M 到参考点 L 或 H 的功能

在参考点 M 所接收的信号为准同步信号，不同的准同步信息，其速率不同，因而当不同速率等级的 PDH 信号经过 LPA 的映射和同步处理之后，被装进各自相应的不同容器之中，其中高阶容器内得到信息流经 H 点送至 HPT，低阶容器内的数据流则经 L 点送至 LPT。

12. PDH 物理接口

目前在光通信系统中仍采用强度调制——直接检波的通信方式，为适合光通路的信号传输，因而采用非归零码（NRZ）作为光线路码，然而仅在 SPI 中，将光信号转换成逻辑电信号，因此到目前为止，在图 3-11 所示的参考点 H 所接收的信号为 NRZ，但支路传输编码要求采用 HDB_3 码，故该信号通过 PDH 物理接口（PPI）功能块之后，将所接收的信息流按 HDB_3 编码方式，变化成适于支路传输的 HDB_3 码，从而形成支路信号。其工作过程为图 3-11 所示的信号流从参考点 H 到支路端口的过程，反之在支路端口将接收到的支路信号的数据码进行码型变换，使其变换成为 NRZ 码。

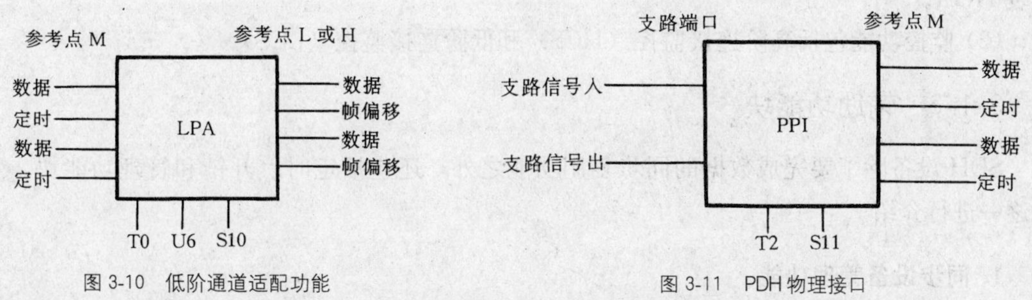

图 3-10 低阶通道适配功能

图 3-11 PDH 物理接口

若支路输入信号出现中断（即出现信号丢失），则将在两帧内出现全“1”信号，当该故障被排除，则在两帧时间内，全“1”消失。

13. 高阶、低阶连接监控功能块

如图 3-12 所示，由于高阶连接监控（HCS）功能和低阶连接监控（LCS）功能均由两个模块构成，因而它们同属于复用功能块，它们可以处于活动状态，也可以处于不活动状态。

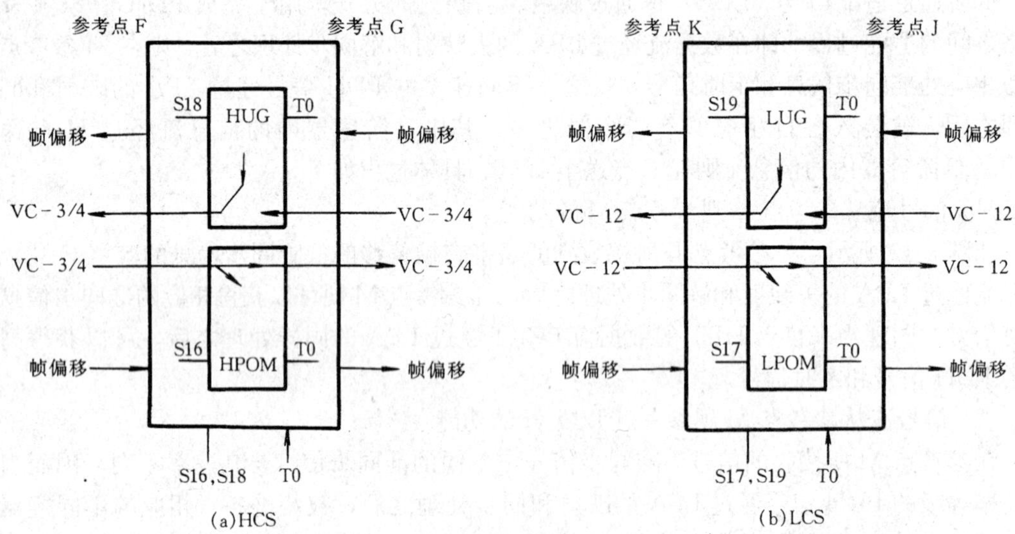

图 3-12 高阶、低阶连接监控功能示意图

所谓活动状态是指信息流透明地完成由参考点 F 到参考点 G，或由参考点 G 到参考点 F 的传输，而无需对其通道开销进行监视。然而不活动状态是指在完成数据流从参考点 F 到参考点 G 或从参考点 G 到参考点 F 的同时，还通过 HPOM 或 LPOM 进行通道开销的提取，从而达到对传输质量的监控。

3.1.2 复合功能块

根据不同的基本功能，可以构成两类不同的复合功能（见图 3-1），一类是适配功能，另一类为监控功能。

(1) 适配功能包括传送终端功能（TTF）、高阶接口（HOI）、低阶接口（LOI）和高阶组装 HOA。

(2) 监控功能包括高阶连接监控（HCS）和低阶连接监控（LCS）。

3.1.3 辅助功能块

SDH 设备除了要完成数据的同步复用功能之外，还包括定时、开销和管理功能块，下面逐一进行介绍。

1. 同步设备管理功能

同步设备管理功能（SEMF）是用以完成电信网管理任务而所需的进行各类数据采集工作的功能块，其功能如图 3-1 所示。从图中可以看出，该功能块将参考点 S 收集到的各基本功能块的工作状态性能数据以及具体硬件告警指示，转换成可供 DCC 和 Q 接口传输的目标信息，其信息内容如表 3-1 所示。这样在各功能块监测到异常或故障的同时，便可以通过 SEMF 向上游和下游的功能块送出相应的维护命令。

表 3-1　经 S 参考点向 SEMF 报告的状态信息流

单元功能块	经由参考点	信号流向	异常或故障	单元功能块	经由参考点	信号流向	异常或故障
SPI	S1	A→B B→A	LOS TF，TD	RST	S2	B→C	LOF，OOF B1 中误码计数
MST	S3	C→D	MS-AIS，EX-BER（B2），SD，B2 中误码计数，MS-FERF	MSP	S14	D→E	收-发 K2（5）失配，收 K2（1～4）发 K1（5～8）失配，保护段 SF 条件（EX-BER，MS-PAIS，LOS，LOF），PJF
MSA	S4	E→F	AU-LOP，AU-AIS，AU-PJE				
HPT	S6	G→H	AU-AIS*，HO-PTI 失配，HO-PSL 失配，TU-LOM，HO-RDI，HO-REI，B3 中误码计数	HPA	S7	H→J	TU-LOP，TU-AIS TU-PJE
LPT	S9	K→L	TU-AIS*，LO-PTI 失配，LO-PSL 失配，LO-REI，LO-RDI，B3/V5 中误码计数	LPA	S10	L（或 H）→M，M→L（或 H）	AU-AIS* 或 TU-AIS* FAL
PPI	S11	M→支路口 支路口→M	AIS* 支路 LOS	SETPI	S12	同步接口→T3	LOS，LOF，AIS，EX-BER
HPOM	S16	>F→G	AU-AIS，HO-PTI 失配，HO-PSL 失配，HO-RDI，HO-REI，B3 误码计数	LPOM	S17	>J→K	TU-AIS，LO-PTI 失配，LO-PSL 失配，LO-RDI，LO-REI B3/V5 误码计数

注：＊代表信息由其他参考点转来，不直接经由该功能块的 S 点向 SEMF 报告。

符号意义：LOS—信号丢失　LOF—帧丢失　OOF—帧失步　LOP—指针丢失
LOM—复帧丢失　PJE—指针调整事件　PTI—通道踪迹识别　SD—信号劣化
PSL—通道信号标签　FAL—帧对准丢失　PSE—保护倒换事件
TF—发射机失效　TD—发射机劣化　SF—信号失效

2. 消息通信功能块

消息通信功能块（MCF）是用来完成网管所需的各类数据信息传输的功能块，其功能如图3-1所示，由此可见，该功能块主要负责接收和缓存来自SEMF、DCC、Q接口和F接口的信息，从而实现人机对话。

3. 同步设备定时源

同步设备定时源功能（SETS）代表SDH网络单元的时钟。SDH设备中的各基本功能块都是以此时钟为依据进行工作的，为保证其精度和稳定度，SETS设有供同步设备自由状态下使用的内部时钟源——定时发生器（OSC）。除此之处还设有三种外部时钟源：

(1) 从STM-*N*信号流中提取的时钟信号T1。

(2) 从支路信号中提取的时钟信号T2。

(3) 从外同步信号源如2MHz正弦信号或2Mbit/s信号经同步设备定时物理接口（SETPI）提取的T3时钟。

通过SETS选择精度最高的时钟信号作为输出时钟T0，供SPI和PPI以外的所有单元功能块的本地定时使用，同时还输出T4供其他网络单元使用。

4. 同步设备定时物理接口

同步设备定时物理接口（SETPI）是用来完成对外来2Mbit/s信号进行时钟的提取、编/解码功能和提供与物理接口适配功能。

5. 开销接入功能

由SDH的复用过程可知，不同的容器对其进行运行、维护和管理的开销字节不同，因而通过图3-1中所示的开销接入功能（OHA）的参考点U，可以实现对各相应单元功能块的开销字节的统一管理。例如，操作者能够通过公务联络E1和E2字节，调整所使用信道的开销以及备用或供未来使用的开销，以达到对不同通道层中的所传信息进行监控，从而实现对其进行运行、维护和管理的目标。

SDH传输网中的设备有三类，即交叉连接、传输和接入设备。就其传输设备而言，又包括再生器、复用设备和交叉连接设备。由于它们的功能各不相同，因而构成其功能的逻辑功能块也不同，下面逐一进行介绍。

3.2 再生器

由于光纤固有损耗的影响，使得光信号在光纤中传输时，随着传输距离的增加，光波逐渐减弱。如果接收端所接收的光功率过小时，便会造成误码，影响系统的性能，因而，此时必须对变弱的光波进行放大、整形处理，这种仅对光波进行放大、整形的设备就是再生器，由此可见，再生器不具备复用功能，是最简单的一种设备，其逻辑功能如图3-13所示。

从图中可以看出再生器主要是由SDH物理接口（SPI）、再生段终端（RST）和开销接入功能块（OHA）构成。

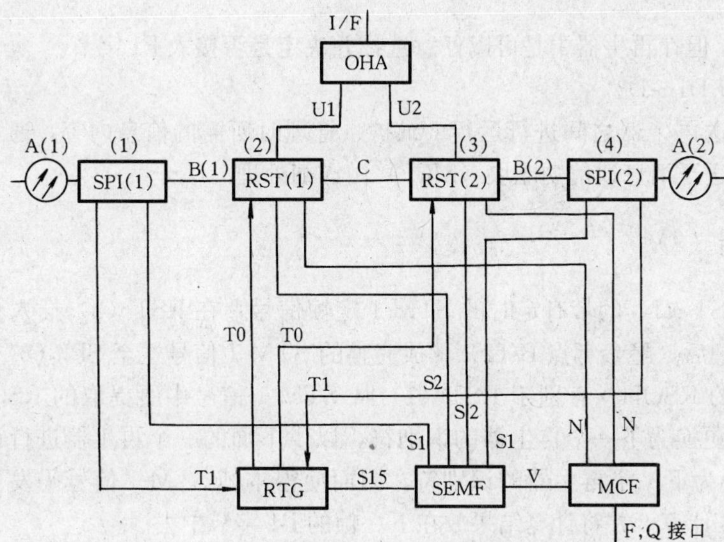

图 3-13 再生器模型

3.2.1 SDH 物理接口（1）

若 SPI（1）的参考点 A（1）处的信号是来自光纤线路上传输 STM-1 光信号，而对于该信号进行放大、整形处理过程是在电信号中进行的，因而 SPI（1）首先完成的是光/电转换的功能，这样将光信号就转换成为电信号，然后将从中提取的定时信号经 T1 送入再生器定时发生器（RTG）的同时，又进行放大处理，再由判决器识别再生。这时参考点 B（1）处的电信号完全能够满足传输网络的性能要求。

3.2.2 再生器终端（1）

此时在 RST（1）的参考点 B（1）处所接收的是再生的 STM-1 数据，该信号在再生器定时发生器输出的相关定时信号的作用下，首先从再生的 STM-1 中恢复出帧定位字节 A1A1A1A2A2A2，以识别帧的起始位置，然后对除帧结构中第一行的字节外的整个帧信息进行解扰码处理，同时提取 RSOH 字节，并通过 U1 参考点送给 OHA（开销插入功能块）进行处理，而带有定时的 STM-1 信号，经 C 参考点直接送入 RST（2）。

其中在 OHA 所进行的处理中，首先是对再生段踪迹字节 J0 进行识别，当该识别符是与本再生器的识别符相同时，则做如下处理。

（1）BIP-8 比特间插奇偶校验 8 位码

将在 RSOH 中获得的 B1 字节，与经 RST（1）并进行解扰码处理的上一帧的 BIP-8 计算结果进行比较，如果一致则认为上一帧被正常接收，否则出现误码。同样在对本帧 STM-1信号进行解扰码之后，也会进行 BIP-8 计算，同时保存该结果，以便与下一帧中解扰码后的 B1 字节进行对照。

（2）公务字节 E1

在 RSOH 中的 E1 字节是用于再生器终端之间进行公务联络，而设置的语声通路，并经参考点 U1 送入 OHA。

(3) 使用者字节 F1

F1 字节也送给 OHA，但在再生器中是可以任意选择并决定是否接入 F1 字节。

(4) 数据通信通路字节 D1～D3

D1～D3 字节是用于传送再生器之间进行运行、维护、管理时所需的信息内容，通常将 D1～D3字节经规定的线路送至消息通信功能块（MCF）做详细处理。

3.2.3 再生器终端（2）

RST（2）接收来自 RST（1）的带有定时的 STM-1 定帧信号，在 RST（2）插入相关的 RSOH，并进行扰码处理后，经参考点 B（2）形成完整的 STM-1 信号送至 SPI（2）。这里值得注意的是此时插入的 RSOH，有别于 RST（1）从 STM-1 信号中所提取的 RSOH。首先再生段踪迹字节 J0 被更换为下一个再生器的识别符，以供下面的一个再生器进行识别接收。正是由于 J0 被更 换为下一个再生器的识别符，因而使得本帧 STM-1 信号码发生变化，故此需重新进行 BIP-8 计算，并将计算结果放在下一帧的 B1 字节中去。

3.2.4 SDH 物理接口（2）

由于 SPI（2）所接收的信号是 STM-1 电信号，而在 SPI（2）输出端输出的是供耦合进光纤中传输的光信号，因而 SPI（2）首先起到电/光转换的功能，同时将 STM-1 的定时信号回送给 RTG，供时钟发生器选择。

由此可见，在正常工作情况下，A1A2 字节可以由本地产生，也可以是转接来的。B1 字节在每个再生段都需重新计算，因而故障分段定位能力不受影响。E1 和 E2 字节一般都来自 OHA，也可以是通过转接而来，同时 D1～D3 字节取自 MCF。

当 RST（1）处于帧失步状态，但尚未构成失效条件（即信号丢失或帧丢失时），所有 RSOH 字节可以被转接。

以上分析是以 STM-1 信号为例来进行说明的，STM-N 信号是由若干个 STM-1 信号按字节间插同步复用方式构成的。因而其工作原理与 STM-1 相同，只是 STM-N 时的 RSOH 的信息结构不同，故所进行的开销处理形式不同。

3.3 复用设备

在 SDH 传输网中共有两种复用设备，即终端复用设备（TM）和分插复用设备（ADM）。

3.3.1 终端复用设备

在传统的准同步数字（PDH）网络终端中，首先是将 2Mbit/s 的电信号经过逐级复用，复用成为 140Mbit/s 的高次群电信号，然后再通过电/光转换变为光信号输出。在 SDH 网中，终端复用器则是用综合的终端代替了多个分立的复用器，一次完成复用功能，并同时进行电/光转换，然后将其送入光纤。

终端复用器的种类有多种，在此便以复用器 I.1 和复用器 I.2 为例加以说明。

1. 复用器 I. 1

图 3-14 所示给出了复用器 I. 1 的逻辑功能块组成。这类复用设备提供了从 G. 703 接口到 STM-1 输出的简单复用功能。例如，它可以将 63 个 2Mbit/s 信号复用形成一个 STM-1，同时根据所送的复用结构的不同，在组合信号中，每一个支路的信号保持固定的对应位置，这样便可利用计算机软件进行信息的插入与分离工作。

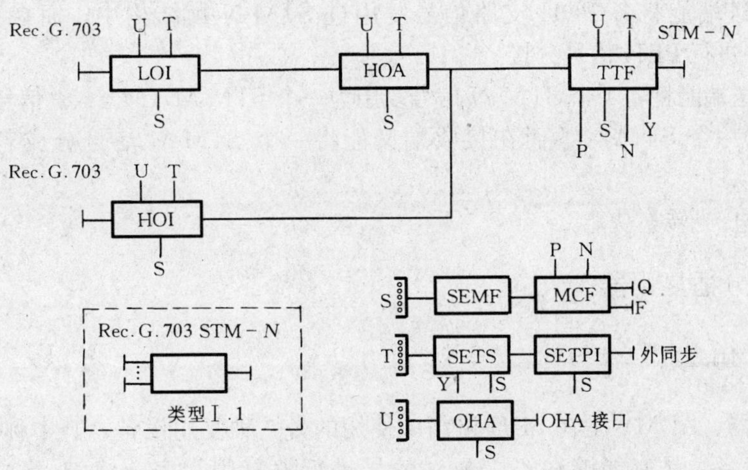

图 3-14 复用器类型 I. 1 示意图

由此可见，与 PDH 相比，SDH 的终端复用器减少了多个分立的复用器，去掉了配线架及其相应的线缆，而且因 TM 本身具有的功能，从而大大提高了通道的管理能力。

2. 复用器 I. 2

如图 3-15 所示，复用设备 I. 2 也属于终端复用器（TM）的复用设备。但它在复用设备 I. 1 的基础之上，在 LOI 与 HOA 之间使用了 LPC 功能块，使其具有 VC-1/2/3 或 VC-3/4 通道的连接功能。因此，这种复用设备能将输入支路中的信号灵活地分配给 STM-N 帧中的任何位置。

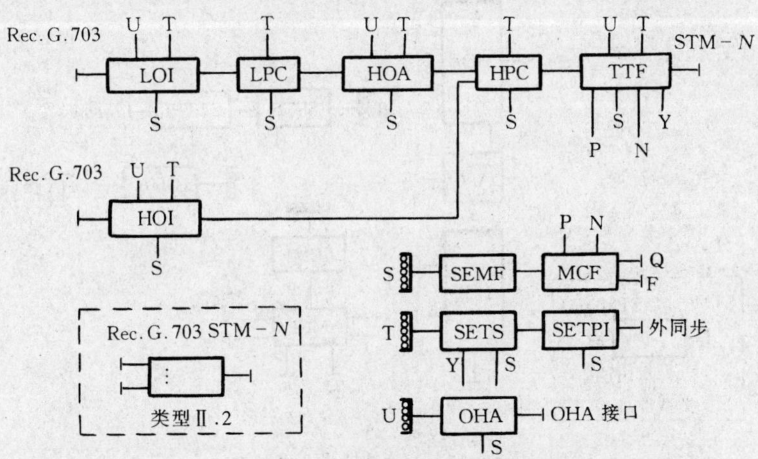

图 3-15 复用器类型 I. 2 示意图

除上述终端复用器外，还包括 II. 1 和 II. 2 型复用器，这两种复用器均为高阶复用器。

II. 1 类型复用器可将若干个 STM-N 信号组合成为一个 STM-M（$M>N$）信号。例如，将 4 个（来自复用设备或线路系统的）STM-1 信号按字节间插方式复用成一个 STM-4 信号，并且每个 STM-1 信号的 VC-4 都固定在 STM-4 的相应位置上。而 II. 2 类型复用器可灵活地将 STM-N 信号 VC-3/4 分配到 STM-M 帧中的任何位置上。

从上面的分析我们可以将 TM 的功能总结如下。

(1) 在发送端能将各 PDH 支路信号复用进 STM-N 帧结构中，而在接收端能够从 STM-N信号中进行 PDH 信号分接。

(2) 在发送端能将若干个 STM-N 信号复用为一个 STM-M（$M>N$）信号（例如将 4 个 STM-1 复用成一个 STM-4），而在接收端又能将一个 STM-M 信号分成若干个 STM-M ($M>N$)信号。

(3) 具有电/光转换功能。

3. 3. 2 分插复用器

1. 复用器 III. 1

分插复用器（ADM）是在 SDH 网络中使用的另一种复用设备，其中称为复用器类型 III. 1 的复用设备，具有能够在不需要对信号进行解复用和完全终结 STM-N 情况下经 G. 703 接口接入各种准同步信号的能力。如图 3-16 所示，其中，高阶通道连接功能 HPC 允许 STM-N 信号内的 VC-3/4 信号就地终结或者再复用后传输，也允许本地产生的 VC-3/4 信号分配给 STM-N 输出的任何空缺位置，而低阶通道功能 LPC 则允许来自被 HPC 功能终结的 C-3/4 的 VC-12 就在终结或直接再复用回输出的 VC-3/4，也允许本地产生 VC-12 信号，并以适当途径分配给任何输出 VC-3/4 的空缺位置。

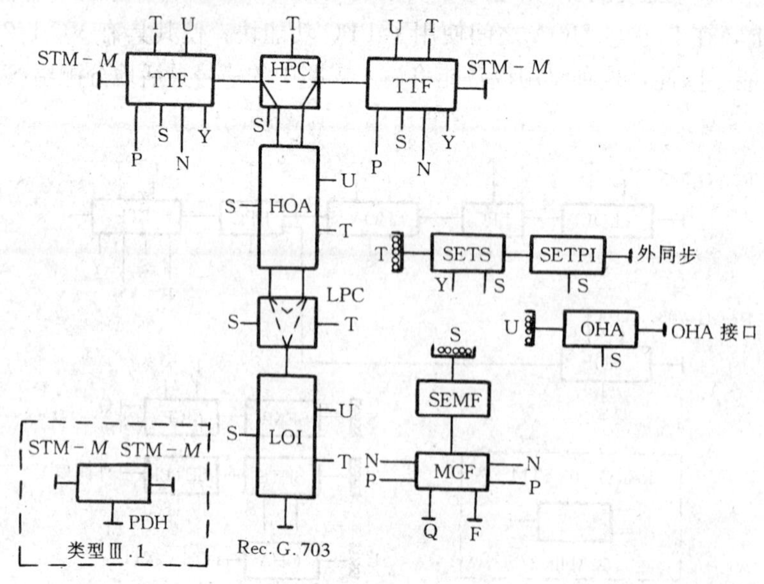

图 3-16 复用器类型 III. 1 示意图

2. 复用器 III. 2

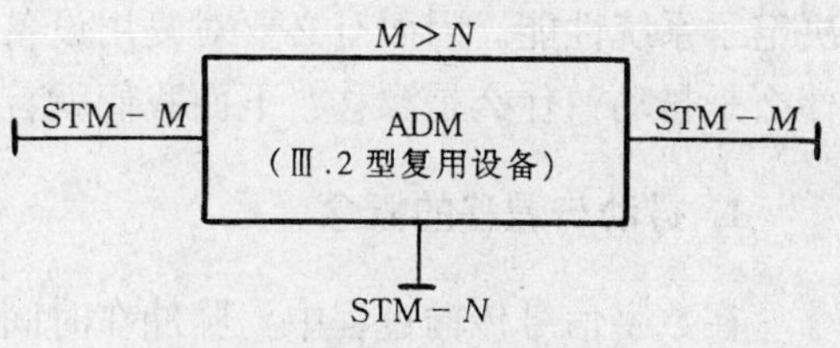

图 3-17　复用器类型 III. 2 示意图

在复用器 III. 2 中，它具有将 STM-N 输入到 STM-M（M>N）内的任何支路的能力，如图 3-17所示。

由于分插复用器（ADM），具有能在 SDH 网中灵活地插入和分接电路的功能，即通常所说的上、下话路的功能，因此，ADM 可以用在 SDH 网中点对点的传输上，也可用于环形网和链状网的传输上。

3.3.3　复用器类型 IV

由于国际上主要存在两大速率体系、三大地区标准的准同步数字系列，即 PCM24 和 PCM30/32 系列，北美和日本都采用1. 544Mbit/s 为第 1 级速率，但略有不同。欧洲、中国采用 PCM30/32 系列，因而不同的体系下的数字信号其映射路径不同，如图 2-1 所示。这样当两种不同体系的网络间需进行互通时，则要求 VC-3 净负荷能在使用 AU-3 与使用 AU-4 的网络之间进行转换。复用器类型 IV 正提供了此种功能。

从上述分析可见，无论何种复用器，均未包括特殊的物理功能分割，因而仅仅是一般性的描述。需要指出的是，不同的网络应用场合所需的配置不同。因而以上几种最常见的复用器类型的应用场合也不同。具体如下。

① 复用器类型 I. 1 和 I. 2 能够将各种 PDH 支路信号纳入 SDH 网，因而广泛应用于 SDH/PDH网的边界处。

② 复用器类型 II. 1 和 II. 2 能够将若干 STM-N 信号汇接成单个 STM-M（M>N），这样能够使各类低速信号进入高速线路进行传输。

③ 复用器类型 III. 1 和 III. 2，又称为分插复用器，它能够利用其内部的时隙交换功能，实现带宽管理，即允许 STM-M 信号之间的不同 VC 实现互联，其功能相当于一个小型交换连接设备。利用 ADM 设备可以构成各种自愈环，应用于用户接入网、市内局间中继网以及长途网中，这部分内容将在第 4 章中进行介绍。

④ 复用器类型 IV 主要用于完成两种不同体系网络间的互通。应该指出的是一个实际复用器可根据具体需要配置成为终端复用器或 ADM。

整体而言，SDH 网中的分插复用器所完成的功能可以归纳如下。

(1) ADM 具有支路-群路（即上、下支路）能力。通常可分为部分连接和全连接。所谓部分连接是指只能对 STM-N 中指定的某个或几个 STM-1 进行上、下支路操作，而全连接则是指能够对 STM-N 中的所有的 STM-1 实现任意组合的操作。

在 ADM 中可实现上、下的支路，既可以是 PDH 支路信号，也可以是较低等级的 STM-N 信号。ADM 与 TM 一样，也具有光/电转换功能。

(2) ADM 具有群路-群路能力，即同时具有上、下 STM-N 信号的能力。

3.3.4　复用设备的抖动和漂移性能

当低速 PDH 信号或低速 STM-N 信号进入 SDH 复用器后，首先经过指针调整，然后按同步复接方式，映射进高速 STM-M（M>N）。由前面分析可知，指针调整的频繁程度直接决定了系统性能。因而有必要对复用设备给系统引入的抖动与漂移进行讨论。人们不仅要问什么是抖动？什么是漂移？下面我们就首先对此作出解释。

1. 抖动与漂移的概念

在数字信号传输过程中，脉冲在时间间隔上不再是等间隔的，而是随机的，这种变化关系可以用频率来描述，当频率 $f>10\text{Hz}$ 时的随机变化便称为抖动，反之称为漂移。抖动的程度原则上可以用时间、相位、数字周期来表示。现在多数情况是用数字周期来表示。即一个码元的时隙为一个单位间隔，或者说一个比特传输信息所占的时间，通常用符号 UI（Unit Interval）来表示。显然随着所传码速率的不同，1UI 的时间也不同。例如 2.048Mbit/s 码速率的 1UI 时间为 488.00ns，而 139.261Mbit/s 码速率的 1UI 则为 7.18ns。

一个系统又是由包括复用器在内的各种设备和传输线路构成，当信号通过上述设备和线路时，均会给系统引入抖动与漂移，而且抖动与漂移对信号的影响程度不同。通常抖动对高速传输的语音、数据及图像信号的影响较大。一般来说，在语音、数据信号系统中，系统的抖动容限是小于或等于 4%UI；在彩色电视信号系统中，系统的抖动容限应小于或等于 2%UI。

抖动容限往往用峰—峰抖动 J_{p-p} 来描述的。它是指某个特定的抖动比特的时间位置，相对于该比特无抖动时的时间位置的最大偏移。

2. 抖动与漂移指标

由前面的讨论可知，在数字通信系统中，抖动将引起系统误码率的增加。为了在有抖动的情况下，仍能保证满足系统的技术指标，那么必须对整个数字通信系统中的复用设备和传输信道的抖动性能提出限制。ITU-T 建议这两部分均需考虑输入抖动与漂移容限、无输入抖动时的输出抖动与漂移容限和抖动与漂移转移特性三种抖动性能指标。

（1）STM-*N* 接口

① 输入抖动和漂移容限

输入抖动和漂移容限是指复用器能够允许的输入信号的最高抖动和漂移限值，即任一复用器或设备接口应抵御这个限值以下的抖动和漂移而不产生误码的能力，因此这一指标不仅适用于复用器，而且还适用于数字网内任何速率的接口。

在 SDH 网中，复用器的输入端所输入的信号应为 STM-*N* 信号，当信号通过光纤线路及中继器时都会引入抖动和漂移，因而为使复用器能够正常工作，SDH 物理接口（SPI）必须能够容纳所输入的 STM-*N* 信号的抖动量。另外，由图 3-1 可知，同步设备时钟源（SETS）的时钟信号首先是取自 STM-*N* 信号，因而，SETS 也必须能够容忍 STM-*N* 信号的最大绝对抖动和漂移量。

② 输出抖动和漂移

当输入到复用器的信号无抖动和漂移时，由于复用器中的映射和指针调整会产生抖动与漂移，于是在复用器的输出端信号中存在抖动和漂移。为了能够满足数字网的抖动和漂移要求，ITU-T 提出了无输入抖动时的输出抖动和漂移限值（最大值），这就是输出抖动和漂移容限。

图 3-1 实际是一个 SDH 复用设备的功能块组成图，可见它是在 SETS 的支持下工

作的，因此其输出抖动和漂移与 SETG（同步设备发生器）的固有性能以及输入信号特性有关。在G. 813规范中对 STM-N 接口的输出抖动和漂移做出了具体的要求。通常当利用 12kHz 高通滤波器进行测试时，输出的固有抖动的均方根值（RMS）应小于等于 0. 01UI。

③ 抖动和漂移转移特性

抖动和漂移转移特性和设备同步与否以及具体采用的同步方式有关。当设备未处于同步状态时，SETS 所输出的时钟信号是由设备内振荡器特性决定。这样此时的转移特性便无具体实际意义。当设备处于同步状态时，则抖动和漂移转移特性取决于 SETG 的滤波特性。而 SETG 的滤波特性又与其所采用的定时方式有关。

④ 在 AU 和 TU 指针调整中编码的漂移转移特性

在 SDH 网中，不同速率的信号将被装入不同大小的容量中，然后再将装有高速信号的容器映射进 AU，而将装有低速信号的容器映射进 TU。这其中的复用过程是由 AU 和 TU 指针处理器控制完成的。即当高阶 VC 从一个 STM-N 转移到另一个由不同时钟导出的 STM-N 之中时，AU 指针需要进行处理，而当低阶 VC 从一个高阶 VC 转移到另一个由不同时钟导出的高阶 VC 时，需要对 TU 指针进行处理。从以上分析可以看出，无论何种指针进行调整，其调整的频繁程度（漂移大小）与输入信号的相位以及指针处理器缓存器内填充数据的相位差有关。而且缓存器空间越大，输入指针调整引起输出指针调整的可能性越小。

（2）PDH 接口

① 输入抖动漂移容限

对于复用器类型 I. 1 和 I. 2 来讲，其输入信号为 PDH 信号。相对 STM-N 信号而言，尽管其速率低，但其中同样存在抖动和漂移。为了能够保证系统的正常运行，因而对以 2Mbit/s 为基准的准同步输入接口应符合 G. 823 规定的要求。

② 抖动和漂移产生的原因

a. 支路映射引入的抖动与漂移：当一个 PDH 信号欲利用 SDH 网进行传输时，首先需要将其装入相应速率的容器之中，再经过支路映射进 STM-N 信号中，这中间加入了空闲比特和通道开销，而在接收时，为了能够将支路信号恢复出来，则需要去掉这些塞入比特和通道开销，从而留下空隙，引入抖动和漂移。又由于来自 G. 703 支路信号映射进容器的漂移是一种缓慢的延时变化过程，因而建议 G. 783 规定，2Mbit/s 同步器在无输入抖动和指针调整情况下的输出抖动不应超过 0. 35UI_{p-p}。

b. 指针调整产生的抖动和漂移：在 SDH 网中，由于指针是以单字节或 3 字节为单位来进行调整的，因而在 SDH/PDH 边界处，因这种相位跃变而产生的抖动与漂移相当大。当现有准同步系统信号经过 SDH 网络传输时，为了使其抖动与漂移特性不会因 SDH 的引入而受损，因而必须尽量减小解码时因指针调整而引进的抖动和漂移。

③ 抖动和漂移转移特性

准同步设备的有关抖动转移特性只是其应满足的最低标准，可见此标准不足以保证 SDH 设备能够满足系统对总抖动和漂移的要求，因而应对其进行详细的研究，提出更严格的要求，具体指标参见第 4 章。

3.4 数字交叉连接器

3.4.1 问题的提出

在过去的电信网中，如果要对电路进行调度则是靠值机人员在人工配线架上进行操作来完成的。随着电信网的飞速发展，传输容量越来越大，传输系统种类也有所增加，这时再通过传统的人工配线架互连来调度路由，将因为它的低效率、低可靠性和高费用显得越来越不适应快速连接和再连接的要求。于是，人们就研制出了一种相当于“自动配线架”的数字交叉连接器（Digital Cross Connect equipment，DXC），其中适用于SDH的数字交叉连接器则称为SDXC，但大多数场合仍称为DXC。

3.4.2 DXC的基本功能

DXC的功能可列出七八种之多。下面，仅就其中最基本的功能作简单的介绍。

1. 电路调度功能

① 在SDH网络所服务的范围内，当出现重要会议或重大活动等需要占用电路时，DXC可根据需要对通信网中的电路重新调配，迅速提供电路。

② 当网络出现故障时，DXC能够迅速提供网络的重新配置。

上面的这些网络重新配置都是通过控制系统来完成的，而不像传统的PDH是由人工在人工配线架上来操作的。

2. 业务的汇集和疏导功能

DXC能将同一传输方向传输过来的业务填充到同一传输方向的通道中；将不同的业务分类导入不同的传输通道中。

3. 保护倒换功能

一旦SDH网络某一传输通道出现故障，DXC可对复用段、通道进行保护倒换，接入保护通道。通道层可以预先划分出优先等级，由于这种保护倒换对网络全面情况不需作了解，因此具有很快的倒换速度。

DXC除上述功能外，还有开放宽带业务、网络恢复、不完整通道段监视、测试接入等功能。

综上所述可知，DXC实质上是兼有复用、配线、保护/恢复、监测和网络管理等多种功能的一种传输设备。而且，由于DXC采用了SDH的复用方式，省去了传统的PDH DXC的背靠背复用、解复用方式，从而使DXC变得明显简单。另外，DXC的交叉连接功能实质上也可理解为是一种交换功能。当然，这与通常的交换机有许多不同的地方。具体如下所述。

3.4.3 DXC的特点及与数字交换机的区别

从DXC的基本功能可知，交叉连接网络是DXC的核心，其特点如下。

(1) 信号独立性：目前现有准同步数字体系存在两大速率体系、三个地区标准，即以 2Mbit/s 为基准数字系列和以 1.544Mbit/s 为基准的数字系列。正因为 SDH 网络中的交叉连接网络可对任何数字系列的信号进行交叉连接，因而可以在 DXC 设备的接口板上观察到彼此独立的各速率接口。

(2) 无阻塞：理论上将 DXC 能够以点对点或点对多点方式支持任意带宽的支路信号进行无阻塞的交叉连接。

(3) 周期性：在每一帧（125μs）中，所有支路信号均周期性地重复出现在相应的位置上。

(4) 同步性：并行输入的各支路信号彼此之间的频率相同，这样 DXC 设备可按字节间插方式形成高阶信号。

正是由于 DXC 交叉连接网络具有同步性和周期性的特点，从而使传输系统能够对任意一条通道进行定位处理。同时也可通过对不同数字体系信号的处理，使不同并行输入信号中的信息进行彼此交换。

从上面的分析可知，DXC 设备具有交换能力。然而普通的数字交换机也具有交换功能，它们之间的区别在于 DXC 所交换的是由多路信号构成的群信号，而且 DXC 远非数字交换机那样呈动态变化，基本上是保持半永久性的，并且 DXC 交叉连接矩阵的控制操作是在外部控制下完成的，因而增加了网络的灵活性和网络管理能力。同时 DXC 能够提供上下话路功能、网管功能以及路由选择等功能。除此之外，由于 DXC 代替了配线架和复用器，因而各个信号的定时信息必须能够从所传送的信息中提取，因此 DXC 具有定时透明性。而普通数字交换机是以一个基本话路为交换单元，因而仅需几分钟便能完成交换任务，通常可同时实现数千乃至数十万路的电话交换，并允许出现阻塞现象。在表 3-2 中详细给出了 DXC 与普通数字交换机的区别。

表 3-2　DXC 与普通数字交换机的区别

项　目	DXC	数字交换机
交换对象	2～155Mbit/s	64kbit/s
正常保持时间	数小时至数天（半永久）	几分钟（暂时）
典型交换端口数量	16～1024	1000～100000
正常交换设计	无阻塞或低阻塞	有阻塞
交换控制嵌入	外部控制信号（OS 控制）	业务信号（用户控制）
定时透明性	具备	不具备

3.4.4 DXC 设备连接类型

DXC 设备的结构与 SDH 复用设备功能块组成基本相同，只是复用器中没有 HCS/LCS 功能块，但有时可能有 LPC/HPC 功能块。而在 DXC 设备中，必须有 LPC/HPC 功能块，并且多数情况下也存在 HCS/LCS 功能块，当然 HCS/LCS 功能块选取与否应视具体情况而定，并不是必备的。通常 DXC 设备的交叉连接类型可分为如下 5 种。

① 单向：单向交叉连接提供单方向通过 SDH 网元的连接，并可用来传送可视信号。

② 双向：双向交叉连接是建立双方向通过 SDH 网元的交叉连接。

③ 广播式：广播式交叉连接能把输入的 VC-*n* 交叉连接到多个输出端，并以 VC-*n*

输出。

④ 环回：将 VC-*n* 交叉连接到其自身的交叉连接。

⑤ 分离接入：终结输入 STM-*N* 中的 VC-*n*，并在输出 STM-*N* 中相应的 VC-*n* 上提供测试信号。

1. DXC 设备类型

根据 DXC 设备的应用场合，DXC 设备存在三种基本配置。在此我们仅以交叉连接类型 I 为例进行介绍。

在图 3-18（a）中给出了 DXC 类型 I 的逻辑方框图。由图可见，此设备中仅提供了高阶 VC（HOVC）的交叉连接功能。这样当由外部输入 HOVC 信号时，可在 STM-*N* 接口通过

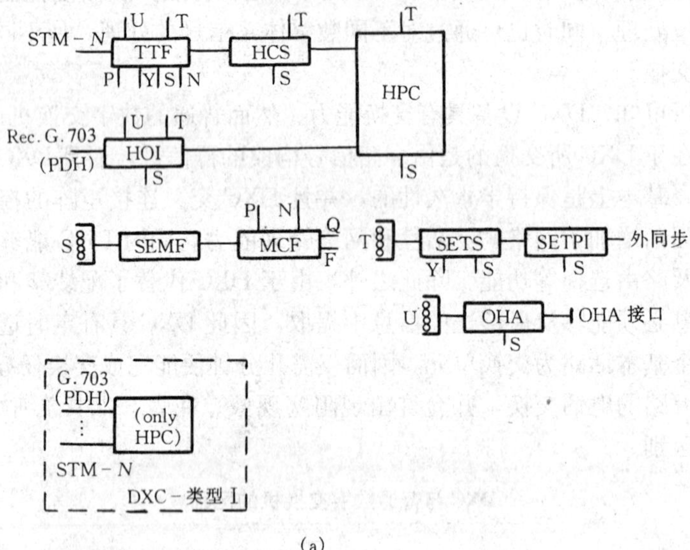

(a)

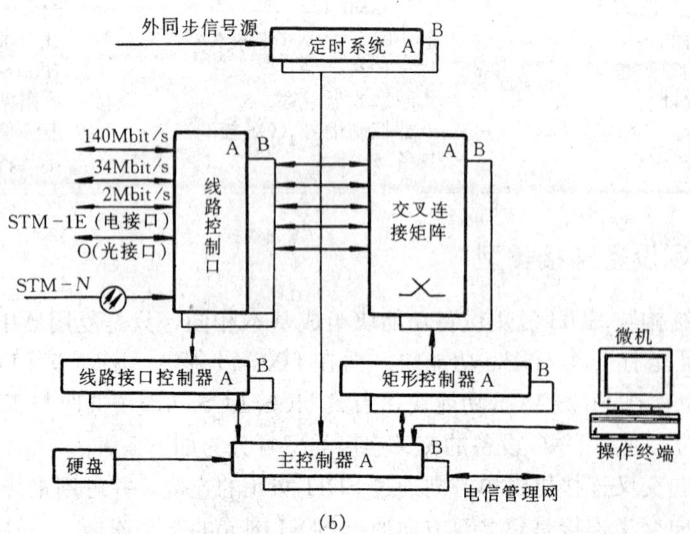

(b)

图 3-18　DXC 类型 I

TTF、HCS、HPC 功能块，在 SEMF 功能块的控制下实现交叉连接功能。当然输入的 HOVC 信号也可在 G. 703 接口通过 HOI、HPC 功能块来完成交叉连接功能。

除图 3-18（a）中所示的功能块外，构成 DXC 设备时，还应包括定时系统、控制系统等。在图 3-18（b）中给出了一个 DXC 参考方框图，图中各部分的功能如下。

(1) 线路接口的作用

① 完成对信号的光/电、电/光转换；

② 完成对信号码速率的变换和反变换等；

③ 对 STM-N 信号分解为 VC-n 信号；对 PDH 信号则映射为 VC-n；

④ 将交叉连接矩阵输出的 VC-n，按输出端口的需要“组装”为 STM-N 信号，或去掉映射还原为 PDH 网需要的 PDH 信号。

(2) 接口控制器的作用

完成采集信号，计算系统误码率等一系列功能。

(3) 交叉连接矩阵的作用

完成对线路接口输出 VC-n 信号，进行无阻塞交叉连接（由此可见这是 DXC 的一个关键器件)，完成交叉连接后再送回到线路接口。

(4) 矩阵控制器的作用

根据主控制器来控制指令，控制交叉连接矩阵的交叉连接。

(5) 主控制器

完成对接口控制器和矩阵控制器的管理，并下达由网管系统传来的控制指令等。

(6) 定时系统功能

完成 DXC 对外信号源的同步，即能产生定时信号送到 DXC 的各相关部分。

根据以上结构构成的典型 DXC 类型 I 设备是 DXC4/4。其输入端口速率为140/155Mbit/s，即在 VC-4 级别上实现交叉连接功能。通常采用多级结构的交叉连接矩阵，其交叉连接用时小，仅几个 μs。

2. DXC 类型 II 和类型 III 的特点

DXC 类型 II 和类型 III 与 DXC 类型 I 的基本功能大致相同，它们之间的区别如下。

DXC 类型 II 仅提供低阶 VC（LOVC）的交叉连接。其典型设备是 DXC4/1，即可在 VC-12 级别上实现交叉连接功能，其输入端口速率可为 140/155Mbit/s、34Mbit/s 和 2Mbit/s。实际上在 140/155Mbit/s 速率上实现交叉连接时，是对整个 63 个 VC-12 进行交叉连接。通常所使用的交叉连接矩阵多为时—空—时结构，也有采用时空混合结构的，甚至有采用结构简单、时延小的纯空分结构的，但其交叉连接矩阵的容量小。而采用时空混合方式的 DXC4/1 的延时较大，成本也较高。

DXC 类型 III 设备可为所有 VC（包括 HOVC 和 LOVC）提供交叉连接。其典型的设备是 DXC4/4/1。实际上是 DXC4/4 和 DXC4/1 的功能结合体，端口速率为 140/155Mbit/s、34Mbit/s 和 2Mbit/s。内部交叉连接既可以在 VC-12 层次上进行，也可以在 VC-4 级别上进行（此时不是在 VC-12 级别上同时对 63 个 VC-12 进行交叉连接）。

值得说明的是，DXC4/1 和 DXC4/4/1 均代表不同配置的 DXC 设置。通常在实际设计中 DXC 的配置类型是用 DXC X/Y 来表示，其中 X 表示接口数据流的最高等级，Y 表示参与交叉连接的最低级别。数字 1～4 分别表示 PDH 体系中的 1～4 次群速率，其中 4 也代表 SDH 体系中 STM-1，数字 5 和 6 则分别代表 SDH 体系中的 STM-4 和 STM-16。那么，DXC4/1 则表示接入端口的最高速率为 140Mbit/s 或 155Mbit/s，而交叉连接的最低级别为 VC-12（2Mbit/s）的数字交叉连接设备。

3.4.5 DXC 设备性能要求

DXC 设备的定时、同步、误码性能要求均与复用器性能要求相同，这里就不再进行重述，下面我们着重就其转接时延、响应时间和阻塞要求进行介绍。

1. 转接时延

在 SDH 网络中各网元是由不同功能块组成的，当然不同功能块所构成的 SDH 网元具有不同的功能。当信号经过上述 SDH 网元中的不同功能块时，会产生不同的转接时延（TD），那么根据各功能块的功能，信号经过 SDH 网元的总转接时延应与指针处理、固定填充处理（SON 或 PON 开销填充）、连接处理以及映射和去映射处理等因素有关。

2. 响应时间

如图 3-19 所示，所谓响应时间是指从 Q 接口获得相关信息开始直到实际 NNI 传送信息发生变化为止的这一段时间。它包括矩阵建立时延和消息处理时延。其中矩阵建立时延是指从 SEMF 内产生原语到 NNI 的传送信息发生变化的这段时间。而消息处理时延是指从消息进入 Q 接口开始到 SEMF 产生原语为止的这段时间。

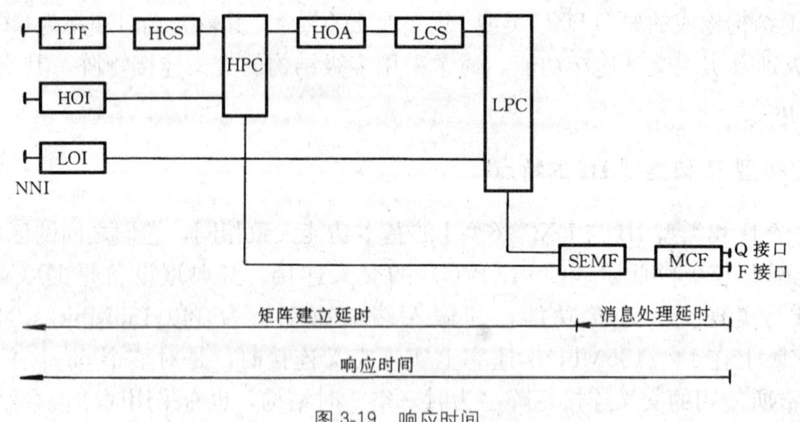

图 3-19 响应时间

3. 阻塞

交叉连接设备的阻塞是指设备中已有连接情况下再建立新的交叉连接时的受阻程度。一般用阻塞系数表示，即一个特定的连接请求不能满足的概率来表示交叉连接设备的阻塞系数。由于一个 DXC 设备在进行交叉连接时的信息速率较大（话路数较大），因而理想情况下 DXC 设备应在无阻塞条件下（即阻塞系数为 0）工作，但有时为简化设计、降低设备成本，也允许有一个很低的阻塞系数。

小　　结

本章从 SDH 逻辑功能块的功能入手，详细讲述了 SDH 网络中所使用的复用器、数字交叉连接设备和再生器等设备的类型、结构、功能和性能要求。

1. SDH 逻辑功能块——基本功能块

它是用来完成 SDH 的映射、复用、交叉连接功能的模块（包括 SDH 物理接口功能；再生段、复用段终端功能；低阶、高阶通道终端功能；复用段保护功能；复用段、高阶通道、低阶通道适配功能；低阶、高阶通道连接功能；PDH 物理接口；高阶、低阶连接监控功能块）。

2. SDH 逻辑功能块——复合功能块

它包括两类，即适配功能和监控功能。

3. SDH 逻辑功能块——辅助功能块

用它来完成数据的同步复用功能以及定时、开销和管理功能（包括同步设备管理功能、消息通信功能块、同步设备定时源、同步设备定时物理接口、开销接入功能）。

4. 再生器

再生器的功能：再生器是仅对光波进行放大、整形的设备，它不具备复用功能，是最简单的一种设备。

再生器结构：主要由 SDH 物理接口、再生段终端和开销接入功能块构成。

5. 终端复用器

终端复用器（TM）能够一次完成复用功能，并同时进行电-光转换，然后将其送入光纤。

终端复用器的种类包括复用器 I. 1 和复用器 I. 2。

6. 分插复用器

分插复用器（ADM）具有能够在不需要对信号进行解复用和完全终结 STM-*N* 情况下经 G. 703 接口接入各种准同步信号的能力。

7. 复用器的抖动和漂移性能

抖动与漂移的概念：在数字信号传输过程中，脉冲在时间间隔上不再是等间隔的，而是随机的，这种变化关系可以用频率来描述，当频率 $f>10\text{Hz}$ 时的随机变化便称为抖动，反之称为漂移。

抖动的描述：可以用时间、相位、数字周期来表示。现在多数情况是用数字周期来表示。即一个码元的时隙为一个单位间隔，或者说一个比特传输信息所占的时间，通常用符号 UI（Unit Interval）来表示。

抖动与漂移指标。

8. 数字交叉连接设备

DXC 的基本功能：包括电路调度功能、业务的汇集和疏导功能和保护倒换功能。

DXC 设备的特点及与数字交换机的区别。

DXC 的结构：包括线路接口；接口控制器；交叉连接矩阵；矩阵控制器；主控制器；定时系统。

DXC 设备性能要求：DXC 设备的定时、同步、误码性能要求（均与复用器性能要求相同），转接时延、响应时间和阻塞要求。

复 习 题

1. 请简要说明再生段终端功能块和复用段终端功能块的功能，并指出它们之间的不同之处。

2. 请简述同步设备管理功能块的功能。

3. 画出再生器的逻辑功能图。

4. 画出复用器 I. 1 的逻辑功能图。

5. 请简要说明分插复用器与数字交叉连接设备在功能上所存在的不同。

6. 什么叫抖动？什么叫漂移？

7. 请画出数字交叉连接设备的逻辑功能图。

8. 请叙述阻塞系数的定义。

第4章 SDH光传输系统及其性能分析

前面已经介绍了SDH的概念、帧结构和SDH设备，而构成一个SDH光通信系统还需考虑很多有关系统设计的性能问题。本章首先介绍点到点链状和环路光线路系统结构，然后对SDH线路性能和网络性能进行详细的分析。

4.1 SDH光传输系统

在SDH光缆线路系统中可以采用多种结构，如点到点系统、点到多点系统以及环路系统等。其中，点到点链状系统和环路系统是使用最为广泛的基本线路系统，下面仅着重介绍这两种线路系统。

4.1.1 点到点链状线路系统

图4-1（a）所示为典型的点到点链状线路系统，从图中可以看出，点到点链状线路系统是由具有复用和光接口功能的线路终端、中继器和光缆传输线构成的。其中，中继器可以采用目前常见的光—电—光再生器，也可以使用掺铒光纤放大器（EDFA），在光路上完成放大的功能。另外，在此系统中，既可以构成单向系统，也可以构成双向系统。

4.1.2 环路系统

1. 环路系统组成

图4-1（b）所示为环路系统，系统中可选用分插复用器（ADM），也可以选用交叉连接设备来作为节点设备。它们的区别在于后者具有交叉连接功能，它是一种集复用、自动配线、保护/恢复、监控和网管等功能为一体的传输设备，可以在外接操作系统或电信管理网络（TMN）设备的控制下，对多个电路组成的电路群进行交叉连接，因此其成本很高，故通常使用在线路交汇处；而接入设备则可以使用数字环路载波系统（DLC）、B-ISDN宽带综合业务接入单元以及FDDI。

2. 环路系统间的互连

由于环路系统具有自愈功能，即无论是系统中的设备还是光线路出现故障时，系统

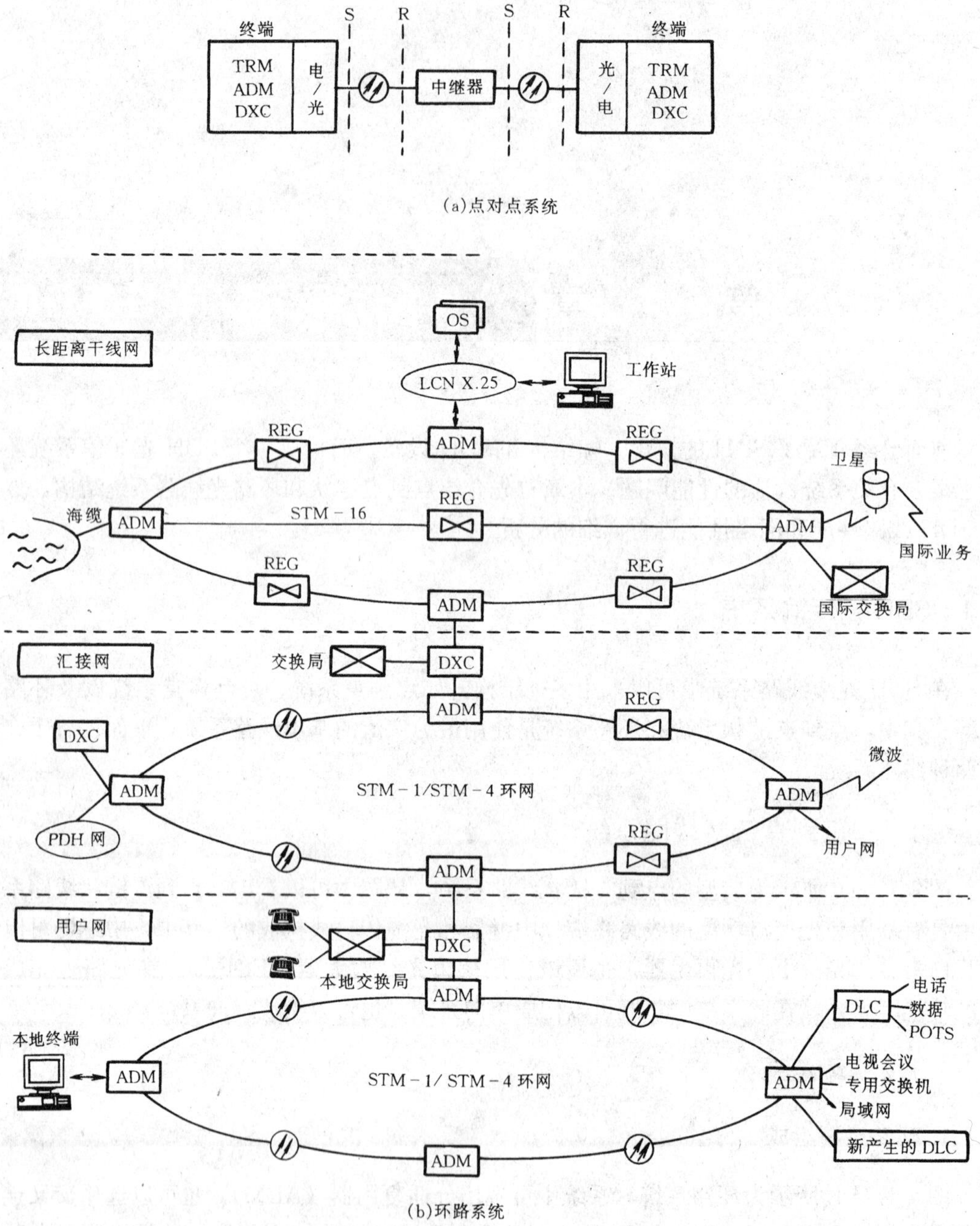

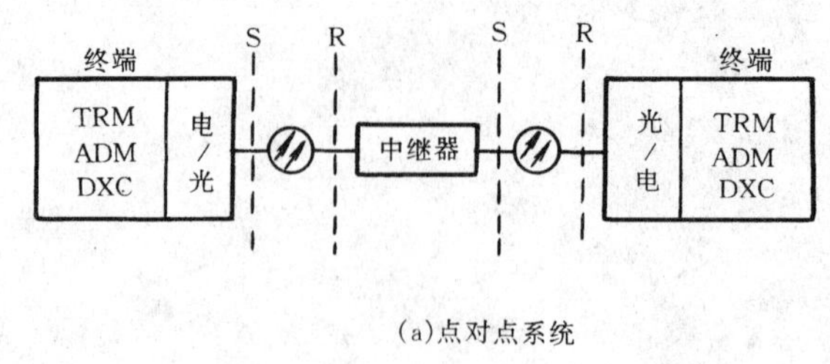

(a)点对点系统

长距离干线网
OS
LCN X.25
工作站
REG
ADM
REG
卫星
海缆
ADM
STM－16
REG
ADM
国际业务
REG
REG
ADM
国际交换局

汇接网
交换局
DXC
ADM
REG
DXC
微波
ADM
STM－1/STM－4 环网
ADM
PDH 网
REG
用户网
ADM

用户网
DXC
本地交换局
ADM
DLC
电话
数据
POTS
本地终端
ADM
STM－1/ STM－4 环网
ADM
电视会议
专用交换机
局域网
ADM
新产生的 DLC

(b)环路系统

TM — 终端复用器
DXC— 数字交叉连接设备
LCN— 本地通信网
DLC— 数字环路载波系统
REG — 再生中继器
ADM — 分插复用器
OS — 操作系统
POTS — 普遍电话业务

图 4-1 SDH 系统

都能够在无人干涉的情况下自动进行环路倒换，从而保证两节点间的通信。而当故障排除之后，系统又得以恢复为正常状态。可见采用环路系统的一大优点是，其环内业务的可靠程度高。但从业务容量方面考虑，任何环路系统所能提供的业务量将是有限的。因而在环路信号速率一定的情况下，环路中节点数越多，则每个节点所分配业务量越少，因此接入环路的节点数必须加以限制。另外，由于一个实际的 SDH 网络可以由若干个环形网络相互连接构成，故而称其中的每个环形网络为一个子网，正是这样相互连接的环形子网构成了一个完整的 SDH 网络。可见环形子网间的互连方式直接影响到 SDH 网络的生存性。

通常环形子网的互连方式有多种，最常见的有单节点和多节点互连两大类。下面对它们逐一进行介绍。

(1) 单节点互连

单节点互连是一种最简单的互连方式，它是通过一个节点来实现两个环形子网间的互连。在图 4-2 中给出了 3 种实现单节点互连的方法。

① 环间公网 DXC 互连。如图 4-2（a）所示，在两个环中存在一个公共节点，如果在公共节点处设置一个 DXC 设备，便可通过 DXC 的交叉连接功能来实现不同环形子网间的业务互通。这种方法的优点是结构简单，使用设备数量少。但目前 DXC 性能还不足以支持此方式，因而还未达到实用的程度。

② 环间通过独立 DXC 互连。从图 4-2（b）中可以看出，在两个完整的环形网之间另外设置了一个专门的 DXC，这样通过 DXC 的环间互连，可实现两环中由 ADM 上下的话路之间的连接。从系统结构上可以看出，此种方式中所使用的设备较多，但层次清晰，因而便于进行控制和管理。图 4-1（b）所示为一个实用 SDH 环形网，共分为三级，每一级均采用环形网实现，环与环之间的互连正是采用了此种方案。

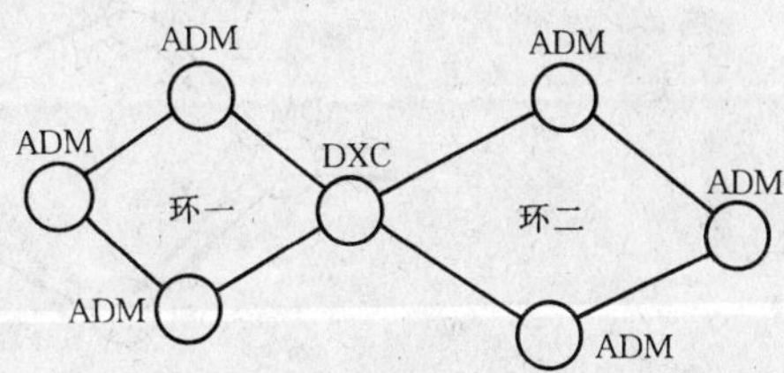

(a)环间公网 DXC 互连

(b)环间通过独立 DXC 互连

(c)环间通过 ADM 支路互连

图 4-2 单节点环形网的互连

③ 环间通过 ADM 支路互连。所谓环间通过 ADM 支路互连是指通过两个环上 ADM 的支路来实现的互连方式，如图 4-2（c）所示。可见此方式与环间通过独立 DXC 实现互连的方式的区别在于两环间未使用 DXC 设备，这样使得其结构简单，使用设备数量较少，互连成本较低。也是一种可供选择的方案。

以上 3 种方案均是以单节点方式实现环间互连，它们具有共同的特点，即结构简单、工作层次清晰、一次性投资成本较低，因而被广泛应用于现有的 SDH 网络中。但由于环与环之间的联系依赖于两个节点间的连接，而且这两节点间又无其他迂回路由，因而互连设备（DXC，ADM）一旦出现故障，则直接影响整个网络的生存能力。随着技术条件的不断成熟，网络最终将采用多点互连方式。

（2）多节点互连

所谓多节点互连方式是指通过一个以上的节点来完成两个环网之间的互连，如图 4-3 所示。图中给出两种最简单的双节点互连方式，这样两个环间的业务互连就存在一个以上的路径，因而即使某一互连路径上的设备出现故障，也可以利用迂回路由完成互通，从而保证了业务的安全性，但与单节点互连方式相比一次性投资成本较高。

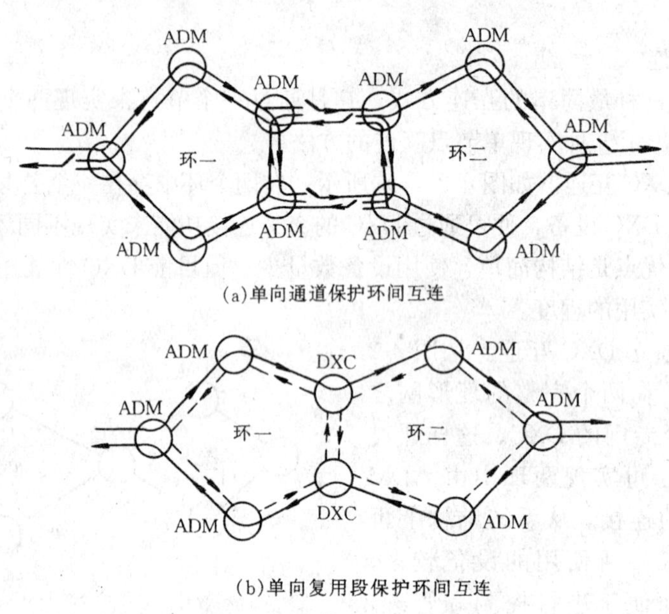

图 4-3　双节点自愈环间的互连

4.2　SDH 线路性能分析

在光纤通信系统中，光纤线路的传输性能主要体现在其衰减特性和色散特性上，而这恰恰是在光纤通信系统的中继距离设计中所需考虑的两个因素。后者直接与传输速率有关，在高速率传输情况下甚至成为决定因素，因此，在高比特率系统的设计过程中，必须对这两个因素的影响都给予考虑。

4.2.1　衰减与色散对中继距离的影响

1. 衰减对中继距离的影响

一个中继段上的传输衰减包括两部分，其一是光纤本身的固有衰减，其二是光纤的连接损耗和微弯带来的附加损耗。下面就从光纤损耗特性开始进行介绍。

光纤的传输损耗是光纤通信系统中一个非常重要的问题，低损耗是实现远距离光纤通信的前提。形成光纤损耗的原因很复杂，归结起来主要包括两大类：吸收损耗和散射损耗。

吸收损耗是光波通过光纤材料时，有一部分光能变成热能，从而造成光功率的损失。其损失的原因有多种，如本征吸收、杂质吸收，但它们都与光纤材料有关。散射损耗则是由光纤的材料、形状、折射指数分布等的缺陷或不均匀而引起光纤中的传导光发生散射，从而引入的损耗，其大小也与光波波长有关。除此之外，引起光纤损耗的还有光纤弯曲产生的损耗以及纤芯和包层中的损耗等。综合考虑，发现有许多材料，如纯硅石等在 1.3μm 附近损耗最小，色散也接近零；还发现在 1.55μm 左右，损耗可降低到 0.2dB/km；如果合理设计光纤，还可以使色散在 1.55μm 处达到最小，这对长距离、大容量通信提供了比较好的条件①。

2. 色散对中继距离的影响

单模光纤的研制和应用之所以越来越深入，越来越广泛，这是由于单模光纤不存在模间色散，因而其总色散很小，即带宽很宽，能够传输的信息容量极大，加之石英光纤在 1.31μm 和1.55μm波长窗口附近损耗很小，使其成为长途大容量信息传输的理想介质。因此，如何选择单模光纤的设计参数，特别是色散参数，一直是一个具有实际意义的研究课题。

(1) 光纤的色散特性

信号在光纤中是由不同频率成分和不同模式成分携带的，这些不同的频率成分和模式成分有不同的传播速度，这样在接收端接收时，就会出现前后错开，就是色散现象，使波形在时间上发生了展宽。

光纤色散包括材料色散、波导色散和模式色散。前两种色散是由于信号不是单一频率而引起的，后一种色散是由于信号不是单一模式而引起的。

色散的程度用时延差表示：不同速率的信号，传输同样的距离，所需的时间不同，即各信号的时延不同，这种时延上的差别就称为时延差。时延差越大，色散就越严重，信号传输距离越短。时延差的单位是 ps/(km · nm) ②。

(2) 色散受限系统

光纤自身存在色散，即材料色散、波导色散和模式色散。对于单模光纤，因为仅存在一个传输模，故单模光纤只包括材料色散和波导色散。除此之外，还存在着与光纤色散有关的种种因素，会使系统性能参数出现恶化，如误码率、衰减常数变坏，其中比较重要的有 3 类，即码间干扰、模分配噪声和啁啾声。在此，重点讨论由这 3 种因素造成的对系统中继距离的限制。

① 码间干扰对中继距离的影响。由于激光器所发出的光波是由许多根线谱构成的，而每根线谱所产生的相同波形在光纤中传输时，其传输速率不同，使得所经历的色散不同，而前后错开，使合成的波形不同于单根线谱的波形，导致所传输的光脉冲的宽度展宽，出现“拖尾”，因而造成相邻两光脉冲之间的相互干扰，这种现象就是码间干扰。

分析显示，传输距离与码速、光纤的色散系数以及光源的谱宽成反比，即系统的传输速率越高，光纤的色散系数越大，光源谱宽越宽，为了保证一定传输质量，系统信号所能传输的中继距离也就越短。

② 模分配噪声对中继距离的影响。如果数字系统的码速率尚不是超高速，并且在单模光纤的色散可忽略的情况下，不会发生模分配噪声。但随着技术的不断发展，更进一步地充分发挥单模光纤大容量的特点，提高传输码速率越来越提到议事日程，随之人们要面对的问

---

① 光纤通信是工作在近红外区，即波长范围为 0.8～1.8μm。

② 即为 1nm 的光源，通过 1km 长的光纤时所引起的时延差。其中 $1ps=10^{-12}s$；$1nm=10^{-9}m$；$1km=10^{3}m$。

题便是模分配噪声了。

由于在高速调制下激光器的谱线和单模光纤的色散相互作用，产生了一种叫模分配噪声的现象，它限制了通信距离和容量。但为什么激光器的谱线和单模光纤的色散相互结合会产生模分配噪声呢？要回答这一问题，首先要从激光器的谱线特性谈起。

a. 激光器的谱线特性：当普通激光器工作在直流或低码速情况下，它具有良好的单纵模（单频）谱线，如图 4-4（a）所示。这样当此单纵模耦合到单模光纤中之后，便会激发出传输模，从而完成信号的传输。然而在高码速（如 565Mbit/s）调制情况下，其谱线呈现多纵模（多频）谱线，如图 4-4（b）所示。从图 4-5 中可以看出，各谱线功率的总和是一定的，但每根谱线的功率是随机的，即各谱线的能量随机分配。可想而知，由这样多个能量随机分配的谱线，在光纤中各自激励其传输模之后会形成何等局面。

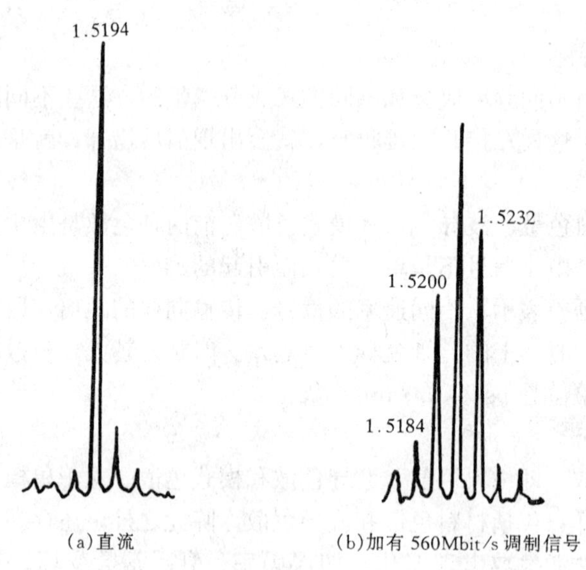

图 4-4　普通激光器的静态和动态谱线

b. 模分配噪声的产生及影响：因为单模光纤具有色散，所以激光器的各谱线（各频率分量）经过长光纤传输之后，产生不同的时延，在接收端造成了脉冲展宽。又因为各谱线的功率呈随机分布，因此当它们经过上述光纤传输后，在接收端取样点得到的取样信号就会有强度起伏，引入了附加噪声，这种噪声就称为模分配噪声。由此还看出，模分配噪声是在发送端的光源和光纤中形成的噪声，而不是接收端产生的噪声，故在接收端是无法消除或减弱的。这样当随机变化的模分配噪声叠加在传输信号上时，会使之发生畸变，严重时，使判决出现困难，造成误码，从而限制了传输距离。

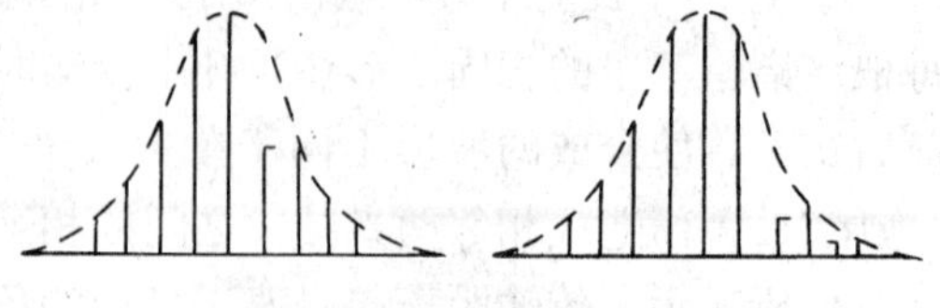

图 4-5　高速调制时多纵模的随机起伏

③ 啁啾声对中继距离的影响。模分配噪声的产生是由于激光器的多纵模性造成的，因而人们提出使用新型的单纵模激光器，以克服模分配噪声的影响，但随之又出现了新的问题。

对于处于直接强度调制状态下的单纵模激光器，其载流子密度的变化是随注入电流的变化而变化。这样使有源区的折射率指数发生变化，从而导致激光器谐振腔的光通路长度相应变化，结果致使振荡波长随时间偏移，这就是所谓的频率啁啾现象。因为这种时间偏移是随机的，因而当受上述影响的光脉冲经过光纤后，在光纤色散的作用下，可以使光脉冲波形发生展宽，因此接收取样点所接收的信号中就会存在随机成分，这就是一种噪声——啁啾声。严重时会造成判决困难，给单模数字光通信系统带来损伤，从而限制传输距离。

由上述分析可知，由于啁啾声的产生源于单纵模激光器在高速调制下其载流子导致折射率的变化，这样即使采用量子阱结构设计，也只能尽量减小这种折射率的变化，即减小啁啾声的影响，因而在高速率的光纤通信系统中，都采用量子阱结构的 DFB 激光器，若要彻底消除啁啾声的影响，则只能使系统工作于外调制状态，这样激光器便工作于直流情况。

3. 最大中继距离的计算

中继距离是光纤通信系统设计的一项主要任务，在中继距离的设计中应考虑衰减和色散这两个限制因素，特别是后者，它与传输速率有关，高速传输情况下甚至成为决定因素。下面分别进行讨论。

(1) 衰减受限系统

在衰减受限系统中，中继距离越长，则光纤系统的成本越低，获得的技术经济效益越高。当前，广泛采用的系统设计方法是 ITU-T G. 956 所建议的极限值设计法。这里将在进一步考虑到光纤和接头损耗的基础上，对中继距离的设计方法——极限值设计法加以描述。

在工程设计中，一般光纤系统的中继距离可以表示为

$$L_a = \frac{P_T - P_R - A_{CT} - A_{CR} - P_P - M_E}{A_f + A_S/L_f + M_C} \tag{4-1}$$

$$A_f = \sum_{i=1}^{n} \alpha_{fi}/n \tag{4-2}$$

式中，

$$A_S = \sum_{i=1}^{n} \alpha_{si}/(n-1) \tag{4-3}$$

上述公式中：P_T 为发送光功率（dBm）；P_R 为接收灵敏度[①]（dBm）；A_{CT} 和 A_{CR} 分别为线路系统发送端和接收端活动连接器的接续损耗（dB）；M_E 为设备富余度（dB）；M_C 为光缆富余度（dB/km）；L_f 为单盘光缆长度（km）；n 为中继段内所用光缆的盘数，α_{fi} 为单盘光缆的衰减系数（dB/km）；A_f 为中继段的平均光缆衰减系数（dB/km）；α_{si} 为光纤各个接头的损耗（dB）；A_S 为中继段平均接头损耗（dB）；P_P 为光通道功率代价（dB），包括反射功率代价 P_r 和色散功率代价 P_d，其中色散功率代价 P_d 是由码间干扰、模分配噪声和啁啾声所引起的色散代价（dB）（功率损耗），通常应小于 1dB。

从以上分析和计算可以看出，这种设计方法仅考虑现场光功率概算参数值的最坏值，而忽略其实际分布，因而使设计出的中继距离过于保守，即其距离过短，不能充分发挥光纤系统的优越性。事实上，光纤系统的各项参数值的离散性很大，若能充分利用其统计分布特性，则有可能更有效地设计出光纤系统的中继距离。这就是近几年来出现的一种提高光纤系

① 接收灵敏度是指系统满足一定误码率指标的条件下接收机所允许的最小光功率。详细内容可见本章后续的介绍。

统效益、加长中继距离的新设计方法——统计法。但是，目前统计法还处于研究、探讨阶段，在此就不再介绍。

（2）色散受限系统

在光纤通信系统中，如果使用不同类型的光源，则光纤色散对系统的影响各不相同。

① 多纵模激光器（MLM）和发光二极管（LED）。就目前的速率系统而言，通常光缆线路的中继距离为

$$L_D=\frac{\varepsilon\times10^6}{B\times\Delta\lambda\times D} \tag{4-4}$$

式中，L_D——传输距离（km）；

B——线路码速率（Mbit/s）；

D——色散系数（ps/km·nm）；

$\Delta\lambda$——光源谱线宽度（nm）；

ε——与色散代价有关的系数。

其中 ε 由系统中所选用的光源类型来决定，若采用多纵模激光器，因而具有码间干扰和模分配噪声两种色散机理，故取 $\varepsilon=0.115$；若采用发光二极管，由于主要存在码间干扰，因而应取 $\varepsilon=0.306$。

② 单纵模激光器。单纵模激光器（SLM）的色散代价主要是由啁啾声决定的，其中继距离计算公式为

$$L_C=\frac{71400}{\alpha\cdot D\cdot\lambda^2\cdot B^2} \tag{4-5}$$

式中，α 为频率啁啾系数（在后面详细介绍）。当采用普通DFB激光器作为系统光源时，α 取值范围为4～6；当采用新型的量子阱激光器时，α 值可降低为2～4；而对于采用电吸收外调制器的激光器模块的系统来说，α 值还可进一步降低为0～1。同样 B 仍为线路码速率，但量纲为Tbit/s。

对于某一传输速率的系统而言，在考虑上述两个因素的同时，可根据不同性质的光源，利用式（4-1）、式（4-4）或式（4-5）分别计算出两个中继距离 L_α、L_D（或 L_C），然后取其较短的作为该传输速率情况下系统的实际可达中继距离。

例4-1 若一个622.080 Mbit/s单模光缆通信系统，其系统总体要求如下：

系统中采用InGaAs隐埋异质结构多纵模激光器，其阈值电流小于50mA，标称波长 λ_1 为1310nm，波长变化范围为：$\lambda_{tmin}=1295$nm；$\lambda_{tmax}=1325$nm。光脉冲谱线宽度 $\Delta\lambda_{max}\leqslant2$nm，发送光功率 P_T 为2dBm。如用高性能的PIN-FET组件，可在 $BER=1\times10^{-10}$ 条件下得到接收灵敏度 P_R 为−30dBm，动态范围 $D\geqslant20$dB。

那么考虑采用直埋方式情况下，光缆工作环境温度范围为0℃～26℃时，计算最大中继距离。

解： 1. 衰减的影响

若考虑光通道功率代价 $P_P=1$dB，光连接器衰减 $A_C=1$dB（发送和接收端各一个），光纤接头损耗 $A_S=0.1$dB/km，光纤固有损耗 $\alpha=0.28$dB/km，取 $M_E=3.2$dB，$M_C=0.1$dB/km，则由式（4-1）得

$$L_\alpha=\frac{P_T-P_R-2A_C-P_P-M_E}{A_f+A_S+M_C}=\frac{2+30-2-1-3.2}{0.28+0.1+0.1}=53.75\text{km}$$

2. 色散的影响

利用式（4-4），并取光纤色散系数 $D \leqslant 2\text{ps/(km}\cdot\text{nm)}$

$$L_D=\frac{\varepsilon\times10^6}{B\times\Delta\lambda\times D}=\frac{0.115\times10^6}{622.080\times2\times2}=46\text{km}$$

由上述计算可以看出，中继段距离只能小于46km，对于大于46km的线段，可采用加接转站的方法解决。

4.2.2 10Gbit/s及10Gbit/s以上的SDH光线路

目前，实用的高速光纤通信系统的传输速率最高可达40Gbit/s（STM-256）。但当激光器工作于10Gbit/s或10Gbit/s以上的直接调制状态时，由于载流子浓度变化，从而导致折射率发生变化，使得输出光脉冲的频率随之发生变化，这就是光源的频率啁啾。当具有频率啁啾的光脉冲经过光纤传输时，在光纤色散的作用下，会出现脉冲展宽，这样在接收信号中便存在啁啾声，严重时会导致系统性能的下降。因而建议采用外调制方式。即使如此系统仍会受到光纤色度色散、系统功率预算限制、光纤非线性限制、光纤极化模色散（PDM）的影响，从而限制系统的传输距离，下面分别进行讨论。

1. 光源频率啁啾影响

前面我们介绍了啁啾声产生的原因，从中可以清楚地看出，当激光器工作于直接调制状态时，由于载流子浓度变化，从而导致折射率发生变化，使得输出光脉冲的频率随之发生变化，这就是光源的频率啁啾。当具有频率啁啾的光脉冲经过光纤传输时，在光纤色散的作用下，会出现脉冲展宽，这样在接收信号中便存在啁啾声，严重时会导致系统性能的下降。因而建议使用边模抑制比较大的单纵模激光器，或者采用外调制方式，即使如此，仍然不能完全避免频率啁啾的影响。

2. 光纤的色散特性影响

由于单模光纤系统中所使用的光纤为单模光纤，即信号是由一种传输模式（主模）携带。因而当多种频率的信号通过单模光纤传输时，会出现脉冲展宽，从而形成码间干扰，严重时将造成接收机灵敏度的下降。

通常在采用单纵模激光器的光通信系统中，影响接收机灵敏度的因素有两个，其一是传输信号的速率，其二是频率啁啾。当系统传输速率不高时，线路信号带宽远小于光纤带宽，因而传输信号速率影响不大，中继距离主要决定于衰减的影响，而当信号传输速率很高时，线路信号的带宽将起决定因素。对于一个实际的10Gbit/s色散受限系统来说，中继距离大约60km，但若考虑到频率啁啾的影响，那么中继距离还会减小。

3. 极化模色散的影响

理论上单模光纤中只传输一个基模，但实际上，在单模光纤中有两个模式，即横向电场极化方向分别为 y 方向和 x 方向的两个模式，它们的极化方向相互垂直，这两种模式分别为 LP_{01}^x 和 LP_{01}^y。

在理想的轴对称的光纤中，这两个模式有相同的传播速度，它们是相互兼并的，但在实际光纤中，由于光纤形状、折射率、应力等分布的不均匀，将使两种模式的纵向速度不同，从而导致相移不同，在时间上表现为不同极化态之间的群时延不同，使脉冲波形出现展宽现象。严重时会产生码间干扰，使系统性能下降。这种现象就是极化模色散（PDM），特别是随着信号传输速率的进一步提高。例如，在 20Gbit/s 或 40Gbit/s 系统中，将更加显现 PDM 的影响力度，因而在实际系统设计时，必须加以考虑。

4. 系统功率预算限制

所谓系统功率预算是指光通信系统中，光源输出功率与接收机灵敏度之差。为了避免光纤工作于非线性状态，通常激光器的光源输出光功率不得超过 3dBm。另外，信号经信道传输时或多或少都会受到信道噪声的影响，因而为保证系统性能，必须增加接收光功率的大小以维持一定的信噪比，这样便导致接收灵敏度下降。通常每当系统传输速率提高 4 倍，噪声也至少增加了 4 倍，理论上讲接收灵敏度降低了 10lg4＝6dB，可见总的功率预算也随之降低 6dB。

在目前实用的 2.5Gbit/s 系统中，多采用 APD 雪崩二极管作为接收机光电检测器，该器件在将光信号转换为电信号的同时具有放大作用。其典型值为 28dBm，因而通常要求功率预算 24dB，这样可使系统的中继距离达到 80km。而在使用 PIN 作为光电检测器的 10Gbit/s 系统中，通常接收机灵敏度在－15dBm 左右，最大传输距离约 30km。为了解决传输距离较短的问题，人们在系统中采用了掺饵光纤放大器。

4.2.3 使用光放大器的 SDH 高速线路

在高速光纤通信系统中，由于光纤衰减的影响，使得沿光纤传输的光信号逐渐减小，从而对中继距离构成限制，然而随着掺饵光纤放大器（EDFA）的出现和商用化，从根本上解决了衰减受限系统问题，使高速长距离传输得以实现。

1. 掺饵光纤放大器的基本特性

掺饵光纤放大器是一种特殊光纤。将稀土元素饵注入光纤中，这样在泵浦光源的作用下可直接对某一波长的光信号进行放大。由于掺饵光纤放大器具有一系列优点，因此得到迅速的发展，并被广泛采用。

使用掺饵光纤放大器的光通信系统的主要优点如下。

① 工作波长处于 1.53～1.56μm 范围，与光纤最小损耗窗口一致。

② 对掺饵光纤进行激励的泵浦功率低，仅需几十毫瓦，而拉曼放大器需 0.5W～1W 的泵浦源进行激励。

③ 增益高、噪声低、输出功率大，它的增益可达 40dB，噪声系数可低至 3～4dB，输出功率可达 14～20dBm。

④ 连接损耗低。因为它是光纤型放大器，因此与光纤连接比较容易，连接损耗可低至0.1dB。

⑤ 可扩展中继距离。与普通光纤通信系统相比，使用了 EDFA 的光通信系统的中继距离约为 600km。

⑥ 具有透明性。由于 EDFA 具有放大作用，因而当光信号通过 EDFA 时得以放大，并

且此过程与信号传输速率、信号格式和编码无关，即全透明的。

⑦ 可作中继器使用，节约成本。普通的再生中继器都经过光—电—光转换阶段。才能完成信号的整形放大作用，而一个掺饵光纤放大器就能够完成光放大作用，因而不必要场合无需进行光—电—光转换。另一方面由于掺饵光纤放大器的设备成本低，又可以作为中继器使用，从而省去了大量的中继器，使系统成本降低。

⑧ 可扩大用户数。在接入网环境中引入了掺饵光纤放大器，可有效地增加功率预算值，从而可通过提高分路器的分路比来增加用户数。

2. 掺饵光纤放大器在级联中可能出现的问题及解决方法

掺饵光纤放大器的引入一方面使系统的中继距离加大，节省设备成本，另一方面也产生了一些新的问题，如非线性、噪声积累、增益均衡等，这些都会对高速 SDH 线路系统构成影响。

(1) 噪声积累影响

当信号通过掺饵光纤放大器时，均会产生自发辐射噪声（ASE），此时 ASE 与放大信号一同沿光纤传输，会被后面的放大器同时放大，放大的自发辐射噪声在到达接收机之前呈现积累关系，严重时会影响系统性能。解决这一问题的方法是在线路的适当处加入光—电—光中继器，将此噪声去除。

(2) 光纤的非线性限制

当入纤光功率较大时，光与光纤物质相互作用而产生非线性高阶极化，会导致受激拉曼散射（SRS）、受激布里渊散射（SBS）、四波混频（FWM）、自相位调制（SPM）和交叉相位调制（XPM），这些就是所谓的光纤非线性效应。其中 SBS 的影响与光源线谱宽度成反比。当无调制光源的线谱宽度为 10MHz 时，SBS 的门限值仅几毫瓦。当采用 EA 外调制器时，光信号谱宽较宽，因而 SBS 门限很高，而 SRS，XPM 及 FWM 主要影响 WDM 系统，对于 DWDM 系统，SRS 则成为一个主要的限制因素，这里我们主要讨论对 10Gbit/s 信号传输系统的影响，因而仅讨论 SPM 的影响。

通常，在光场较弱的情况下，可以认为光纤的各种特征参数随光场的强弱作线性变化，这时，对光场来说，光纤是一种线性介质，但是若光场很强，则光纤的折射率不再是常数，而是与光波电场 E 有关的非线性量。当外加光波电场变化时，光纤的折射率就将随 E 作非线性变化。自相位调制（SPM）是指光波在光纤中传输时由于光波强度变化而产生的变化。SPM 的影响程度与输入信号的光强成正比，与光纤衰减系数及有效纤芯面积成反比。一般对于一个 10Gbit/s 光通信系统，当输出光功率超过 10dBm 后，必须考虑 SPM 的影响。由于信号沿光纤传输中会受到光纤固有损耗的影响，使信号功率逐渐下降。当信号传输 15～40km 时，光功率已经衰减较大，不足以产生非线性效应，因而 SPM 的影响主要发生在靠近发射机一侧。

特别是在采用 EDFA 的高速 WDM 光通信系统中，由于光放大器中存在被放大的自发辐射噪声（ASE），因而当光纤处于非线性工作状态时会造成信道串音，同时 ASE 也会迅速增加，从而影响系统性能。

为了减少非线性对系统性能的影响，通常在系统中建议使用低色散光纤。这样可以使色散值保持非零特性，并且具有很小数值（如 2ps/nm·km）得以抑制四波混频和自相位调制等非线性影响。

4.3 SDH 网络性能指标

为了保证通信网中 SDH 系统的通信质量，在 ITU-T 及我国制定的 SDH 同步网络技术标准中作出了一系列的规定。本节将就 SDH 网络与设备的主要性能指标进行介绍。

4.3.1 SDH 网络性能指标

我们通常把两个用户间的信息传递与交流定义为通信业务，它可由电信网络提供。为了保证这两个用户间的通信质量，网络必须要能够保证这两个用户间所建立起的端到端连接的传输质量。众所周知，电信网络的结构是相当复杂的，因而对每两个用户所可能建立起的连接进行逐一的分析是不现实的，但我们可以针对其中通信距离最长、结构最为复杂、传输质量最差的连接进行分析研究。这就是假设数字段（HRDS）和假设参考数字通道（HRDP）。这样如此连接的通道质量都能满足要求，那么其他连接情况也应该都能满足要求。

ITU-T 提出了"系统参考模型"的概念，并规定了系统参考模型的性质参数及指标，光纤通信系统的质量指标都应遵循此规定。

1. 假设参考数字连接

一个数字通道是指与交换机或终端设备相连接的两个数字配线架 DDF 或等效设备间的全部传输手段，通常涵盖了一个或几个数字段，它包括所有的复接和分接设备，这样数字信号在通过数字通道过程中，其取值和顺序均不会发生变化，因而呈现透明性。

ITU-T 规定在全球范围内任意两个用户间的最长假设数字通道的长度为 27500km，其中包括国内部分，最长假设参考数字通道的长度为 6900km，这部分又可分为长途网、中继网和用户网（接入网）3 部分，如图 4-6 所示。可见 ITU-T 建议的一个标准的最长 HRX 包含 14 个假设参考数字链路和 13 个交换节点。

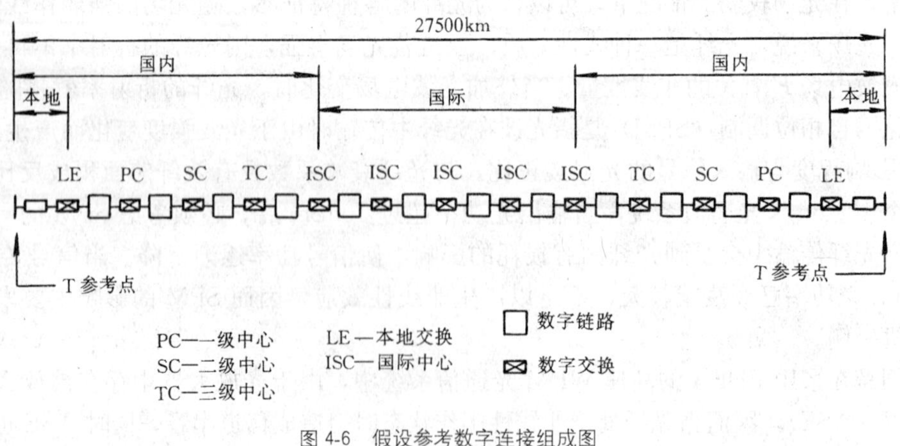

图 4-6 假设参考数字连接组成图

2. 假设参考数字链路（通道）

为了简化数字传输系统的研究，把 HRX 中的两个相邻交换点的数字配线架间所有的传输系统、复接、分接设备等各种传输单元（不包括交换），用假设参考数字链路（HRDL）表示。ITU-T建议 HRDL 的合适长度是 2500km，根据我国地域广阔的特点，我国长途一级干线的数字链路长为 5000km。

3. 假设参考数字段

为了具体提供数字传输系统的性能指标，把 HRDL 中相邻的数字配线架的传输系统（不包括备用设备）用假设参考数字段表示。根据我国的特点，长途一级干线 HRDS 为 420km，长途二级干线的 HRDS 为 280km。在光纤系统中 HRDS 的两端就是光端机，中间是光缆传输线路及若干光中继器，当然，一个光纤通信系统可以由若干 HRDS 组成。

总之，HRX 的总的性能指标可以按比例分配到其中的 HRDL 中去，HRDL 上的性能指标又可以再分配到 HRDS 中去。光纤通信系统的性能指标都是在这 3 种参考模型的基础上指定的。它的重要指标有误码性能和抖动性能。

4.3.2　SDH 网络的误码性能

在 PDH 传输网中的误码特性是用平均误码率（BER）、严重误码秒、误码秒来描述的，而在 SDH 网络中的误码特性又是如何进行评定呢？下面我们就来对 SDH 光通信系统的评定方法进行讨论。

1. 误码评定参数

在 SDH 网络中，由于数据传输是以块的形式进行的，其长度不等，可以是几十比特，也可能是数千比特，然而无论其长短，只要出现误码，即使仅出现 1 比特的错误，该数据块也必须进行重发，因而在高比特率通道的误码性能参数是用误块来进行说明的，这在ITU-T制定的相关规范中得以充分体现，如表 4-1 所示。从表中可以清楚地看出是以误块秒比（ESR）、严重误块秒比（SESR）及背景误块比（BBER）为参数来表示的。首先我们介绍误块的概念。

表 4-1　　高比特率全程 27500km 通道的端对端误码性能规范要求

速率等级 (Mbit/s)	2.048 基群	8.448 二次群	34.368 三次群	155.520 STM-1	622.080 STM-4	2448.320 STM-16	9 953.280 STM-64	39 813.120 STM-256
ESR	0.04	0.05	0.075	0.16	注			
SESR	0.002							
BBER	2×10^{-4}	2×10^{-4}	2×10^{-4}	2×10^{-4}	2×10^{-4}	10^{-4}	10^{-5}	2.5×10^{-6}

注：考虑到 ESR 指标对高比特率系统已失去重要性，因此对于 160Mbit/s 以上速率通道不作规范。

(1) 误块

由于 SDH 帧结构是采用块状结构，因而当同一块内的任意比特发生差错时，则认为该块出现差错，通常称该块为差错块或误块（EB）。这样按照块的定义，就可以对单个监视块的 SDH 通道开销中的 Bip-x 进行效验，其过程如下：

首先以 x 比特为一组将监视块中的比特构成监视码组，然后进行奇偶校验。如果所获得的奇偶校验码组中的任意一位不符合校验要求，则认为整个块为差错块。至此可根据ITU-T规定的3个高比特通道误码性能参数进行度量。

（2）误码性能参数

① 误块秒比。当某1s具有1个或多个误块时，则称该秒为误块秒，那么在规定观察时间间隔内出现的误块秒数与总的可用时间（在测试时间内扣除其间的不可用时的时间）之比，称为误块秒比（ESR），可用下式进行计算

$$\mathrm{ESR}=\frac{\text{误码秒（s）}}{\text{测试时间（s）}-\text{测试时间内的不可用时（s）}}$$

② 严重误块秒比。某1s内有不少于30%的误块，则认为该秒为严重误块秒，那么在规定观察时间间隔内出现的严重误块秒数占总的可用时间之比称为严重误块秒比（SESR），如下式

$$\mathrm{SESR}=\frac{\text{严重误块秒（s）}}{\text{测试时间（s）}-\text{测试时间内的不可用时（s）}}$$

SESR指标可以反映系统的抗干扰能力，通常与环境条件和系统自身的抗干扰能力有关，而与速率关系不大，故此不同速率的SESR指标相同。

③ 背景误块比。如果连续10s误码率劣于10^{-3}则认为是故障，那么这段时间为不可用时间，应从总统计时间中扣除，因此扣除不可用时间和严重误块秒期间出现的误块后所剩下的误块称为背景误块。背景误块数与扣除不可用时间和严重误块秒期间的所有误块数后的总块数之比称为背景误块比（BBER），可用下式表示

$$\mathrm{BBER}=\frac{\text{总误块数}-\text{不可用时期间误块数}-\text{严重误块秒期间误块数}}{\text{测试期间总块数}-\text{不可用时期间总块数}-\text{严重误码秒期间总块数}}$$

由于计算BBER时，已扣除了大突发性误码的情况，因此该参数大体反映了系统的背景误码水平。由上面的分析可知，3个指标中，SESR指标最严格，BBER最松，因而只要通道满足ESR及指标的要求，必然BBER指标也得到满足。

2. 误码性能规范

（1）全程误码指标

由假设参考通道模型可知，最长的假设参考数字通道为27500km，其全程端到端的误码特性应满足表4-1所列要求。从上述参数定义可以看出，测量参数的准确性与测试时间有关，可见只有进行较长时间的观察才能准确地作出评估，因而ITU-T建议的测量时间为一个月。

值得说明的一点是系统的ESR，SESR和BBER 3个参数都满足要求时，才能认为该通道符合全程误码性能指标，如果有任何一项指标不满足，则认为该通道不符合全程误码性能指标的要求。

（2）指标分配

为了将图4-7中的27500km端到端光纤通信系统的指标，分配到更小的组成部分，G. 826采用了一种新的分配法，即在按区段分段的基础上结合按距离分配的方法。这种方法技术合理，同时兼顾各国的利益。在图4-7中可以看出，它是将全程分为国际部分和国内部分。国际部分与国内部分边界为国际接口局（IG），通常配备有交叉连接设备、高阶复用器或交换机（N-ISDN或B-ISDN）。具体分配如下。

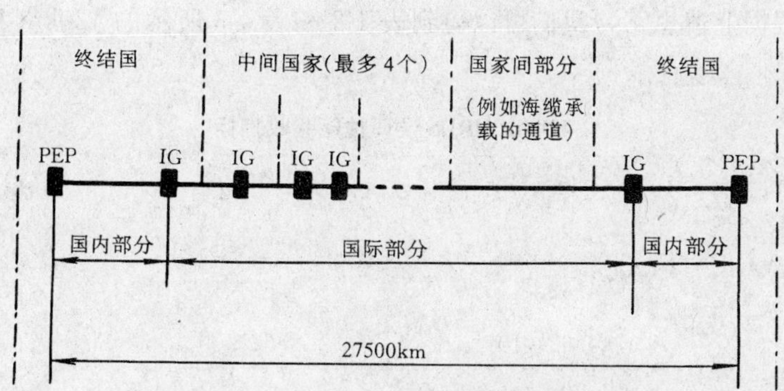

图 4-7 高比特率通道全程指标分配

① 国际部分。国际部分是指两个终端国家的 IG 之间的部分，从图 4-7 可以看出，它包括两终结国家的 IG 到国际边界之间的部分、中间国家（最多 4 个）以及国家间部分(如海缆)。

按照国际部分分配原则，数字链路最多可经过 4 个中间国家，而两终结国家的 IG 到国家边界部分可分得 1%的端到端指标。同样按距离每 500km 可分得 1%的端到端指标。不足 500km 的按 500km 计算。这样国际部分指标为

1% + 2% × 中间国家数 + 1% + 1% × (中间国距离 /500km) + 1% × (海缆长 /500km)

② 国内部分。

a. 国内部分指标分配：国内部分从 IG 到通道终端点（PEP）之间的部分，如图 4-7 所示，通常 PEP 位于用户处。在指标分配中，首先要为两端的终结国家各分配一个 17.5%的固定区段容量，然后再按距离进行分配，即每 500km（不足 500km 按 500km 计算）配给 1%的端到端指标，这样国内部分指标为

17.5% + 1% × (国内距离 /500km)

b. 国内网络指标分配：在图 4-8 中给出了国内标准最长假设参考通道（HRP）结构，其全程 6900km，其中从国际接口局 IG 到 PEP 之间为 3450km（3450÷500=6.9，取稍大整数，即 7)。这样按上述端到端指标分配原则，我国国内部分将分得全程端到端指标的 24.5%（17.5+1%×7)。

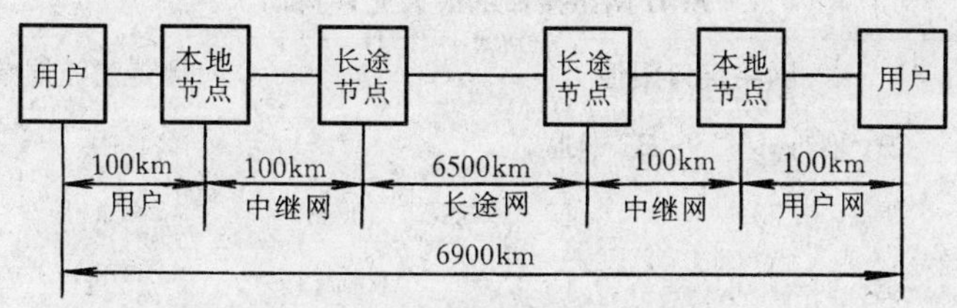

图 4-8 国内标准最长假设参考通道

国内网又分为用户接入网和核心网（长途网+中继网)。用户接入网数量大，对成本的要求较高，因而将端到端指标的 6%分给用户网，而核心网中所使用的设备基本一致，因而按距离成比例地将指标逐一进行分配到数字段，相当于每公里可以分得 5.5×10^{-5} 的端到端指标。因而，420km 的 ESR 为 3.696×10^{-3}（$0.16\times5.5\times10^{-5}\times420$)。如果考虑到实际系统的复杂性，因此实际系统设计指标和工程验收指标应为上述理论估值的 1/10，即

3.696×10^{-4}。根据上述思路，我们可以得到表 4-2 和表 4-3 所示的 420km 和 280km HRDS 误码性能验收指标。

表 4-2　**420km HRDS 误码性能验收指标**

速率（Mbit/s）	155.520	622.080	2488.320
ESR	3.696×10^{-4}	待定	待定
SESR	4.62×10^{-6}	4.62×10^{-6}	4.62×10^{-6}
BBER	4.62×10^{-7}	4.62×10^{-7}	4.62×10^{-7}

表 4-3　**280km HRDS 误码性能验收指标**

速率（Mbit/s）	155.520	622.080	2488.320
ESR	2.464×10^{-4}	待定	待定
SESR	3.08×10^{-6}	3.08×10^{-6}	3.08×10^{-6}
BBER	3.08×10^{-7}	3.08×10^{-7}	3.08×10^{-7}

4.3.3　SDH 网络抖动性能

抖动是数字光纤通信系统的重要指标之一，它对通信系统的质量有非常大的影响。为了满足数字网的抖动要求，ITU-T 根据抖动的累积规律对抖动范围作出了两类规范，其一是数字段的抖动指标，它包括数字复用设备、光端机和光纤线路；其二是数字复接设备，它们的测试指标有：输入抖动容限、无输入抖动时的输出抖动以及抖动转移特性等。

1. SDH 网络接口与数字段的最大允许输出抖动

由于种种原因，无论复接设备，还是数字段，都会给系统引入抖动，因而人们用无输入抖动情况下的输出抖动最大值来衡量系统的质量。在表 4-4 中列出了 SDH 网络接口的最大允许抖动指标，实际测试结果应不超过表中所示数值，这样才能保证不同 SDH 设备互连时的传输质量。

表 4-4　**SDH 网络接口的最大允许抖动**

速率（Mbit/s）	网络接口限值		测量滤波器参数		
	B_1（UI_{P-P}）	B_2（UI_{P-P}）	f_1	f_3	f_4
155.520	1.5 (0.75)	0.15	500Hz	65kHz	1.3kHz
622.080	1.5 (0.75)	0.15	1000Hz	250kHz	5MHz
2488.320	1.5 (0.75)	0.15	5000Hz	1MHz	20MHz

注：f_1，f_3，f_4——SDH 网络输出抖动测量配置中带通滤波器的截止频率。

2. SDH 设备抖动

（1）SDH 光缆线路系统输入口的抖动和漂移容限

ITU-T 针对网络中任意接口都提出了输入抖动容限这一个技术要求。显然在一个光通信系统的输入口，不仅要包容上游设备和数字段引入的抖动，而且还要能够容忍连接线路损耗和频率特性。图 4-9 中给出了输入口允许抖动和漂移的上限。具体参数如表 4-5 所示。

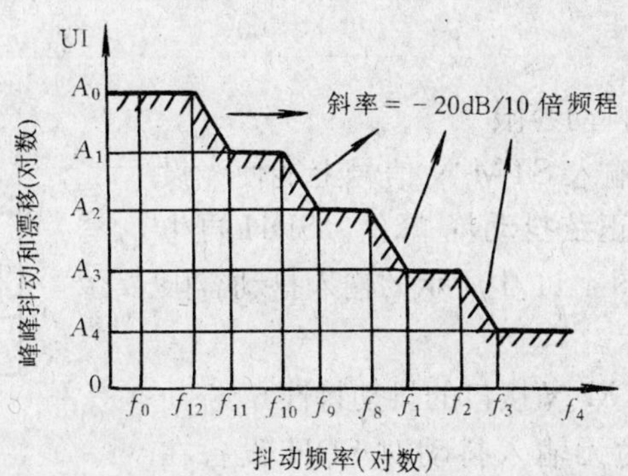

图 4-9 SDH 线路系统（或设备）输入抖动和漂移容限

表 4-5 SDH 线路系统（或设备）输入抖动和漂移容限参数值

STM 等级	UI_{P-P}				
	A_0（18μs）	A_1（2μs）	A_2（0.25μs）	A_3	A_4
STM-1	2800	311	39	1.5	0.15
STM-4	11200	1244	156	1.5	0.15
STM-16	44790	4977	622	1.5	0.15

STM 等级	频率									
	f_0	f_{12}	f_{11}	f_{10}	f_9	f_8	f_1	f_2	f_3	f_4
STM-1	1.2×10^{-5}Hz	1.78×10^{-4}Hz	1.6×10^{-3}Hz	1.56×10^{-2}Hz	0.125Hz	19.3Hz	500Hz	6.5Hz	65Hz	1.3MHz
STM-4	1.2×10^{-5}Hz	1.78×10^{-4}Hz	1.6×10^{-3}Hz	1.56×10^{-2}Hz	0.125Hz	9.65Hz	1000Hz	25Hz	250Hz	5MHz
STM-16	1.2×10^{-5}Hz	1.78×10^{-4}Hz	1.6×10^{-3}Hz	1.56×10^{-2}Hz	0.125Hz	12.1Hz	5000Hz	100kHz	1MHz	20MHz

（2）SDH 线路系统的抖动转移特性

抖动转移特性描述的是输出 STM-*N* 信号的抖动与所输入的 STM-*N* 信号的抖动的比值随频率的变化关系。该指标适用于 SDH 再生器，用来表示再生器对输入抖动的抑制能力。

SDH 再生器的抖动特性应在图 4-10 所示曲线的下方，参数值如表 4-6 所示。

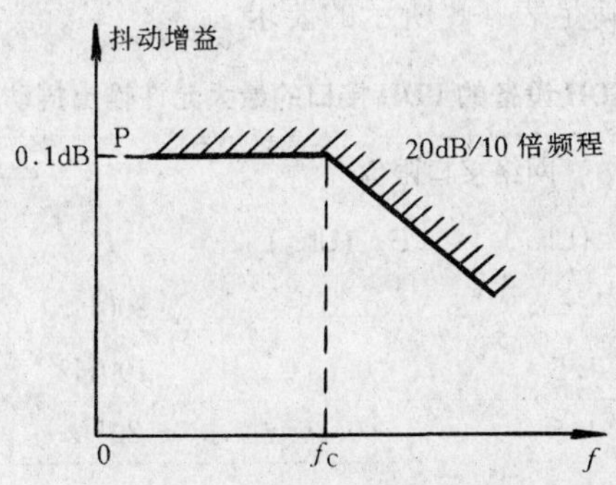

图 4-10 SDH 再生器的抖动特性

表 4-6　　SDH 再生器的抖动特性测试参数

STM 等级	STM-1		STM-4		STM-16	
再生器类型	A	B	A	B	A	B
f_c（kHz）	130	30	500	30	2000	30

（3）SDH 线路系统的抖动容限

抖动容限是指施加在输入 STM-N 信号上能使光设备产生 1dB 光功率代价的正弦抖动峰-峰值。SDH 再生器和终端设备应能够容忍图 4-11 中所示的输入抖动容限模型，参数值如表 4-7 所示。

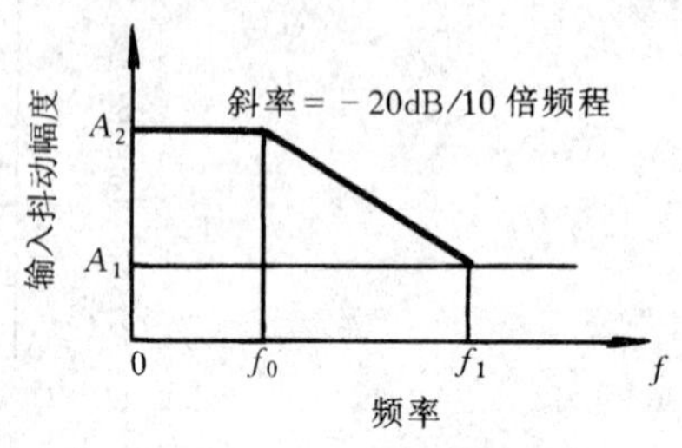

图 4-11　SDH 设备输入抖动容限模型

（4）SDH 线路系统 STM-N 接口的抖动特性

SDH 设备抖动定义为无输入抖动时 SDH 设备在 STM-N 输出口的抖动量。它直接与 SDH 线路系统相连。当测量滤波器采用 12kHz 的高通滤波器时，SDH 设备抖动产生的均方根值不得大于 0.01UI。

表 4-7　　SDH 设备抖动容限参数值

STM-N 等级	f_1（kHz）	f_0（kHz）	A_1（UI_{p-p}）	A_2（UI_{p-p}）
STM-1（A）	65	6.5	0.15	0.15
STM-1（B）	12	1.2	0.15	0.15
STM-4（A）	250	25	0.15	0.15
STM-4（B）	12	1.2	0.15	0.15
STM-16（A）	1000	100	0.15	0.15
STM-16（B）	12	1.2	0.15	0.15

（5）SDH 设备的 PDH 接口抖动特性

SDH 设备的 PDH 接口抖动特性主要包括输出抖动特性以及输入抖动和漂移容限两方面。

① SDH 设备的 PDH 接口的输出抖动特性。当 PDH 信号通过 SDH 网络传输时，会在 SDH/PDH 边界处存在指针调整，从而引入抖动，因而必须对一个 SDH 设备的 PDH 接口输出抖动加以限制，其值应满足表 4-8 所示的要求。

表 4-8　　SDH 设备的 PDH 接口的最大允许输出抖动

参数值 / 速率（kbit/s）	网络接口限值		测量滤波器参数		
	B_1（UI_{p-p}）	B_2（UI_{p-p}）	f_1	f_3	f_4
139264	1.5	0.075	200Hz	10kHz	3500kHz
34368	1.5	0.15	100Hz	10kHz	800kHz
2048	1.5	0.2	20Hz	18kHz	100kHz

② SDH 设备的 PDH 接口的输入抖动和漂移容限。SDH 设备的 PDH 接口的输入抖动

和漂移容限应符合图 4-12 所示的要求，参数值列于表 4-9 中。

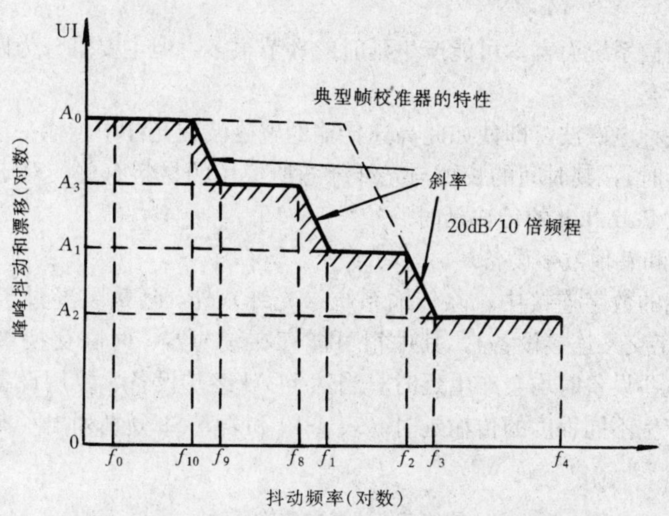

图 4-12 PDH 支路输入口抖动和漂移容限

表 4-9 **SDH 设备的 PDH 接口的输入抖动和漂移容限参数**

参考值 速率 (kbit/s)	UI_{p-p}				频率								伪随机测试信号
	A_0	A_1	A_2	A_3	f_0	f_{10}	f_9	f_8	f_1	f_2	f_3	f_4	
2048	36.9 (18μs)	1.5	0.2	18	1.2×10^{-5} Hz	4.88 $\times10^{-3}$	0.01Hz	1.667Hz	20Hz	2.4kHz	18kHz	100kHz	$2^{15}-1$
8448	152.0 (18μs)	1.5	0.2	*	1.2×10^{-5} Hz	*	*	*	20Hz	400Hz	3kHz	400kHz	$2^{15}-1$
34368	618.6 (18μs)	1.5	0.15	*	*	*	*	*	100Hz	1kHz	10kHz	800kHz	$2^{23}-1$
139264	2506.6 (18μs)	1.5	0.075	*	*	*	*	*	200Hz	500Hz	10kHz	3500kHz	$2^{23}-1$

注：* 表示具体数值待研究。
2 048kbit/s 速率下 f_8，f_9 和 f_{10} 的数值指不携带同步信号的 2 048kbit/s 接口特性。

4.3.4 SDH 网络延时特性

1. 延时的概念

信号在光纤中传输时是以光波作为载体传播的，传播速率非常快，但从一个地方传输到另一地方仍需要一定的时间，这个时间即为延时。由于光通信信道中所传输的信号多为数字信号，含有多种频率成分，因而对于数字信号而言，延时是指数字信号传输的群时延。

2. 产生延时的各环节

就端到端光通信系统而言，可能产生延时的环节很多，但主要可分为以下两种情况。

（1）光线路系统

光信号也是一种电磁波，即使如此高速传输的电磁波在光纤中传输一定距离，也必然经历一段时间（即延时），其时间的长短与光纤纤芯所使用的材料有关。对于数字光通信系统而言，通常会引入 5μm/km 的传输延时。

（2）网络节点和其他数字设备

在一个端到端的数字连接中，除传输系统（光纤）外，还需要经过若干网络节点设备（数字交换机和数字交叉连接设备），其中很可能存在缓冲器、时隙交换单元和数字处理器等，当信号经过这些设备时均会产生延时。当然 PCM 终端设备、复用设备、回波消除器和复用转换器也会产生不同程度的传输延时。表 4-10 和表 4-11 分别列出了典型设备的传输延时参数值。

表 4-10　网络节点设备的传输延时

设备类型	设备端口	平均延时	95%概率的最大延时
数字交换机	数字—数字 数字—模拟	≤450μs ≤750μs	≤750μs ≤1050μs
数字交叉连接设备	DXC1/0 DXC4/4 DXC4/1	500～700μs ≤15μs 20～125μs	

注：随设计不同以及交换矩阵配置和端口组合而异。

表 4-11　传输设备的传输延时

设备类型	设备端口	延　时
一对 PCM 终端 复用转换器 回波消除器 PDH 复用器 SDH 复用器	音频 4 线口间 模拟—数字 数字 2/8 8/34 34/134	600μs 1500μs 1000μs 8 . 28μs 2. 01μs 0. 50μs 10～60μs

注：随设计不同和支路口不同而异。

不同业务信号对延时的敏感程度不同，下面就以电话业务、数字业务和电视业务为例来做说明。

① 电话业务：当通道传输延时过大时，会使收话方等待时间过长，从而打破一般谈话的习惯，给人一种失去接触的感觉。

② 数字业务：对于单向传输的数字业务而言，延时不会对其造成实质性影响，但对于采用自动请求重发（ARQ）纠错的数字系统而言，因使用了反向通道，这样如果延时过大会使反向通道用时过长，从而造成传输效率的下降。对于信令系统更是如此，这是因为其中

使用了大量的证实信号，这样当延时过大时，则要求相应的信令系统设备保持时间也应该相对加长，同样降低了传输效率。

③ 电视业务：广播电视业务属于单向业务，理论上讲延时的影响不大，但延时的变化却会打破恒定的比特率编码电视信号流的周期性，使图像信号与伴音信号的延时不一致，出现图像与伴音相脱节的现象。

为了保证通信质量，因而在端到端的连接中，必须严格控制延时。

4.4　SDH 光接口、电接口技术标准

4.4.1　SDH 光接口、电接口的界定

PDH 准同步数字体系仅建立了电接口的技术标准，而未制定光接口的技术标准，使各厂家开发的产品在光接口上互不兼容，限制了设备的灵活性，同时也增加了网络的复杂性和运营成本。而在 SDH 网络中，不仅有统一的电接口，而且有统一的光接口，这样不同厂家生产的具有标准光接口的 SDH 网元可以在一个数字段中混合使用，从而可实现其横向兼容性。下面首先就光接口、电接口的定界进行讨论。

1. 光接口、电接口的定界

一个完整的光纤通信系统的具体组成如图 4-13 所示。我们把光端机与光纤的连接点称为光接口，而把光端机与数字发送或数字接收设备的连接点称为电接口。其中，光接口有两个：即“*S*”和“*R*”。所谓“*S*”点是指光发射机与光纤的连接点，经该点光发射机可向光纤发送光信号；而“*R*”点是指光接收机与光纤的连接点，通过该点光接收机可以接收来自光纤的光信号。电接口也有两个，即“*A*”和“*B*”。光端机可由 *A* 点接收从数字发送设备送来的 STM-*N* 电信号；可由 *B* 点将 STM-*N* 电信号送至数字接收设备。由此，光端机的技术指标也分为两大类，即光接口指标和电接口指标，在后面将对它们分别进行介绍。这里，先介绍一下光接口的分类。

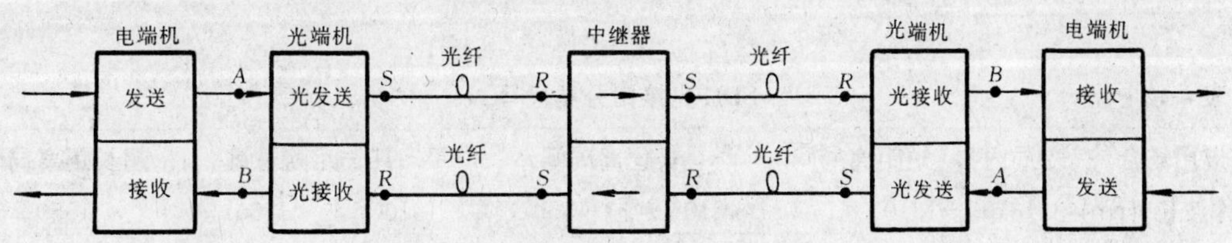

图 4-13　光纤数字通信系统方框图

2. 光接口的分类

在 SDH 网络中所应用的光接口很多，通常人们按其应用场合的不同，将其分为以下几类。：

I：局内通信。一般传输距离只有几百米，最多不超过 2km。

S：短距离局间通信。一般指局间再生段距离为 15km 左右的场合。

L：长距离局间通信。一般指局间再生段距离为 40～80km 的场合。

V：甚长距离局间通信。一般指局间再生段距离为 80～120km 的场合。

U：超长距离局间通信。一般指局间再生段距离为 160km 左右的场合。

值得说明的是采用光放大器可进一步增加局间通信距离，因而此时的短距离局间通信 s 的通信距离可达 20～40km，而长距离局间通信 L 的通信距离也加大到 40～80km。这在后面的表 4-13 中可以看出。以上只是 SDH 光接口代号的第 1 部分，它的第 2 部分有 1～2 位数字，用来表示 SDH 信号的速率等级。在第 1 部分与第 2 部分之间用一个横线将其隔开。第 2 部分数字的含义如下。

1：STM-1；

4：STM-4；

16：STM-16；

64：STM-64；

256：STM-256。

SDH 光接口代号的第 3 部分，占用一位数字，用来表示该接口适用的光纤类型和工作波长，其含义如下。

1 或空白：表示适用于 G . 652 光纤，其工作波长为 1310nm；

2：表示适用于 G. 652 、G. 654 光纤，其工作波长为 1550nm；

3：表示适用于 G. 653 光纤，其工作波长为 1550nm。

根据上述光接口代号含义，可从表 4-12 中看出几种不同应用场合的光接口代号及所使用的光纤类型、工作窗口波长和典型传输距离的关系。其中，G. 652 光纤是目前使用最为广泛的单模光纤，它在 1310 nm 处的理论色散最小，在 1550nm 处的理论衰减最小，它既可以使用在 1310nm 波长上，也可以运用于 1550nm 波长窗口。G. 653 为色散位移光纤，这是通过改变光纤的折射率分布，使理论色散最小点移到 1550nm 处，这样在 1550nm 波长处，既可以获得衰减最小，也可以用于长距离、大容量的光通信系统中。G. 654 光纤又称为 1550nm 最小衰减光纤，它的零色散点仍然出现在 1310nm 处，只是进一步降低了 1550nm 处的衰减，这样可以通过采用单纵模激光器来限制色散的影响，从而解决了超长中继距离的问题。

表 4-12　　SDH 光接口分类代号

应用场合	局内	短距离局间		长距离局间			甚长距离局间			超长距离局间	
工作波长（nm）	1310	1310	1550	1310	1550		1310	1550		1550	
光纤类型	G. 652	G. 652	G. 652	G. 652	G. 652 G. 654	G. 653	G. 652	G. 652	G. 653	G. 652	G. 653
传输距离（km）	≤2	～15	～15	～40	～80	～80	～80	～120	～120	～160	～160
STM-1	I-1	S-1. 1	S-1. 2	L-1. 1	L-1. 2	L-1. 3					
STM-4	I-4	S-4. 1	S-4. 2	L-4. 1	L-4. 2	L-4. 3	V-4. 1	V-4. 2	V-4. 3	U-4. 2	U-4. 3
STM-16	I-16	S-16. 1	S-16. 2	L-16. 1	L-16. 2	L-16. 3	V-16. 1	V-16. 2	V-16. 3	U-16. 2	U-16. 3
传输距离（km）	—	～20	～40	～40	～80	～80	～80	～120	～120		
STM-64	—	S-64. 1	S-64. 2	S-64. 3	S-64. 1	L-64. 3	V-64. 1	V-64. 2	V-64. 3		

4.4.2 SDH 光接口技术指标

从表 4-13、表 4-14 和表 4-15 中可以看出，SDH 光接口技术参数大致分为 3 部分：发射机 S 点特性、接收机 R 点特性和 SR 点间光通道特性。

1. 发射机

(1) 光谱特性

为了保证高速光脉冲信号的传输质量，因而必须对 SDH 光接口所使用的光源的光谱特性作出规定。显然所使用的光源性质不同，其所呈现的光谱特性也不同。

对于多纵模激光器（MLM）和发光二极管（LED），由于其光谱宽度较大，能量也较为分散，因而常采用均方根（RMS）宽度来度量光脉冲能量的集中程度。对于单纵模激光器（SLM），由于其光脉冲的能量多集中于主模，因而常用主模中心波长最大峰值功率的－20dB 点的最大全宽来表示其谱宽。我们通常称谱宽为最大－20dB 谱宽。另外在动态调制状态下，单纵模激光器的光谱特性也会呈现多个纵模，与多纵模激光器的区别在于此时单纵模激光器所产生的边模功率要比主模功率小得多。这样才能抑制 SLM 的模分配噪声。因而人们除了用谱宽以外，还用最小边模抑制比（SMSR）来衡量其能量在主模上的集中程度。SMSR 定义为最坏反射条件时全调制条件下主模的平均光功率与最显著的边模光功率之比的最小值。在 ITU-T G.957 建议中规定 SLM 的最小边模抑制比为 30dB，由此可见，要求主模功率至少要比边模功率大 1000 倍以上，如表 4-13、表 4-14 和表 4-15所示。

(2) 平均发送功率

平均发送功率是指在光端机发送伪随机序列时在参考点 S 所测得的平均光功率，其大小与光源类型、标称波长、传输容量和光纤类型有关。

应该指出的是，对于一个实际光通信系统而言平均发送光功率并不是越大越好。虽然从理论上讲发送功率越大，通信距离越长，但光功率过大则会使光纤工作在非线性状态，这种非线性效应会对光纤产生不良影响，所以平均光功率应取适当的数值，如表 4-13、表 4-14 和表 4-15 所示。

(3) 消光比

光源的消光比是指输入光端机的信号为全“0”码时与全“1”码时，光端机的平均发送光功率之比。SDH 光接口的消光比应满足表 4-13、表 4-14 和表 4-15 所示的要求。

(4) 码型

SDH 光接口的线路码型为加扰的 NRZ（非归零码），其扰码采用 x^7+x^6+1 为生成多项式的 7 级扰码器。

(5) 眼图模板

在高速光通信系统中，当发送光脉冲波形不理想时，便会使光接收机的灵敏度下降，从而影响系统质量，因而必须对脉冲波形加以规范。在 SDH 系统中是采用眼图模板来对光发射机的输出波形进行限制，因此要求 SDH 发射机在 S 点的输出信号应满足图 4-14 所示的要求。由于不同等级的速率信号所要求的相关参数不同，具体情况如表 4-16 所示。

表 4-13　STM-1 光接口参数规范

项目		单位	数值								
标称比特率		kbit/s	STM-1 155520								
应用分类代码			I-1	S-1.1	S-1.2		L-1.1	L-1.2	L-1.3		
工作波长范围		nm	1260～1360	1261～1360	1430～1576	1430～1580	1263～1360	1480～1580	1534～1566	1523～1577	1480～1580
发送机在S点特性	光源类型		MLM LED	MLM	MLM	SLM	MLM SLM	SLM	MLM	MLM	SLM
	最大均方根谱宽(σ)	nm	40　80	7.7	2.5	—	3　—	—	3	2.5	—
	最大－20dB 谱宽	nm	—	—	—	1	—　1	1	—	—	1
	最小边模抑制比	dB	—	—	—	30	—　30	30	—	—	30
	最大平均发送功率	dBm	－8	－8	－8	－8	0	0	0	0	0
	最小平均发送功率	dBm	－15	－15	－15	－15	－5	－5	－5	－5	－5
	最小消光比	dB	8.2	8.2	8.2	8.2	10	10	10	10	10
SR点光通道特性	衰减范围	dB	0～7	0～12	0～12	0～12	10～28	10～28	10～28	10～28	10～28
	最大色散	ps/nm	18　25	96	296	NA	246　NA	NA	246	296	NA
	光缆在 S 点的最小回波损耗（含有任何活接头）	dB	NA	NA	NA	NA	NA	20	NA	NA	NA
	SR 点间最大离散反射系数	dB	NA	NA	NA	NA	NA	－25	NA	NA	NA
接收机在R点特性	最差灵敏度	dBm	－23	－28	－28	－28	－34	－34	－34	－34	－34
	最小过载点	dBm	－8	－8	－8	－8	－10	－10	－10	－10	－10
	最大光通道代价	dB	1	1	1	1	1	1	1	1	1
	接收机在 R 点的最大反射系数	dB	NA	NA	NA	NA	NA	－25	NA	NA	NA

注：NA 表示不作要求。

表 4-14 STM-4 光接口参数规范

项目		单位	数值										
标称比特率		kbit/s	STM-4 622080										
应用分类代码			1.4		S-4.1		S-4.2	L-4.1			L-4.1(JE)	L-4.2	L-4.3
工作波长范围		nm	1260～1360		1293～1334	1274～1356	1430～1580	1300～1325	1296～1330	1280～1335	1302～1318	1480～1580	1480～1580
发送机在S点特性	光源类型		MLM	LED	MLM	MLM	SLM	MLM	MLM	SLM	MLM	SLM	SLM
	最大均方根谱宽(σ)	nm	14.5	35	4	2.5	—	2	1.7	—	<1.7	—	—
	最大－20dB谱宽	nm	—		—	—	1	—	—	1	—	<1*	1
	最小边模抑制比	dB	—		—	—	30	—	—	30	30	30	30
	最大平均发送功率	dBm	－8		－8	－8	－8	2	2	2	2	2	2
	最小平均发送功率	dBm	－15		－15	－15	－15	－3	－3	－3	－1.5	－3	－3
	最小消光比	dB	8.2		8.2	8.2	8.2	10	10	10	10	10	10
SR点光通道特性	衰减范围	dB	0～7		0～12	0～12	0～12	10～24	10～24	10～24	27	10～24	10～24
	最大色散	ps/nm	13	14	46	74	NA	92	109	NA	109	*	NA
	光缆在S点的最小回波损耗（含有任何活接头）	dB	NA		NA	NA	24	20	20	20	24	24	20
	SR点间最大离散反射系数	dB	NA		NA	NA	－27	－25	－25	－25	－25	－27	－25
接收机在R点特性	最差灵敏度	dBm	－23		－28	－28	－28	－28	－28	－28	－30	－28	－28
	最小过载点	dBm	－8		－8	－8	－8	－8	－8	－8	－8	－8	－8
	最大光通道代价	dB	1		1	1	1	1	1	1	1	1	1
	接收机在R点的最大反射系数	dB	NA		NA	－27	－27	－14	－14	－14	－14	－27	－14

注：* 表示待将来国际标准确定；
NA 表示不作要求。

表 4-15　　STM-16 光接口参数规范

项目		单位	数值							
标称比特率		kbit/s	STM-1b 2488320							
应用分类代码			I-16	S-16.1	S-16.2	L-16.1	L-16.1(JE)	L-16.2	L-16.2(JE)	L-16.3
工作波长范围		nm	1266～1360	1260～1360	1430～1580	1280～1335	1280～1335	1500～1580	1530～1560	1500～1580
发送机在 S 点特性	光源类型		MLM	SLM	SLM	SLM	SLM	SLM	SLM(MQW)	SLM
	最大均方根谱宽(σ) 最大－20dB 谱宽 最小边模抑制比	nm nm dB	4 — —	— 1 30	— <1* 30	— 1 30	— <1 30	— <1* 30	— <0.6 30	— <1* 30
	最大平均发送功率 最小平均发送功率	dBm dBm	－3 －10	0 －5	0 －5	＋3 －2	＋3 －0.5	＋3 －2	＋5 ＋2	＋3 －2
	最小消光比	dB	8.2	8.2	8.2	8.2	8.2	8.2	8.2	8.2
SR 点光通道特性	衰减范围	dB	0～7	0～12	0～12	0～24	26.5	10～24	28	10～24
	最大色散	ps/nm	12	NA	*	NA	216	1200～1600	1600	*
	光缆在 S 点的最小回波损耗（含有任何活接头）	dB	24	24	24	24	24	24	24	24
	SR 点间最大离散反射系数	dB	－27	－27	－27	－27	－27	－27	－27	－27
接收机在 R 点特性	最差灵敏度 最小过载点 最大光通道代价 接收机在 R 点的最大反射系数	dBm dBm dB dB	－18 －3 1 －27	－18 0 1 －27	－18 0 1 －27	－27 －9 1 －27	－28 －9 1 －27	－28 －9 2 －27	－28 －9 2 －27	－27 －9 1 －27

注：* 表示待将来国际标准确定；
NA 表示不作要求。

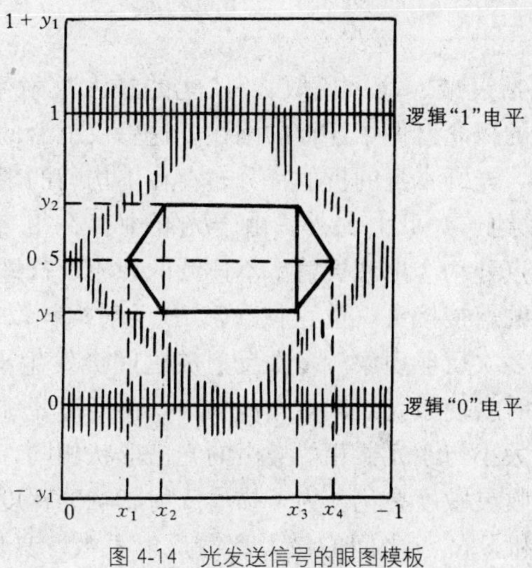

图 4-14 光发送信号的眼图模板

表 4-16 **光信号的眼图模板参数**

参数 \ 速率等级	STM-1	STM-4	STM-16
x_1/x_2	0.15/0.85	0.25/0.75	—
x_2/x_3	0.35/0.65	0.40/.060	—
y_1/y_2	0.20/0.80	0.20/0.80	0.25/0.75
x_3-x_2	—	—	0.2

注：— 不使用此参数。

2. 接收机

(1) 接收灵敏度

接收灵敏度是指在 R 点处满足给定误码率（BER＝1×10^{-10}）条件下，光端机能够接收到的最小平均光功率。接收灵敏度的功率值的电平单位是 dBm。具体指标如表 4-13、表 4-14和表 4-15 所示。

(2) 接收机过载功率

光接收机的过载功率是指在误码率 BER$\leqslant1\times10^{-10}$时，在 R 点所需要的最小平均接收光功率。SDH 光接收机的过载功率应满足表 4-13、表 4-14 和表 4-15 中的要求。

(3) 接收机反射系数

光接收机的反射系数是指在 R 点的反射光功率与入射光功率之比。各速率等级光接口在 R 点允许的最大反射系数如表 4-13、表 4-14 和表 4-15 所示。

(4) 光通道功率代价

根据 ITU-T G.957 建议，光通道功率代价应包括码间干扰、模分配噪声以及啁啾声所引起的总色散代价以及光反射功率代价。通常不得超过 1dB，而对 L-16.2 系统，则不得超过 2dB。

3. 光通道

光通道的技术参数包括衰减、最大色散、SR 间的最大反射系数和 S 点的最小回波损耗，其中衰减和最大色散的概念已做了详细的阐述，这里仅就后两种参数进行介绍。

由光纤制造工艺决定，光纤本身的折射率分布存在不均匀的现象，因而会产生散射，一般 1km 光纤所产生的反射约－40dB。另外，由于光纤中存在很多连接点，无论是活接头，还是熔接接头，在其连接点处均会出现折射率不连续的现象，这样当光波经过时，便会产生反射波，即使接续性良好的熔接接头，也存在－70dB 反射损耗，如果当通道中存在两个以上的反射点时，则会出现多次反射现象。多次反射波之间会发生干涉，当其进入发送机后，这些干涉信号间的相对延时会使激光器产生相位噪声，再经过光纤到达光接收机处又会转化成强度噪声，这种噪声的大小与激光器相位噪声的光谱形状相同，但带宽加倍，这样很容易会落在接收机带内，使接收灵敏度恶化。为了描述反射影响的程度，引入两个不同的反射指标：S 点的最小回波损耗和 S-R 点之间的最大离散反射系数。具体指标如表 4-13、表 4-14 和表 4-15 中所示。这些指标已经考虑到系统配置出现最坏的情况，即系统中存在过多的活接头和离散反射点，因此正常情况下，应有足够的余量。

4. 甚长距离和超长距离的局间通信系统

在甚长距离和超长距离的局间通信系统中，由于对其光源——单纵模激光器有更严格的要求，因而又引入了以下参数。在介绍光接口参数之前，先来介绍主通道接口（MPI）的概念。

（1）主通道接口的概念

当系统中未使用光放大器时，主通道是一个无源通道，而当系统中含有光放大器时，则主通道还应包括光放大器之间的子通道以及终端设备内部用于任何光器件之间互连的辅助通道，如图 4-15 所示。

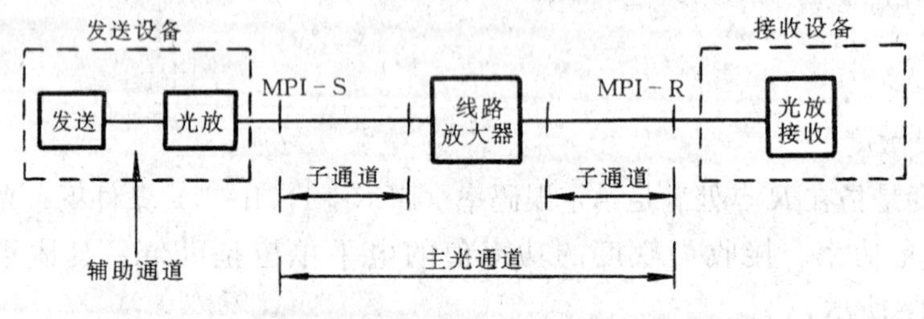

图 4-15　光链路的接口点和光通道

（2）特定光接口参数

前面已经介绍了普通光接口参数，这里补充介绍几个特定的参数。

① 发射机频率啁啾系数 α：由前面介绍的内容可知，当单纵模激光器直接工作于强度调制状态下时，其注入电流的变化会引起载流子密度的变化，从而使得有源区折射率指数发生变化，致使振荡波长随之变化，这就是频率啁啾。通常不同结构的单纵模激光器，其频率啁啾特性不同，因而用频率啁啾系数来进行描述。

② 发射机最大谱功率密度：所谓发射机最大谱功率密度是指调制信号谱中任何一个 10MHz 间隔内的最高时间平均功率。利用这一参数，可对具有窄线宽、高功率光源进行控

制，使其避免进入布里渊散射区。

③ 发射机光信噪比：当在系统的发射端使用光放大器时，由于光放大器中存在 ASE，因而给系统引入噪声，为了确保发射机侧所使用的任何光放大器不会产生过大的固有噪声，以使接收机侧所接收信号的误码率（BER）不劣于 10^{-12}，因而用 MPI-*S* 点处光带宽内所测得的光信号功率与光噪声功率之比，即发射机光信噪比（OSNR）来衡量。可见，OSNR 与误码率的关系不同于常规系统。

在此仅列出 ITU-T G. 691 所规定的 STM-16 光接口指标，如表 4-17 所示。其他速率等级的光接口指标可参见相应标准。

表 4-17　　STM-16 光接口规范

应用代码	单位	V-16. 1	V-16. 2	V-16. 3	U-16. 2	U-16. 3
发送机在参考点 MPI-*S* 的要求：						
工作波长范围	nm	1290～1330	1530～1565	1530～1565	1530～1565	1530～1565
平均发送功率						
——最大	dBm	13	13	13	15	15
——最小	dBm	10	10	10	12	12
谱特性						
——最大－20dB 带宽	nm	ff_s	ff_s	ff_s	ff_s	ff_s
——源啁啾	—	ff_s	ff_s	ff_s	ff_s	ff_s
——最大谱功率密度	mW/MHz	ff_s	ff_s	ff_s	ff_s	ff_s
——最小边模抑制比	dB	ff_s	ff_s	ff_s	ff_s	ff_s
最小消光比	dB	6	8. 2	8. 2	10	10
最小 SNR	dB	ff_s	ff_s	ff_s	ff_s	ff_s
主光通道 MPI-*S* 至 MPI-*R* 要求：						
衰减范围						
——最大	dB	33	33	33	44	44
——最小	dB	22	22	22	33	33
色度色散						
——最大	ps/nm	400	2400	400	3200	530
——最小	ps/nm	N/A	N/A	N/A	N/A	N/A
总的平均 PMD（一阶量）	ps	40	40	40	40	40
光缆设施在 MPI-S 点的最小光回损	dB	24	24	24	24	24
MPI-*S* 和 MPI-*R* 之间的最大离散反射系数	dB	－27	－27	－27	－27	－27
接收机在参考点 MPI-*R* 的要求：						
最差灵敏度	dBm	－24	－25	－24	－34	－33
最小过载点	dBm	－9	－9	－9	－18	－18
最大光通道代价	dB	1	2	1	2	1
接收机在 MPI-*R* 测得的最大反射系数	dB	－27	－27	－27	－27	－27

4.4.3 SDH 电接口技术指标

SDH 系统只配置了 2.048Mbit/s，34.368Mbit/s，139.264Mbit/s 和 STM-1 的电接口，其他更高等级只配置了标准的光接口。

1. STM-1 电接口参数

标准比特率：155.520Mbit/s。比特率容差：$\pm 20\times 10^{-6}$。

码型：为了与常规 139.264Mbit/s PDH 接口标准兼容，STM-1 等级的电接口标准码型也采用传号反转码——CMI 码。按照其编码规则，“0”为“01”，“1”为“00”或“11”，并彼此交替出现，其最大连续码数为 123 个，该码型结构简单，便于编解码操作。

输出口规范：输出口的各项电气性能指标如表 4-18 所示。并且所输出的“0”码和“1”码的波形模板如图 4-16 所示。值得指出的是电接口的输出波形既应满足表 4-18 的要求，也应该符合图 4-16 所示波形模板的要求，两者不可或缺。

表 4-18　　STM-1 电输出接口标准

脉 冲 形 状	标称脉冲形状为矩形
每方向线对数	1 个同轴电缆对
测量负载阻抗	75Ω 电阻
峰-峰电压	1±0.1V
从稳态幅度的 10%上升至 90%的时间	≤2ns
跃变时间容差（以负跃变平均半幅度点为准）	负跃变：±0.1ns 在单位码元间隔边界上的正向跃变：±0.5ns 在单位码元间隔中心上的正向跃变±0.35ns
回波损耗	≥15dB（8MHz 至 240MHz）
输出端口最大峰-峰抖动	待将来国际标准确定

输入口规范：送入到 STM-1 电接口的信号应与经互连的同轴电缆特性校正过的输出口信号相同，因此输入信号也满足表 4-19 所示的要求，需要说明的是其中同轴线衰减频率特性假设近似符合$\sqrt{f}$规律，在 78MHz 频率点上的插入损耗最大为 12.5dB，而且其回波损耗特性也与输出口的相同。

2. PDH 支路的电接口参数

（1）比特率及容差

比特率是指单位时间内（通常为 1s）通过的比特数。由于信号衰减、抖动及其他影响，实际通过数字信号的比特率与标称比特率之间会有些差别。当差别在一定范围之内时，光端机仍能正确接收传输信号而不产生误码，这种差别的允许范围即为容差。在表 4-19 中列出了数字信号标称比特率及容差。光端机的输入口和输出口均应满足表中要求。

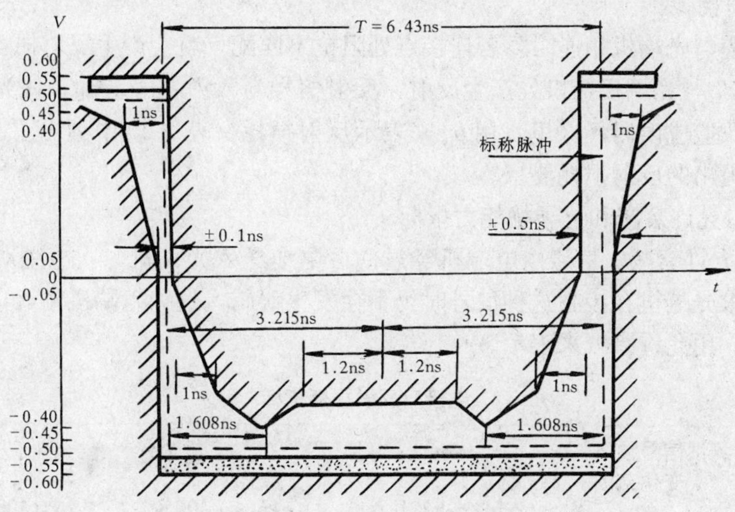

(a) 对应二进制“1”码的脉冲模板

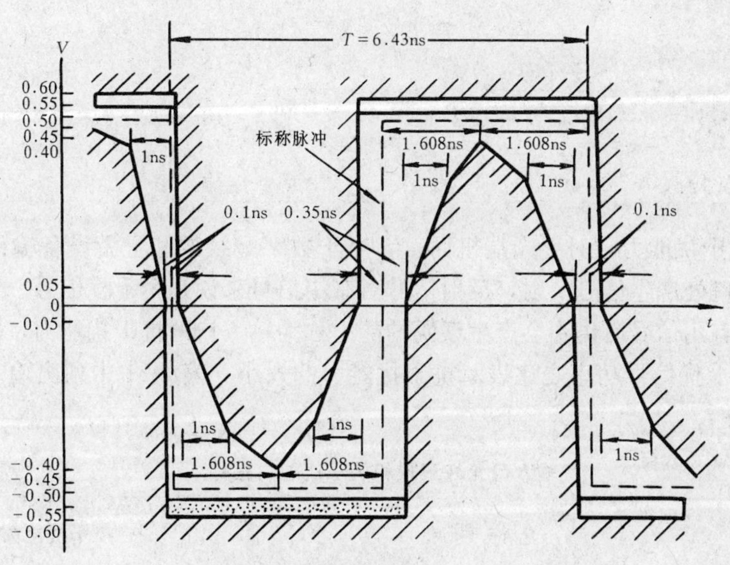

(b)对应二进制“0”码的脉冲模板

图 4-16　STM-1 电接口波形模板

表 4-19　　各级电接口的标称比特率容差

标称比特率 (kbit/s)	容　差	接 口 码 型
2048	±50ppm（±102bit/s）	HDB_3
8448	±30ppm（±253.4bit/s）	
34368	±20ppm（±687.4bit/s）	
139264	±15ppm（±2089bit/s）	CMI

（2）反射损耗

当传输电缆与光端机相连时，若连接点处阻抗不匹配，就会产生反射损耗，即在传输电缆的特性阻抗 Z_c 与光端机接口处产生反射，反射信号与入射信号叠加，使光端机接口处的信号失真，以致造成误码。这里，用 b_p 来表示反射损耗。表4-20中列出了PDH各次群电接口对输入口提出的反射损耗要求。

（3）输入口允许衰减和抗干扰能力指标

① 输入口允许衰减。信号由电端机经过一段电缆送入光端机时，电缆对信号有一定的衰减，这就要求光端机在接收这种信号时仍不会发生误码，这种光端机输入口能承受一定传输衰减的特性，用允许衰减来表示。

表4-20　　电接口反射损耗指标

反射衰减 b_p(dB) ＼ 测试信号频率变化范围 ＼ 标称速率 f_0（kbit/s）	（2.5%～5%）f_0	（5%～100%）f_0	（100%～150%）f_0
2048	12	18	14
8448	12	18	14
34368	12	18	14
139264	15	15	15

② 输入口抗干扰能力。对于光端机而言，由于数字配线架和上游设备输出口阻抗的不均匀性，会在接口处产生信号反射，反射信号对有用信号来说是个干扰信号。通常把光端机在接收被干扰的有用信号后仍不会产生误码的能力称为输入口的抗干扰能力，因此，通常用有用信号功率与干扰信号功率之比表示抗干扰能力的大小。表4-21中列出输入口允许衰减和抗干扰能力指标。

表4-21　　输入口允许衰减和抗干扰能力指标

比　特　率	允许衰减		抗干扰能力	
标称值（kbit/s）	测试频率（kHz）	衰减范围（dB）	信号/干扰（dB）	干扰源（PRBS）
2048	1024	0～6	18	$2^{15}-1$
8448	4224	0～6	20	$2^{15}-1$
34368	17148	0～12	20	$2^{23}-1$
139264	70000	0～12		

（4）输出口波形。输出口波形分析思路与STM-1电接口脉冲波形样板相同，这里不再赘述。

（5）无输入抖动时的输出抖动。无输入抖动的输出抖动在前面已经进行了详细介绍，这里不再重述。

小　结

本章所介绍的主要内容如下。

1. SDH 光传输系统的结构：点到点链状线路系统、环形系统（包括系统互连方式）。

2. SDH 线路性能分析——衰减对中继距离的影响

一个中继段上的传输衰减内容包括光纤本身的固有衰减和光纤的连接损耗和微弯带来的附加损耗。

形成光纤损耗的原因主要包括两大类，即吸收损耗和散射损耗。

3. SDH 线路性能分析——色散对中继距离的影响

色散的概念：信号在光纤中是由不同频率成分和不同模式成分携带的，这些不同的频率成分和模式成分有不同的传播速度，这样在接收端接收时，就会出现前后错开，这就是色散现象，使波形在时间上发生了展宽。

光纤色散的分类：包括材料色散、波导色散和模式色散。前两种色散是由于信号不是由单一频率而引起的，后一种色散是由于信号不是单一模式而引起的。

色散的描述：是用时延差表示，即不同速率的信号，传输同样的距离时存在的时间差。色散越严重，信号传输距离越短。

时延差的单位是 ps/(km·nm)。

影响色散受限系统的因素：码间干扰、模分配噪声和啁啾声的影响。

4. 中继距离的计算

衰减受限系统　$L_\alpha=\dfrac{P_T-P_R-A_{CT}-A_{CR}-P_P-M_E}{A_f+A_S/L_f+M_C}$

色散受限系统——采用多纵模激光器（MLM）或发光二极管（LED）作为系统光源

$$L_D=\frac{\varepsilon\times10^6}{B\times\Delta\lambda\times D}$$

色散受限系统——采用单纵模激光器（SLM）作为系统光源

$$L_C=\frac{71400}{\alpha\cdot D\cdot\lambda^2\cdot B^2}$$

5. 10Gbit/s 及 10Gbit/s 以上的 SDH 光线路

10Gbit/s 及 10Gbit/s 以上的 SDH 光线路特点。

影响 10Gbit/s 及 10Gbit/s 以上的 SDH 光线路的因素（光源频率啁啾的影响；光纤的色散特性的影响；极化模色散的影响；系统功率预算的限制）。

6. 掺饵光纤放大器的基本特性

掺饵光纤放大器（EDFA）是一种特殊光纤，它将稀土元素饵注入光纤中，并在泵浦光源的作用下可直接对某一波长的光信号进行放大。

7. 影响 EDFA 级联性能的因素

噪声积累的影响；光纤的非线性的影响；增益均衡的影响。

8. SDH 网络性能指标

系统参考模型；SDH 网络性能指标（误码性能、抖动性能、延时特性）。

9. SDH 光接口、电接口技术标准

光接口、电接口的界定；SDH 光接口标准；SDH 电接口标准。

复 习 题

1. 请指出环路系统的互连方式有哪几种？它们各自的特点是什么？

2. 什么是码间干扰？它是如何产生的？其对系统的影响如何？

3. 什么叫频率啁啾？

4. 在系统中使用掺铒光纤放大器的优点是什么？

5. 请指出我国采用参考数字段长度有几种，具体长度是多少？并说明它们各自的应用场合。

6. 什么是误块秒比？并写出其计算式。

7. 写出衡量系统抖动特性的几个技术指标。

8. 什么叫最小消光比？

9. 什么是光通道功率代价？它包括哪些内容？

10. 请指出 SDH 系统中设置了几种电接口？其速率等级为多少？

11. 一个 622Mbit/s 单模光纤通信系统，系统中所采用的是 InGaAs 隐埋异质结构多纵模激光器，其标称波长 $\lambda_1=1310$nm，光脉冲谱线宽度 $\Delta\lambda_{max}\leqslant 2$nm。发送光功率 $P_T=2$dBm。如用高性能的 PIN-FET 组件，可在 BER=1×10^{-10} 条件下得到接收灵敏度 $P_R=-28$dBm。光纤固有衰减系数为 0.25dB/km，光纤色散系数 $D=1.8$ps/(km·nm)，问系统中所允许的最大中继距离是多少？

注：若光纤接头损耗为 0.09dB/km，活接头损耗 1dB，设备富余度取 3.8，光纤线路富余度取 0.1dB/km，光通道功率代价 1dB。

第5章 SDH传送网络结构和自愈网

在传统传输技术下，传输网是由点到点线形结构组成。只有在SDH环境下，传输网络才成为真正意义上的网络。本章将就传送网的概念、SDH的网络结构、SDH网络的安全性措施等方面进行介绍。

5.1 SDH传送网

目前的传输网主要是为话音业务服务的，因而它是建立在点对点的通信基础上的，不能适应不断增长的用户需求量的要求。而在SDH环境下，首次以网络的面貌出现，故此我们首先来介绍一下传送网的概念。

5.1.1 传送网的基本概念

1. 传送网

通常网络是指能够提供通信服务的所有实体及其逻辑配置。可见从信息传递的角度来分析，传送网是完成信息传送功能的手段，它是网络逻辑功能的集合。它与传输网的概念存在着一定的区别。所谓传输网是以信息信号通过具体物理媒质传输的物理过程来描述，它是由具体设备组成的网络。在某种意义下，传输网（或传送网）又都可泛指全部实体网和逻辑网。

2. 关于通道、复用段、再生段的说明

在SDH传输系统中，通道、复用段、再生段间的关系如图5-1所示。

图中，PT指通道终端，它是虚容器的组合分解点，完成对净负荷的复用和解复用，并完成对通道开销的处理。

MST指复用段终端、完成复用段的功能，其中如产生和终结复用段开销（MSOH）。相应的设备有光缆线路终端、高阶复用器、宽带交叉连接器等。

RST指再生段终端。它的功能块在构成SDH帧结构过程中产生再生段开销（RSOH），在相反方向则终结再生段开销。

由图5-1还可以看出，通道、复用段、再生段的定义和分界。

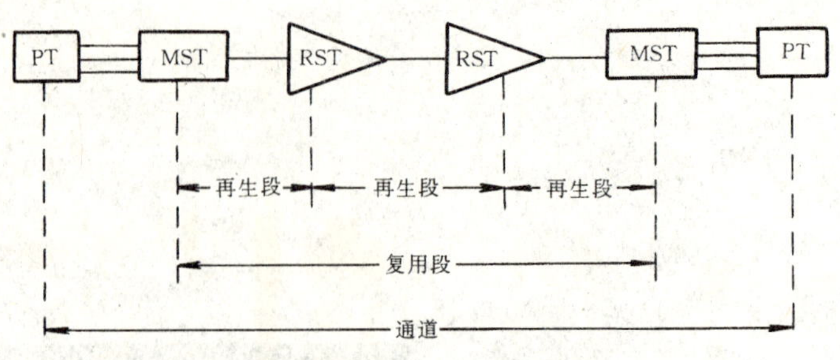

图 5-1 SDH 传输系统中通道、复用段、再生段间的关系

为了便于理解，将上述关于通道、复用段、再生段的划分与相应的设备联系起来，其示意如图 5-2 所示。

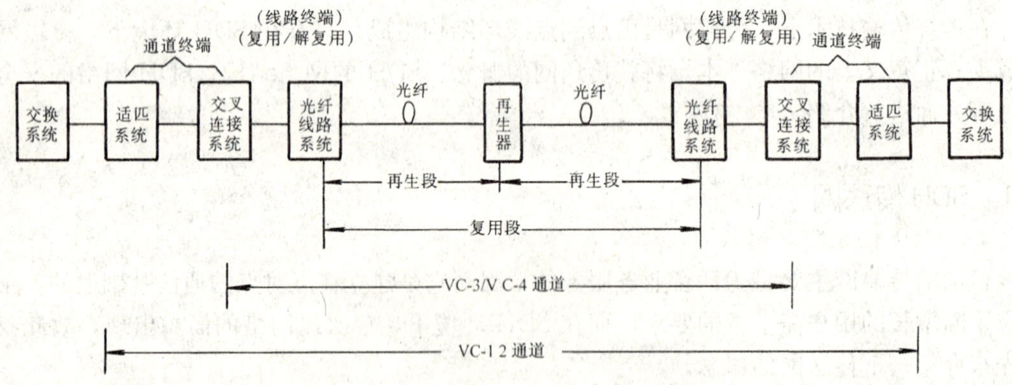

图 5-2 SDH 传输系统与通道、复用段、再生段间的对应关系

为了能够使由此所构成的网络具有组网灵活、简单的特性，同时又便于描述，因而在规范一个网络模型时，多采用分层和分割的概念。

5.1.2 分层与分割的概念

从垂直方向看，传送网是由两个相互独立的传送网络层（即层网络）构成，即通道层和传输媒质层。下一层为上一层提供服务。如图 5-3 所示，若下面一个特定通道层网络为 VC-12，那么上面一个特定通道层网络便是 VC-3/VC-4，VC-12 通道层为 VC-3/VC-4 通道层提供服务。通道层又是为电路层提供服务的，而每一层网络可以在水平方向上按照其内部结构分割为若干部分，因而分层与分割的关系是相互正交的。

1. SDH 传送网分层模型

SDH 传送网共分为通道层和传输媒质层，网络关系如图 5-4 所示。由于电路层是面向业务的，因而严格地说不属于传送网。但电路层网络、通道层网络和传输媒质层网络之间彼此都是相互独立的，并符合客户与服务者的关系，即在每两层网络之间连接节点处，下层为上层提供透明服务，上层为下层提供服务内容。下面就对包括电路层在内的各层网络进行简要介绍。

(1) 电路层网络

电路层网络是面向公用交换业务的网络。例如，电路交换业务、分组交换、租用线业务

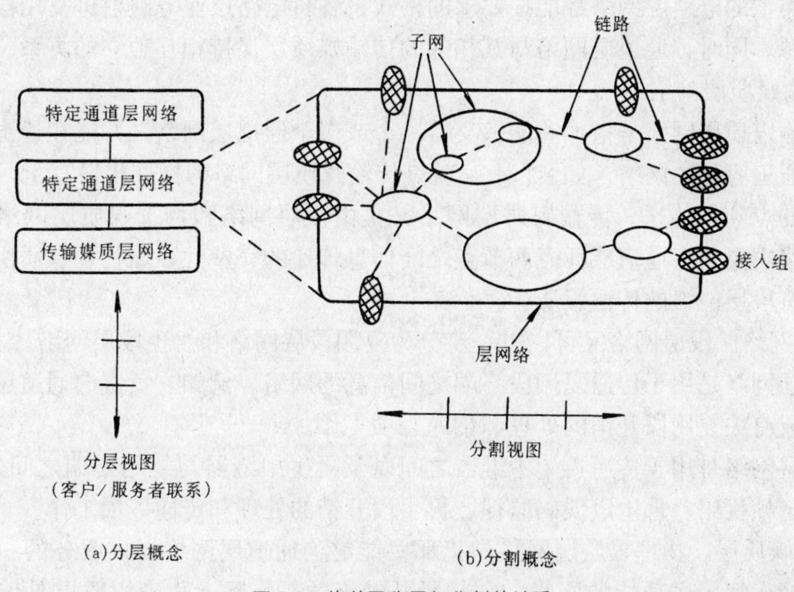

图 5-3　传送网分层与分割的关系

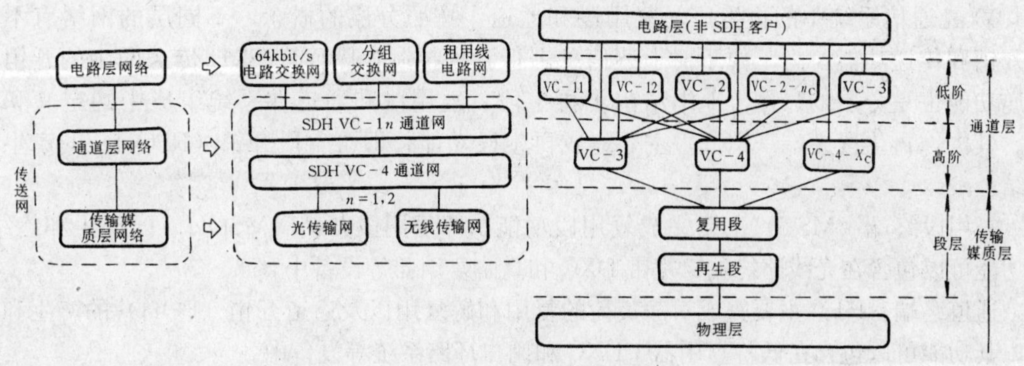

图 5-4　传送网的分层模型

和B-ISDN虚通路等。根据所提供的业务，又可以区别为各种不同的电路网络层。通常电路网络层是由各种交换机和用于租用线业务的交叉连接设备以及 IP 路由器构成。它与相邻的通道层网络保持独立。这样，SDH 不单能够支持某些电路层业务，而且能够直接支持电路层网络，并且去掉了其中多余的 PDH 网络层，使电路层业务清晰可见，从而简化了电路层交换。

(2) 通道层网络

通道层网络为电路层网络节点（如交换机）提供透明的通道（即电路群）。例如，VC-11/VC-12可以看作电路层节点间通道的基本传送容量单位，而 VC-3/VC-4 则可以看作局间通信的基本传送单位。通道层网络能够对一个或多个电路层网络提供不同业务的传送服务。例如，提供 2Mbit/s，34Mbit/s 和 140Mbit/s 的 PDH 传输链路，提供 SDH 中的 VC-11，VC-12，VC-2，VC-3及 VC-4 等传输通道以及 B-ISDN 中的虚通道。由于在 SDH 环境下通道层网络可以划分为高阶通道层网络和低阶通道层网络，因而能够灵活方便地对通道层网络的连接性进行管理控制，同时能为由交叉连接设备建立的通道提供较长的使用时间。使各种类型的电路层网络都能按要求的格式将各自电路层业务映射进复用段层，从而共享通道层资源。同时，通道层网络与其相邻的传输媒质层保持相互独立的关系。

（3）传输媒质层网络

所谓传输媒质层网络是指那些能够支持一个或多个通道层网络，并能在通道层网络节点处提供适当通道容量的网络，如 STM-*N* 就是传输媒质层网络的标准传输容量，该层主要面向线路系统的点到点传送。传输媒质层网络又是由段层网络和物理媒质层网络组成的，其中，段层网络主要负责通道层任意两节点之间信息传递的完整性，而物理媒质层则主要负责确定具体支持段层网络的传输媒质。

① 段层网络。段层网络又可以进一步分为复用段层网络和再生段层网络。

复用段层网络是用于传送复用段终端之间信息的网络。例如，负责向通道层提供同步信息，同时完成有关复用段开销的处理和传递等项工作。

再生段层网络是用于传递再生中继器之间以及再生中继器与复用终端之间信息的网络。例如，负责定帧扰码、再生段误码监视、再生段开销的处理和传递等项工作。

② 物理媒质层。物理媒质层网络是指那些能够为通道层网络提供服务的、能够以光电脉冲形式完成比特传送功能的网络，它与段开销无关。实际上物理媒质层是传送层的最底层，无需服务层的支持，因而网络连接可以由传输媒质支持。

③ 光通信系统中的再生段、复用段和通道。按照分层的概念，不同层的网络有不同的开销和传递功能。为了便于对上述信息进行管理控制，因而在 SDH 传送网中的开销和传递功能也是分层的。图 5-1 中给出了再生段、复用段和通道在系统组成中的定义和分界。其中，再生段终端（RST）主要完成再生段功能，即再生段开销（RSOH）的产生和终结。

复用段终端（MST）主要完成复用段功能，即复用段开销（MSOH）的产生和终结，其功能可以包含在光线路终端、宽带 DXC 和高阶复用器等设备中。

通道终端（PT）主要完成对净负荷的复用和解复用以及通道开销（POH）的产生和终结，其功能可以包含在低阶复用器、DXC 和用户环路系统等设备中。

从图 5-5 中可以清楚地观察到，各层在垂直方向上存在着等级关系，不同实体的光接口可以通过对等层进行水平方向的通信，但由于对等层间无实际的传输媒质与之相连，因而是通过下一层提供的服务以及同层间的通信来实现其间通信的，故此每一层的功能都是由全部低层的服务来支持。

（4）相邻层网络间的关系

每一层网络可以为多个客户层网络提供服务。当然不同的客户层网络对服务层网络有不同的要求，因而可对每一服务层网络进行优化处理，使其满足客户层网络的特定要求。下面以 VC-4 层网络为例来进行说明。VC-12、VC-2、VC-3、广播电视和 B-ISDN 均可以作为 VC-4 层网络的客户层网络，这样可根据各自的要求综合为一个 VC-4 来进行传输，因此必须构成一个优化的 VC-4 层网络。

从以上分析可见，相邻层网络间的关系满足客户与服务提供者之间的关系，而客户与服务提供者进行联系的地方正是服务层网络中为客户层网络提供链路连接的地方。从图 5-5 可以清楚地看出，电路层网络中的链路连接又是由传输媒质层网络来完成的。在表 5-1 中列出了目前 ITU-T 规定的各种传送网的客户与服务提供者之间的关系。

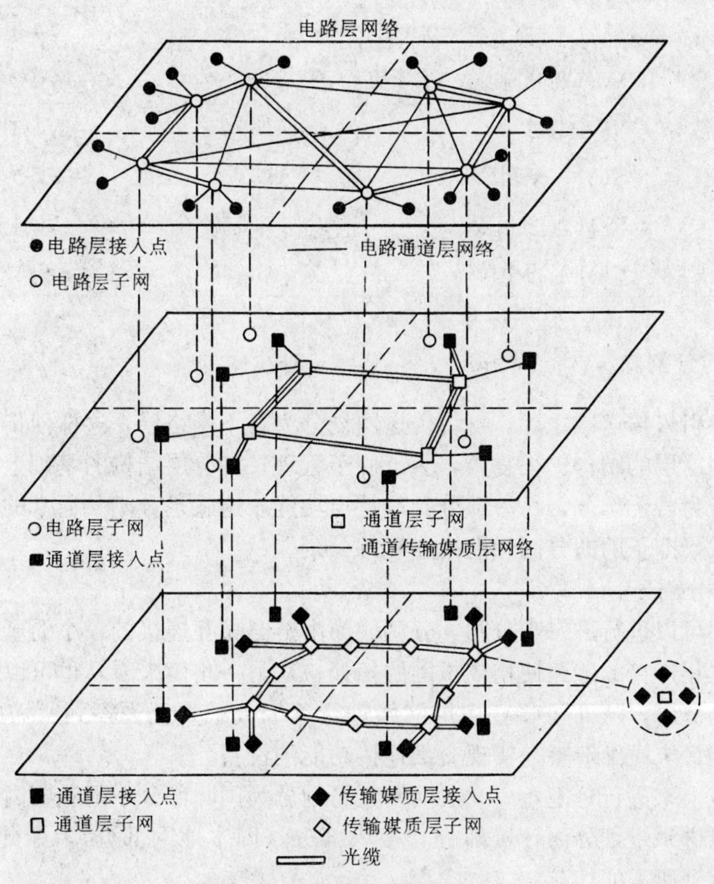

图 5-5 层网络间联系示意图

表 5-1 适配功能参数

客户层	服务层	适配参考	客户层特征信息
1544kbit/s 异步	VC-11 低阶通道	G. 707	1544kbit/s±50ppm
1544kbit/s 字节同步	VC-11 低阶通道	G. 707	1544kbit/s 标称 G. 704 字节结构
2048kbit/s 异步	VC-12 低阶通道	G. 707	2048kbit/s±50ppm
2048kbit/s 字节同步	VC-12 低阶通道	G. 707	2048kbit/s 标称 G. 704 字节结构
6312kbit/s 异步	VC-2 低阶通道	G. 707	6312kbit/s±30ppm
34368kbit/s 异步	VC-3 低阶或高阶通道	G. 707	34368kbit/s±20ppm
44736kbit/s 异步	VC-3 低阶或高阶通道	G. 707	44736kbit/s±20ppm
139264kbit/s 异步	VC-4 通道	G. 707	139264kbit/s±15ppm
B-ISDN ATM 虚通道	任何 VC	G. 707	53 字节信元
VC-11 通道	VC-3 高阶通道或 VC-4 通道	G. 707	VC-11＋帧偏移
VC-12 通道	VC-3 高阶通道或 VC-4 通道	G. 707	VC-12＋帧偏移

续表

客户层	服务层	适配参考	客户层特征信息
VC-2 通道	VC-3 高阶通道或 VC-4 通道	G. 707	VC-2＋帧偏移
VC-3 低阶通道	VC-4 通道	G. 707	VC-3＋帧偏移
VC-3 高阶通道	STM-*N* 复用段	G. 707	VC-3＋帧偏移
VC-4 通道	STM-*N* 复用段	G. 707	VC-4＋帧偏移
STM-*N* 复用段	STM-*N* 再生段	G. 707	STM-*N* 速率

2. 层网络的分割

当分层概念引入传送网之后，可将传送网划分为若干网络层，这样使传送网的结构更加清晰，但每一网络层的结构仍很复杂，为了便于管理，在分层结构的基础上，再从水平方向将每一层网络分为若干部分，每一部分具有特定功能，这就是分割。通常的分割可以划分为两个相关的领域，即子网的分割和网络连接的分割。

（1）子网的分割

任何子网都可以进行进一步分割，分割成为由链路相互连接的较小的子网，因而这些较小的子网和与之相连接的链路便构成子网的拓扑。从另一角度来看，也可以认为正是在层网络中引入了分割概念，从而可将任何层网络进行逐级分解直至观察到所需的细节为止。通常，所观察到的最末端细节就是实现交叉连接功能的设备。

如果从地域上来进行分割，一个层网络又可划分为国际部分子网和国内部分子网。国内部分子网又可以进一步细分为转接部分和接入部分（即本地网部分），如此逐级进行分解，最后便能够观察到所需的细节。

（2）网络连接和子网连接的分割

与子网分割方式相同，也可对网络连接进行逐级分割。通常，网络连接可划分为若干个子网连接和链路连接的组合体，而每个子网连接又可进一步分割成若干个子网连接和链路连接的组合体。以此下去，正常情况下逐级分解的极限将出现在基本连接矩阵的单个连接点上，因此，也可以认为网络连接和子网连接实际上是由许多子网连接和链路连接按特定次序组合成的传送实体。

3. 引入分层与分割概念的好处

由上面的分析可以看出，这种功能分层与分割的概念彻底地摒弃了传统的面向传输的网络概念。此时人们不仅会问，为什么将分层与分割的概念引入传送网？其优势在哪里？下面我们就来回答这个问题。

（1）采用分层的概念的好处

① 简化设计。采用分层概念之后，只需考虑每一层网络的设计和运行方案。这比将整个网络作为一个单个实体来进行设计时的情况要简单得多。

② 易于 TMN（电信管理网）的实现。每一层网络均可以用一组功能来加以描述，这样可以简化 TMN 管理目标规定，便于 TMN 的实现。

③ 便于拓展新技术和采用新的拓扑网络。随着技术的不断进步，人们对新业务的

需求会不断增加。由于在网络中采用了分层结构，人们能够仅通过对某一层网络进行增加或修改，便可以实现新技术的拓展以及网络结构的变化，而不会对其他网络构成影响。

④ 网络生存性优势。在传统的以点到点方式构成的光纤传输网中，如果物理层传输链路或节点出现故障，则会使电路层业务遭到破坏，从而直接影响正常通信。由于在 SDH 网络中引入了分层结构，当物理层出现故障时，则由物理层内部进行处理，其上层的通道层和电路层可与其隔离，因而使网络运行者可以按用户的不同需求，为其提供不同等级的业务生存性。

综上所述，建立在此分层模型基础之上的传输网络概念完全符合以业务为基础的现代网络概念。因为这样的网络中可以容纳多种传输技术，使传送网成为独立于业务和应用的一个动态的、可靠的、具有优质低价的基础网，从而在此基础网络平台上可支持各种各样的业务平台以满足不同用户的业务需求。

(2) 采用分割概念的好处

尽管在传送网中引入分层的概念，但每一网络层的结构仍很复杂，地域范围又大，为了便于管理，在分层结构的基础上，再从水平方向将每一层网络分为若干部分，由此构成网络管理的基本骨架。其优势如下。

① 规定管理界限。通常每一层网络被分为若干个子网和链路连接。若从地域上来划分可将其细分为国际网、国内网和地区网，每一网络部分均独立行使其管理权。显然在同一层网络中，可由不同的网络运营者共同提供端到端的通道，而每个网络运营者负责管理本区段中的网络和链路。之所以能够如此，正是因为在每一层网络中采用了分割的概念，从而可对管理界限进行规定。

② 规定独立的选路区域边界。由于在每一层网络中引入了分割的概念，因而可对处于第三方控制的层网络或子网的部分区域做出规定，这样便于进行路由选择。同时有利于网络元素的出租，从而促进网络运营商及其业务供应商之间的全面竞争。

由以上分析可知，由于引入了分割的概念，可将层网络中的各部分视为彼此独立的实体。因而可隐去层网络的内部结构，从而大大降低了层网络管理控制的复杂程度，这样网络运营商可根据客户需要自主地改动其子网结构或进行优化处理，而不会对层网络上的其他部分构成影响。

5.1.3 SDH 网络拓扑结构

网络的拓扑结构是指网络的形状，即网络节点设备与传输线路的几何排列，因而根据不同的用户需求，同时考虑到社会经济的发展状况，可以确定不同的网络拓扑结构。

1. SDH 网络的基本拓扑结构

在 SDH 网络中，通常采用点对点线形、星形、树形、环形等网络结构，下面分别进行介绍。

(1) 点到点线形网络结构

线形网络结构，它将各网络节点串联起来，同时保持首尾两个网络节点呈开放状态的网络结构。图 5-6（a）所示为典型的点到点链状 SDH 网络，其中，在链状网络的两端节点上配备有终端复用器，而在中间节点上配备有分插复用器。因而它是由具有复用和光接口功能的线路终端、中继器和光缆传输线构成的。

这种网络结构简单，便于采用线路保护方式进行业务保护，但当光缆完全中断时，此种保护功能失效。另外，这种网络的一次性投资小，容量大，具有良好的经济效益，因此很多地区采用此种结构来建立 SDH 网络。

(2) 星形网络结构

所谓星形网络拓扑结构是指如图 5-6（b）所示的网络结构，即其中一个特殊网络节点（即枢纽点）与其他的互不相连的网络节点直接相连，这样除枢纽点之外的任意两个网络节点之间的通信，都必须通过此枢纽点才能完成连接，因而一般在特殊点配置交叉连接器（DXC）以提供多方向的互连，而在其他节点上配置终端复用器（TM）。

这种网络结构简单，它可以将多个光纤终端统一成一个终端，从而提高带宽的利用率，同时又可以节约成本，但在枢纽节点上业务过分集中，并且只允许采用线路保护方式，因此系统的可靠性能不高，故仅在初期的 SDH 网络建设中出现。目前，多使用在业务集中的接入网中。

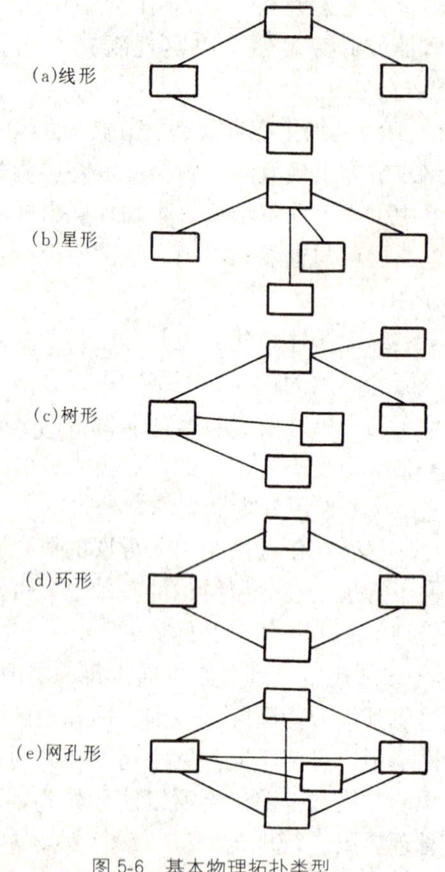

图 5-6 基本物理拓扑类型

(3) 树形网络结构

一般树形网络是由星形结构和线形结构组合而成的网络结构，因而所谓树形网络结构是指将点到点拓扑单元的末端点连接到几个枢纽点时的网络结构，如图5-6（c)所示。通常在这种网络结构中，连接 3 个以上方向的节点应设置 DXC，其他节点可设置 TM 或 ADM。

这种网络结构适合于广播式业务，而不利于提供双向通信业务，同时也存在枢纽点可靠性不高和光功率预算问题，但这种网络结构仍在长途网中使用。

(4) 环形网络结构

所谓环形网络是指那些将所有网络节点串联起来，并且使之首尾相连，而构成的一个封闭环路的网络结构，如图 5-6（d）所示。在此网络中，只有任意两网络节点之间的所有节点全部完成连接之后，任意两个非相邻网络节点才能进行通信。通常，在环形网络结构中的各网络节点上可选用分插复用器，也可以选用交叉连接设备来作为节点设备。它们的区别在于后者具有交换功能，它是一种集复用、自动化配线、保护/恢复、监控和网管等功能为一体的传输设备，可以在外接的操作系统或电信管理网络（TMN）设备的控制下，对多个电路组成的电路群进行交换，因此其成本很高，故通常使用在线路交汇处。

这种网络结构的一次性投资要比线形网络大，但其结构简单，而且在系统出现故障时，具有自愈功能，即系统可以自动地进行环回倒换处理，排除故障网元，而无需人为的干涉就可恢复业务的功能。这对现代大容量光纤网络是至关重要的，因而环形网络结构受到人们的广泛关注。

(5) 网孔形结构

所谓网孔形结构是指若干个网络节点直接相互连接时的网络结构，如图 5-6 (e) 所示。这种结构中没有直接相连的两个节点之间仍需利用其他节点的连接功能，才能完成互通，而如果网络中所有的网络节点都达到互通，则称之为理想的网孔形网络结构。通常在业务密度较大的网络中的每个网络节点上均需设置一个 DXC，可为任意两节点间提供两条以上的路由。这样一旦网络出现某种故障，则可通过 DXC 的交叉连接功能，对受故障影响的业务进行迂回处理，以保证通信的正常进行。

由此可见，这种网络结构的可靠性高，但由于目前 DXC 设备价格昂贵，如果网络中采用此设备进行高度互连，则会使光缆线路的投资成本增大，从而一次性投资大大增加，故这种网络结构一般在 SDH 技术相对成熟、设备成本进一步降低、业务量大且密度相对集中时采用。

2. SDH 网络规划原则

如何合理地规划 SDH 网络，使其满足经济上的合理性、技术上的先进性、网络结构的完整性，并且可以高效、可靠地运行，这是 SDH 技术应用的一个重要方面。下面就从 SDH 的组网原则开始讨论。

(1) SDH 的组网原则

在进行 SDH 网络规划时，应该参照原邮电部 1994 年制定的《光同步传输技术体制》的相关标准和有关规定，并结合具体情况，确定网络拓扑结构、设备选型等项内容。在此过程中还应注意以下问题。

① SDH 传输网络的建设应有计划地分步骤实施。由前面的分析可知，一个实用 SDH 网络结构相当复杂，它与经济、环境以及当前业务量发展状况有关，因而必须进行统一规划。在国家一级干线中，一般可先建立线形网络，然后再逐步过渡到网孔形网络。这样在保证网络的生存性的同时，可利用 SDH 技术实现大容量地、机动灵活地话路业务的上下，而在省、市二级干线一般可先建立线形和环形混合结构。当资金、业务量和技术等条件均成熟之后，再逐步向更为完善的网络结构过渡。

② 目前，由于在全国范围内都在不断的扩大各自本地电话网的范围，因而 SDH 网络规划应与之协调，省内传输网络建设一般应覆盖所有长途传输中心所在的城市。

③ 我国的长途传输网目前是由省际网（一级干线网）和省内网（二级干线网）两个层面组成的，SDH 网络规划应考虑两个层的合理衔接。

④ 早期的 PDH 网络是为点对点的话路业务而设计的网络，而目前业务种类很多，因此在建立 SDH 干线传输网时，除考虑电话业务之外，还应兼顾如数据、图文、视频、多媒体、租用线路等业务的传输要求。另外，还应从网络功能划分方面考虑到支撑网（如信令网、电信管理网和同步网）对传输的要求，同时还要充分考虑网络安全性问题，以此根据网络拓扑和设备配置情况，确定网络冗余度、网络保护和通道调度方式。

⑤ 我国采用的是 30/32 PDH 体制，共存在 4 种速率系统，但我国 SDH 映射结构中，

仅对PDH 2Mbit/s，34Mbit/s和140Mbit/s 3种支路信号提供了映射路径。又由于34Mbit/s信号的频率利用率最低，故而建议使用2Mbit/s和140Mbit/s接口，如需要可经主管部门批准后，可为34Mbit/s支路信号提供接口。

⑥ 新建立的SDH网络是叠加在现有的PDH网络之上，两种网络之间的互连可通过边界上的标准接口来实现，但应尽量减少互连的次数以避免抖动的影响。

（2）网络拓扑的选择

在选择SDH传输网的拓扑结构时，应考虑到以下几方面的因素。

① 在进行SDH网络规划时，应从经济角度衡量其合理性，同时还要考虑到不同地区、不同时期的业务增长率的不平衡性。

② 应考虑网络现状、网络覆盖区域、网络保护及通道调度方式以及节点传输容量，最大限度地利用现有的网络设备。

③ 省内干线一般宜选用网孔形或环形这种拓扑结构为主，辅之以线形等其他类型的网络结构，但应根据具体情况逐步形成，而不要求一次到位。

④ 环形网具有自愈功能，并且相对网孔网结构而言，其投资不大，但由于环上的接入节点数受环中的传输容量限制，因而环网适于运用在传输容量不大、节点数较少的地区。通常当环的节点设备速率为STM-4时，一般接入节点在3～5个为宜，而当ADM的速率为STM-16时，接入节点数则不宜超过10个。

⑤ 对于边远、业务量需求较小的节点，可采用线形结构，将其与主干网进行连接。

⑥ 根据具体业务分布情况和经济条件，选择适当的保护方式（具体内容将在下面介绍）。

3. 我国SDH网络结构

我国SDH网络结构上采用四级制，如图5-7所示。

第一级干线：它是最上一层网络，主要用于省会、城市间的长途通信，由于其间业务量较大，因而一般在各城市的汇接节点之间采用STM-64、STM-16高速光链路，而在各汇接节点城市装备DXC设备，如DXC4/4，从而形成一个以网孔形结构为主，其他结构为辅的大容量、高可靠性的骨干网。由于使用了DXC4/4设备，这样可以直接通过DXC4/4中的PDH体系140Mbit/s接口，将原有的140Mbit/s和565Mbit/s系统纳入到长途一级干线之中。

第二级干线：这是第二层网络，主要用于省内的长途通信。考虑其具体业务量的需求，通常采用网孔形或环形骨干网结构，有时也辅以少量线形网络，因而在主要城市装备DXC设备，其间用STM-4或STM-16高速光纤链路相连接，形成省内SDH网络结构。同样由于在其中的汇接点采用DXC4/4或DXC4/1设备，因而通过DXC4/1上的2Mbit/s，34Mbit/s和140Mbit/s接口，从而使原有的PDH系统也能纳入二级干线进行统一管理。

第三级干线：这是第三层网络，主要由用于长途端局与市话之间以及市话局之间通信的中继网构成。根据区域划分法，可分为若干个由ADM组成的STM-4或STM-16高速环路，也可以是用路由备用方式组成的两节点环，而这些环是通过DXC4/1设备来沟通，既具有很高的可靠性，又具有业务量的疏导功能。

第四级是网络的最低层面，既称为用户网，也可称为接入网。由于业务量较低，而且大部分业务量汇聚于一个节点（交换局）上，因而可以采用环形网络结构，也可以采用星形网

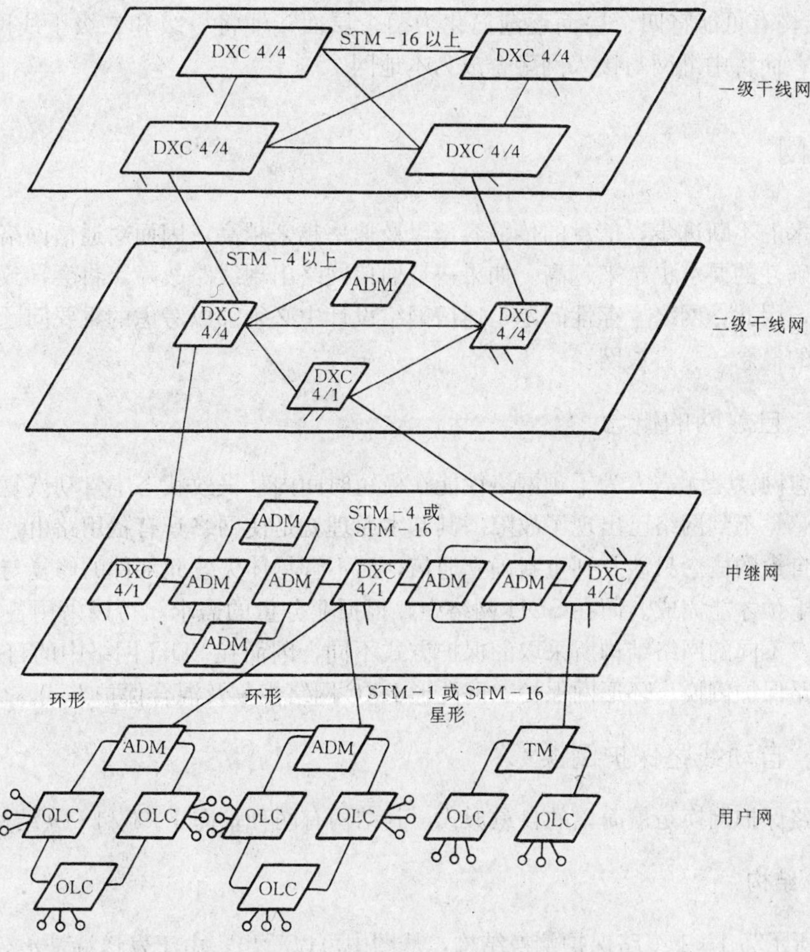

图 5-7 我国 SDH 网络结构

络结构，其中是以高速光纤线路作为主干链路来实现光纤用户环路系统（OLC）的互通，或者经由 ADM 或 TM 来实现与中继网的互通。速率为 STM-1 或 STM-4，接口可以为 STM-1 光/电接口、PDH 体系的 2Mbit/s，34Mbit/s 和 140Mbit/s 接口、普通电话用户接口、小交换机接口、2B＋D 或 30B＋D 接口以及城域网接口等。

由于用户接入网是 SDH 网中最为复杂、最为庞大的部分，它占通信网投资的大部分，但为了实现信息传递的宽带化、多样化和智能化，因而用户网必须逐步向光纤化方向发展。这样才有光纤到路边（FTTC）和光纤到户（FTTH）的不同阶段，相信会在不久的将来逐步地完成由 PDH 到 SDH 的过渡以及 SDH 与 CATV 的一体化。

综上所述，我国的 SDH 网络结构具有以下的特点：

① 具有四个相当独立而又综合一体化的层面；

② 简化了网络规划设计；

③ 适应现行行政管理体制；

④ 各个层面可独立实现最优化；

⑤ 具有体制和规划的统一性、完整性和先进性。

另外需要说明的是：随着技术的不断进步，人们对业务量的要求逐步提高，我们的SDH 网络结构有可能将四个层面逐渐简化为两个层面，即将一级和二级干线网融为一体，组成长途网；而将中继网与接入网融合成为本地网。

5.2 自愈网

随着技术的不断进步，信息的传输容量以及速率越来越高，因而对通信网络传递信息的及时性、准确性的要求也越来越高。如果一旦通信网络出现线路故障，将会导致局部甚至整个网络瘫痪，因此，网络生存性问题是通信网络设计中必须加以考虑的重要问题。因而人们提出一种新的概念——自愈网。

5.2.1 自愈网的概念

所谓自愈网就是无需人为干预网络就能在极短时间内从失效状态中自动恢复所携带的业务，使用户感觉不到网络已出现了故障。其基本原理就是使网络具有备用路由，并重新确立通信能力。自愈的概念只涉及到重新确立通信，而不管具体失效元部件的修复与更新，而后者仍需人为干预才能完成。而在 SDH 网络中，根据业务量的需求，可以采用各种各样拓扑结构的网络。不同的网络结构所采取的保护方式不同，因而在 SDH 网络中的自愈保护可以分为自动线路保护倒换、环形网保护、网孔形 DXC 网络恢复及混合保护方式。

5.2.2 自动线路保护倒换

自动线路保护倒换是最简单的自愈形式，其结构有两种；即 1+1 和 1∶*n* 结构方式。

1. 1+1 结构

图 5-8 所示为 1+1 线路保护倒换结构，从图中可以看出，由于发送端是永久地与主用、备用信道相连接，因而 STM-*N* 信号可以同时在主用信道和备用信道中传输，在接收端其 MSP（复用段保护功能）同时对所接收到的来自主、备用信道的 STM-*N* 信号进行监视，正常工作情况下，选择来自主用信道的信号作为输出信号。一旦主用信道出现故障，则 MSP 会自动从备用信道中选取信号作为接收信号。

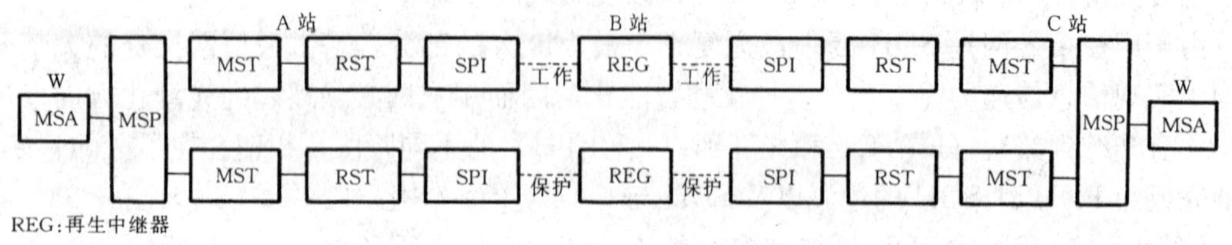

图 5-8 1+1 线路保护倒换结构

2. 1∶*n* 结构

图5-9 所示为 1∶*n* 线路保护倒换结构。从图中可以看出，在 1∶*n* 结构中，备用信道由多个主用信道共享，一般 *n* 值范围为 1～14。

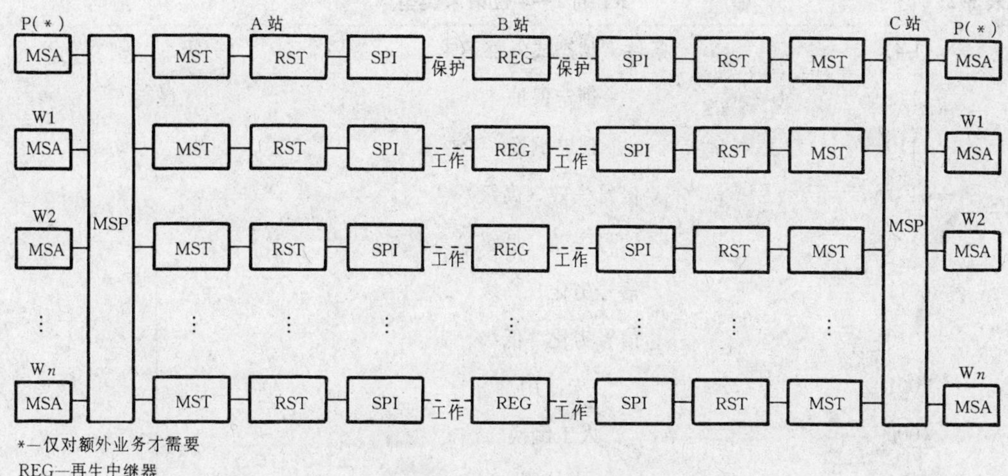

图 5-9 1:n 线路保护倒换结构

3. 保护倒换的实现

在 SDH 中，是通过帧结构中的两个自动保护倒换字节 K1 和 K2 来完成收发两端站间及时、准确、无误的倒换保护操作，为了说明其具体操作过程，下面先介绍一下 K1 和 K2 字节的内容。

(1) K1 和 K2 字节

K1 是用于指示请求倒换的信号字节，它标示出请求倒换的信道号；K2 是用于证实信号的字节，通过该字节可确认桥接到保护信道的信道号。

K1 字节格式是：

1	2	3	4	5	6	7	8

其中，K1 的 1～4 位表明了请求的类型，如表 5-2 所示。

K1 的 5～8 位指示请求桥接到保护通道的主信道号，具体内容如下：

0000：空信道（保护信道）。

0001～1110：请求倒换工作信道编号。

1111：额外业务信道请求。

K2 字节格式是：

1	2	3	4	5	6	7	8

K2 的 1～4 位指示桥接到保护信道的工作信道号；第 5 位取 0 时表示 1+1 APS；取 1 时表示 1:n APS(系统中包括 n 个主用通道和 1 个备用通道)；6～8 位预留，具体内容如下：

111：线路 AIS。

110：线路 RDI（远端接收失效）。

101：双向倒换。

100：单向倒换。

可见，所针对的系统中只拥有一个备用信道。

表 5-2　K1 的 1～4 位请求类型

1-4	条件、状态或外部请求	级　别
1111	锁定保护	最高
1110	强迫倒换	
1101	信号失效（高级）	
1100	信号失效（低级）	
1011	信号劣化（高级）	
1010	信号劣化（低级）	
1001	未使用	
1000	人工倒换	
0111	未使用	
0110	等待恢复	
0101	未使用	
0100	练习	
0011	未使用	
0010	返回请求	
0001	不返回	
0000	未请求	最低

（2）操作过程

如果上一站出现信号丢失、或者与下游站进行连接的线路出现故障和远端接收失效，那么在下游接收端都可检查出故障，该下游接收端必须向上游站发送保护命令，同时向下一站发送倒换请求，具体过程如下。

① 当下游站发现（或检查出）故障或收到来自上游站的倒换请求命令时，首先启动保护逻辑电路，将出现新情况的通道的优先级与正在使用保护通道的主用系统的优先级、上游站发来的桥接命令中所指示的信道优先级进行比较。

② 如果新情况通道的优先级高，则在此（下游站）形成一个 K1 字节，并通过保护通道向上游站传递。所传递的 K1 字节包括请求使用保护通道的主信道号和请求类型。

③ 当上游站连续 3 次收到 K1 字节，那么被桥接的主信道得以确认，然后再将 K1 字节通过保护通道的下行通道传回下游站，以此确认下游站桥接命令，即确认请求使用保护通道的通道请求。

④ 上游站首先进行倒换操作，并准备进行桥接，同时又通过保护通道将含被保护通道号的 K2 字节传送给下游站。

⑤ 下游站收到 K2 字节后，便将其接收到 K2 字节所指示的被保护通道号与 K1 字节中所指示的请求保护主用信道号进行复核。

⑥ 当 K1 与 K2 中所指示的被保护的主信道号一致时，便再次将 K2 字节通过保护通道的上行通道回送给上游站，与此同时启动切换开关进行桥接。

⑦ 当上游站再次收到来自下游站的 K2 字节时，桥接命令最后得到证实，此时才进行桥接，从而完成主、备用通道的倒换。

从上面的分析，我们可以归纳出线路保护倒换的主要特点如下。

● 业务恢复时间很快，可短于 50ms。

● 若工作段和保护段属同缆备用（主用和备用光纤在同一缆芯内），则有可能导致工作段（主用）和保护（备用）同时因意外故障而被切断，此时这种保护方式就失去作用了。解决的办法是采用地理上的路由备用方式。这样当主用光缆被切断时，备用路由上的光缆不受影响，仍能将信号安全地传输到对端。通常采用空闲通路作为备用路由，这样既保证了通信的顺畅，同时也不必准备备份光缆和设备，不会造成投资成本的增加。

5.2.3 环路保护

SDH 传输网中所采用的网络结构有多种，其中环形结构才具有真正意义上的自愈功能，故而也称为自愈环，即无需人为干预，网络就能在极短的时间内从失效故障中自动恢复所携带的业务，使用户感觉不到网络已出了故障，因而环形网络具备发现替代传输路由，并重新确立通信的能力，可见它特别适应大容量的光纤通信发展的要求，故得到了广泛的重视。

1. 自愈环结构方式的划分

① 按照自愈环结构来划分，可分为通道倒换环和复用段倒换环。前者是指业务量的保护，它是以通道为基础的保护，它是利用通道 AIS 信号决定是否应进行倒换；后者是指业务量的保护，它是以复用段为基础的保护，当复用段出故障时，复用段的业务信号都转向保护环。

② 按照进入环的支路信号和由分路节点返回的支路信号方向是否相同来划分，可分为单向环和双向环两种。所谓单向环是指所有的业务信号在环中按同一方向传输；而双向环是指进入环的支路信号和由此支路信号分路节点返回的支路信号的传输方向相反。

③ 按照一对节点之间所用光纤的最小数量来划分，可分为二纤环和四纤环。显而易见，前者是指节点间是由两根光纤实现，而后者则是 4 根光纤。

2. 几种典型的自愈结构

综上所述，尽管可组合成多种环形网络结构，但目前多采用下述 5 种结构的环形网络。

（1）二纤单向复用段倒换环

图 5-10（a）所示为二纤单向复用段倒换环的工作原理图，从图中可见，其中每两个具有支路信号分插功能的节点间高速传输线路都具有一备用线路可供保护倒换使用。这样在正常情况下，信号仅在主用光纤 S1 中传输，而备用光纤 P1 空闲。下面以节点 A 和 C 之间的信息传递为例，说明其工作原理。

① 正常工作情况下。信息在 A 节点插入，并由主用光纤 S1 传输，透明通过 B 节点，到达 C 节点，在 C 节点就可以从主用光纤 S1 中分离出所要接收的信息；而从 C 到 A 的信息，由 C 节点插入，同样经主用光纤 S1 传输，经 D 节点到达 A 节点，从而在 A 节点处由主用光纤 S1 中分离出所需接收信息。

② 当 BC 节点间的光缆出现断线故障时。如图 5-10（b）所示，与光缆断线故障点相连

说明其工作原理。

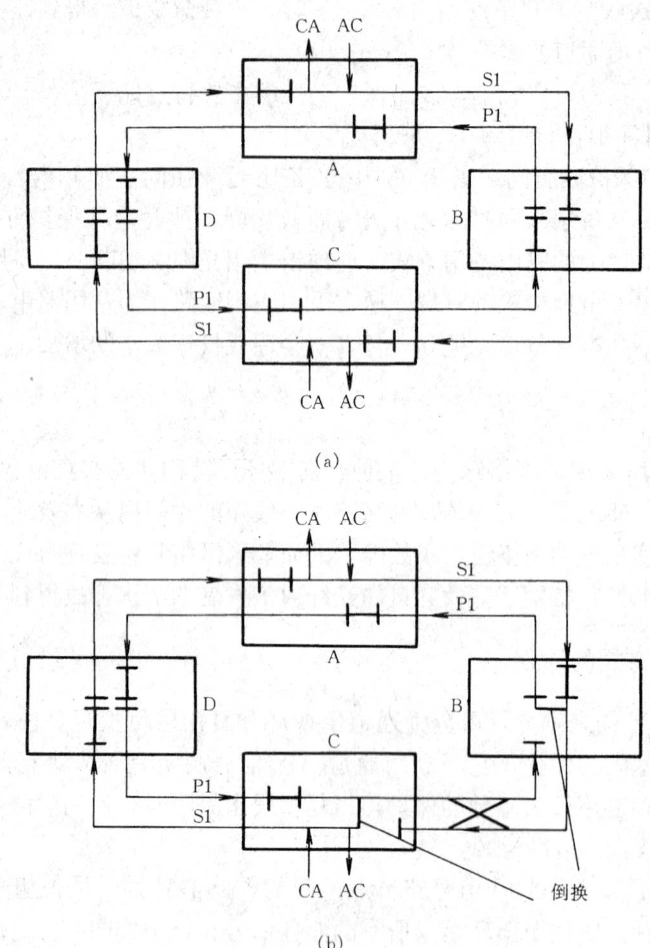

图 5-10 二纤单向复用段倒换环

的两个节点 B、C，自动执行环回功能，因而在节点 A 插入的信息，首先经主用光纤 S1 传输到 B 节点，由于 B 节点具有环回功能，这样信息在此转换到备用信道 P1，经 A、D 节点到达 C 节点，同样利用 C 节点的环回功能，将备用光纤 P1 中传输的信息转回到主用光纤 S1 中，并通过分离处理，可得到由 A 节点插入的信息，从而完成 A 节点到 C 节点间的信息传递，而 C 节点到 A 节点的信息仍是通过主用光纤 S1 经 D 节点传输来完成的。由此可见，这种环回倒换功能可以做到在出现故障情况下，不中断信息的传输，而当故障排除后，又可以启动倒换开关，恢复正常工作状态。

（2）四纤双向复用段倒换环

四纤双向复用段倒换环的工作原理如图 5-11（a）所示，它是以两根光纤 S1 和 S2 共同作为主用光纤，而 P1 和 P2 两根光纤为备用光纤，其中各信号传输方向如图所示。正常情况下，信息通过主用光纤传输，备用光纤空闲。下面同样以 A、C 节点间的信息传输为例，说明其工作原理。

① 正常工作情况下。信息由 A 节点插入，沿主用光纤 S1 传输，经节点 B，到达节点 C，在 C 节点完成信息的分离。当信息由节点 C 插入后，则沿主用光纤 S2 传送，同样经 B

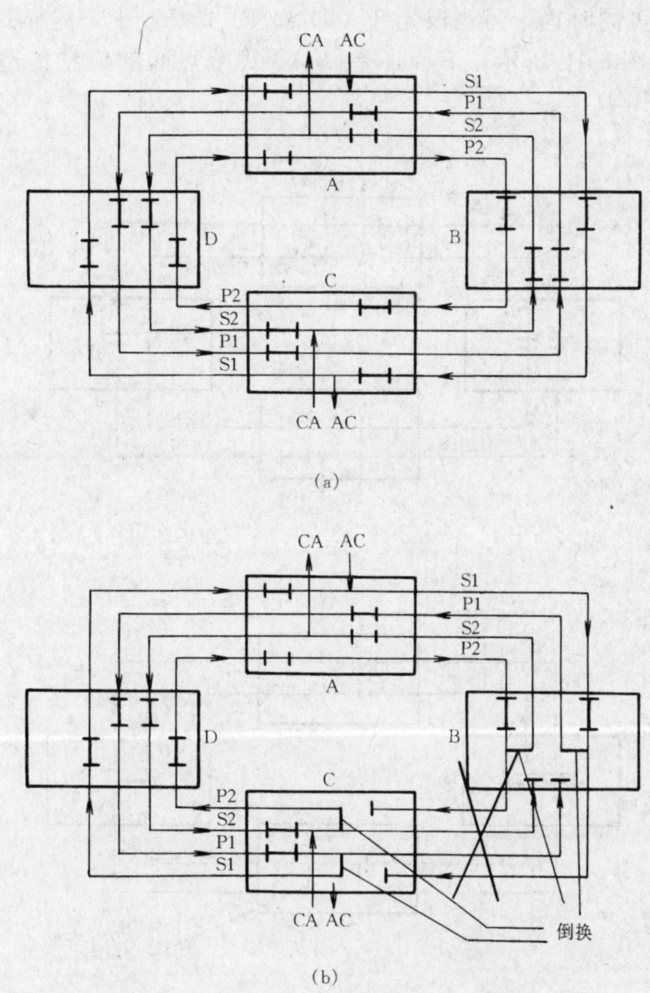

图 5-11 四纤双向复用段倒换环

节点，到达 A 节点，从而完成由 C 节点到 A 节点的信息传送。

② 当B、C节点之间 4 根光纤同时出现断纤故障时。如图 5-11（b）所示，与光纤断线故障相连的节点B、C中各有两个执行环回功能电路，从而在节点B、C，主用光纤 S1 和 S2 分别通过倒换开关，与备用光纤 P1 和 P2 相连，这样当信息由 A 节点插入时，信息首先由主用光纤 S1 携带，到达B节点，通过环回功能电路 S1 和 P1 相连，因而此时信息又转为 P1 所携带，经过节点 A、D到达 C点，通过 C 节点的环回功能，实现 P1 和 S1 的连接，从而完成A到C节点的信息传递。而由C节点插入的信息，首先被送到主用光纤 S2 经C节点的环回功能，使 S2 与 P2 相连接，这时信息则沿 P2 经 D、A 节点，到达 B 节点，由于B节点同样具有环回功能，P2 和 S2 相连，因而信息又转为由 S2 传输，最终到达 A 节点，以此完成C到 A 节点的信息传递。

（3）二纤双向复用段倒换环

从图 5-11（a）可见，S1 和 P2，S2 和 P1 的传输方向相同，由此人们设想采用时隙技术将一个时隙一分为二，前半时隙用于传送主用光纤 S1 的信息，后半时隙用于传送备用光纤 P2 的信息，这样可将 S1 和 P2 的信号置于一根光纤（即 S1/P2 光纤），同样

S2 和 P1 的信号也可同时置于另一根光纤（即 S2/P1 光纤）上，这样四纤环就简化为二纤环。具体结构如图 5-12 所示，下面还是以 A、C 节点间的信息传递为例，说明其工作原理。

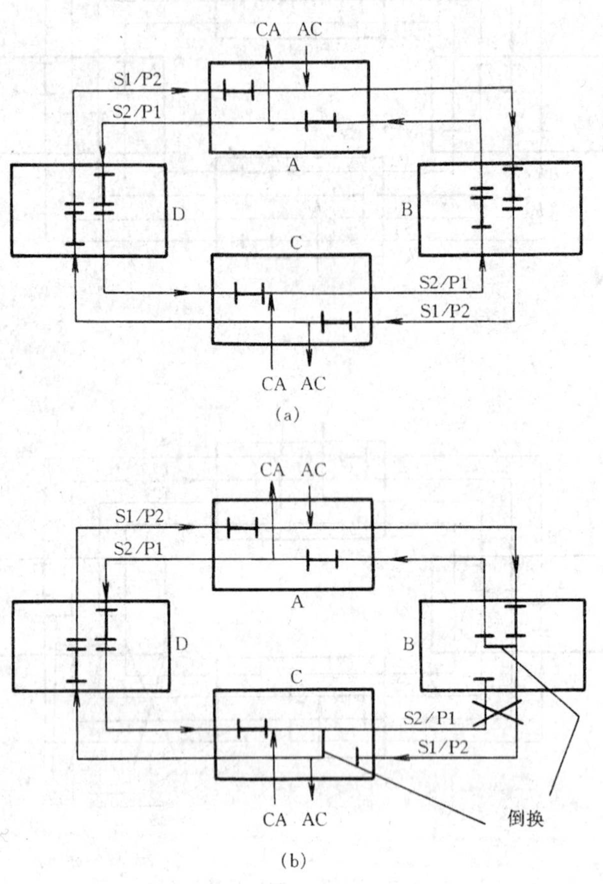

图 5-12 二纤双向复用段倒换环

① 正常工作情况下。当信息由 A 节点插入时，首先是由 S1/P2 光纤的前半时隙所携带，经 B 节点到 C 节点，完成由 A 到 C 节点的信息传送，而当信息由 C 节点插入时，则是由 S2/P1 光纤的前半时隙来携带，经 B 节点到达 A 节点，从而完成 C 到 A 节点信息传递。

② 当 B、C 节点间出现断纤故障时。如图 5-12（b）所示，由于与光纤断线故障点相连的节点 B、C 都具有环回功能，这样，当信息由 A 节点插入时，信息首先由 S1/P2 光纤的前半时隙携带，到达 B 节点，通过回路功能电路，将 S1/P2 光纤前半时隙所携带的信息装入 S2/P1 光纤的后半时隙，并经 A、D 节点传输到达 C 节点，在 C 节点利用其环回功能电路，又将 S2/P1 光纤中后半时隙所携带的信息置于S1/P2光纤的前半时隙之中，从而实现 A 到 C 节点的信息传递，而由 C 节点插入的信息则首先被送到 S2/P1 光纤的前半时隙之中，经 C 节点的环回功能转入 S1/P2 光纤的后半时隙，沿线经 D、A 节点到达 B 节点，又同时由 B 节点的环回功能处理，将 S1/P2 光纤后半时隙中携带的信息转入 S2/P1 光纤的前半时隙传输，最后到达 A 节点，以此完成由 C 到 A 节点的信息传递。

(4) 二纤单向通道倒换环

二纤单向通道倒换环的结构如图 5-13 (a) 所示，可见它采用 1+1 保护方式。当信息由 A 节点插入时，一路由主用光纤 S1 携带，经 B 节点到达 C 节点，另一路由备用光纤 P1 携带，经 D 节点到达 C 节点，这样在 C 节点同时从主用光纤 S1 和备用光纤 P1 中分离出所传送的信息，再按分路通道信号的优劣决定选哪一路信号作为接收信号。同样，当信息由 C 节点插入后，分别由主用光纤 S1 和备用光纤 P1 所携带，前者经 B 节点，后者经 D 节点，到达 A 节点，这样根据接收的两路信号的优劣，优者作为接收信号。

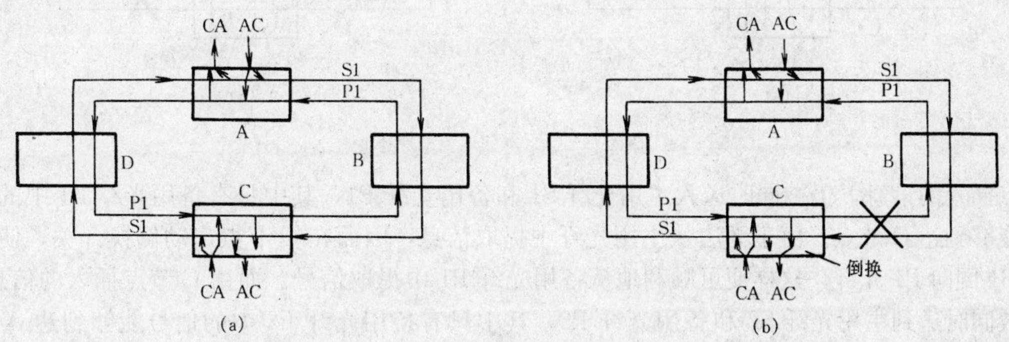

图 5-13 二纤单向通道倒换环

当 B、C 节点间出现断线故障时，如图 5-13 (b) 所示，由节点 A 插入的信息，分别在主用光纤 S1 和备用光纤 P1 中传输，其中在备用光纤 P1 中传输的插入信息经 D 节点到达 C 节点，而在主用光纤 S1 中传输的插入信息则被丢失，这样根据通道选优准则，在节点 C 倒换开关由主用光纤 S1 转至备用光纤 P1，从备用光纤 P1 中选取接收信息。而当信息由 C 节点插入时，则信息也同时在主用光纤 S1 和备用光纤 P1 上传输，其中主用光纤中所传输的插入信息，经 D 节点到达 A 节点，而在备用光纤 P1 中传输的插入信息则被丢失，因而在 A 节点只能以来自主用光纤 S1 的信息作为接收信息。

(5) 二纤双向通道倒换环

在二纤双向通道倒换环上既可以采用 1+1 保护方式，也可以采用 1:1保护方式。下面分别进行讨论。

① 1+1 方式的二纤双向通道倒换环。在图 5-14 (a) 中给出了采用 1+1 方式的二纤双向通道倒换环的结构示意图。从图中可以清楚地看出，在实现保护功能的两根光纤中，一根是用于传输业务信号，即为主用光纤 S1，而另一根是用于传输保护信号的，即为备用光纤 P1，其中各信号的传输方向如图所示。正常情况下，信息同时通过主用光纤和备用光纤进行传输，下面仍用 A、C 节点间的信息传输为例，说明其工作原理。

a. 正常工作情况下。当信息由 A 节点插入时，将被同时送入主用光纤 S1 和备用光纤 P1，其中主用光纤中的信号经过 D 节点到达 C 节点，而备用光纤中的信号则经过 B 节点，最后也到达 C 节点。正常工作条件下，C 节点从主用光纤 S1 中提取接收信息。当信息由 C 节点插入时，同样，将其同时送入主用光纤和备用光纤，前者中的信号经过 B 节点到达 A 节点，后者中的信号则经过 D 节点到达 A 节点，A 节点也首先从主用光纤中提取信号。

b. 当 B、C 节点之间的两根光纤同时出现断纤故障时。如图 5-14 (b) 所示，此时由 A

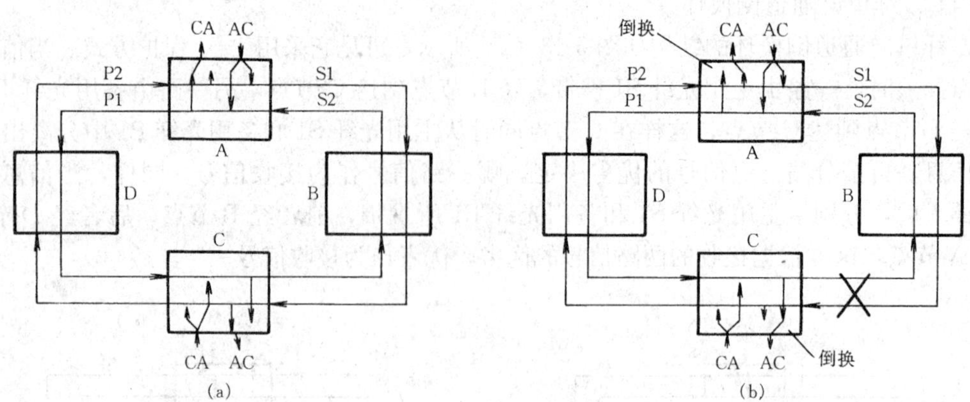

图 5-14 二纤双向通道倒换环

节点插入的信息，仍被同时送入主用光纤 S1 和备用光纤 P1，其中只有备用光纤 P1 中的信号能够到达 C 节点。由于无法从主用光纤中提取信息，因而在 C 节点启动倒换开关，使其由 S1 倒向 P1 光纤，这样便可顺利地从备用光纤 P1 中提取信号。而由 C 节点插入的信息，仍被同时送到主用光纤 S2 和备用光纤 P2，其中只有备用光纤 P2 中的信号能够到达 A 节点，因此 A 节点启动倒换开关，由备用光纤中提取信息。

与二纤单向通道倒换环相比，这种 1＋1 方式的双向通道倒换环主要优势体现在可以利用相关设备在无保护环或线性应用场合下具有通道再利用的功能，这样使总的分插业务量得以增加。

② 1∶1方式的二纤双向通道倒换环。1∶1方式的二纤双向通道倒换环的结构与图 5-14（a）相似，只是插入的信息仅在主用光纤中传输。正常工作情况下，可利用保护通道传输一些额外的保护级别较低的业务量，从而提高了系统利用率。但在出现故障时，则启动倒换开关从主用通道转向保护通道，这样信号可以通过保护通道进行传输。

在这种结构的倒换环中虽然需要采用 APS 协议，但可传输额外业务量，并具有可选择较短路由和易于查找故障等特点。尤其重要的是可由 1∶1方式进一步演变成 M∶N 方式，这样可由用户决定只对哪些业务实施保护，无需保护的通道仍可传输额外业务量，从而大大提高了可用业务容量。缺点是需由网管系统进行管理，而且保护恢复时间要比 1＋1 保护方式长。

3. 保护功能的实现

在前面介绍了当用于点对点通信时，自动保护倒换字节 K1、K2 的操作过程，从中可知此时是用于两终端设备之间的通信，其中 K1、K2 字节是透明地通过再生器，再生器对它们并不做任何处理。而对于点对点的 1∶n 保护方式而言，则必须通过 K1 和 K2 字节在两终端设备之间进行通信，来明确指出在这两端的同一个工作信道被倒换保护到保护信道上去。

然而就环形网来说，其区别在于 ADM 必须在所发出 K1 和 K2 字节中，明确指示该字节是由环上的哪一个 ADM 来接收，这样 K1、K2 字节便会透明地通过其他 ADM。另外，由于在自愈环中实施的是 1∶1保护方式，因此，在 K1 和 K2 字节中无需标识出哪个工作信道将被倒换到保护信道上去，具体区别如图 5-15 所示。

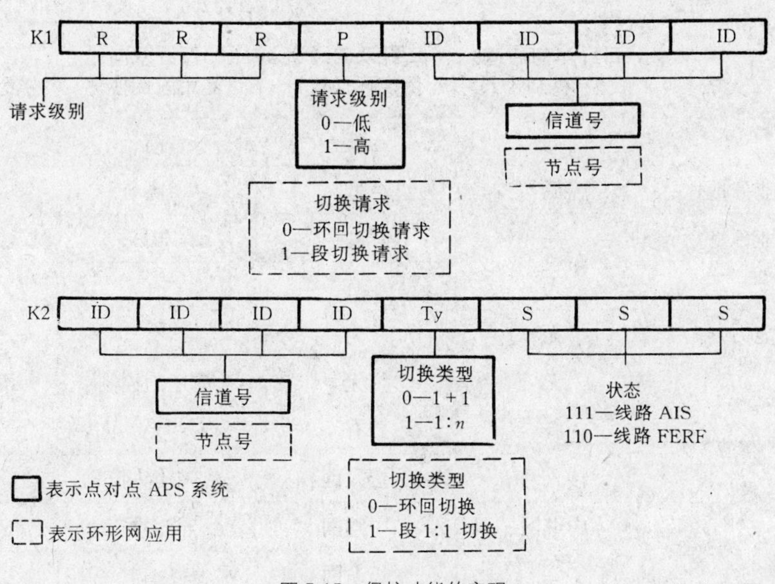

图 5-15 保护功能的实现

4. 几种环网的比较

由上面的分析可知，当环形网络所采用的物理结构不同时，其保护原理也不同。表5-3中列出了几种具有自愈功能的环形网络的特性比较结果。

下面就对表中的一些问题加以说明。

(1) 容量与业务量的分布关系

在环网中存在 3 种典型的业务量分布，具体如下：

① 相邻业务量——业务量主要分布在相邻节点之间；

② 均匀业务量——业务量均匀地分布于各节点之间；

③ 集中业务量——业务量集中分布于某些节点。

在表 5-3 中可以看出，环网中的业务量分布模型不同，环网的工作特性也不同。

表 5-3 几种自愈环特性的比较

项　目	二纤单向通道倒换环（1+1）	二纤双向通道倒换环（1:1）	四纤双向复用段倒换环	二纤双向复用段倒换环
节点数	K	K	K	K
额外业务量	无	有	有	有
保护容量（相邻业务量）	1	1	K	$0.5K$
保护容量（均匀业务量）	1	1	3～3.8	1.5～1.9
保护容量（集中业务量）	1	1	1	1
基本容量单位	VC-12/3/4	VC-12/3/4	AU-4	AU-4
保护时间（ms）	30	50	50	50～200

续表

项　　目	二纤单向通道倒换环（1+1）	二纤双向通道倒换环（1:1）	四纤双向复用段倒换环	二纤双向复用段倒换环
初始成本	低	低	高	中
成本（集中业务量）	低	低	高	中
成本（均匀业务量）	高	高	中	中
APS	无	有	有	有
抗多点失效能力	无	无	有	无
错连问题	无	无	需压制控制	需压制控制
端到端保护	有	有	无	无
应用场合	接入网	接入网	中继网	中继网
	中继网	中继网	长途网	长途网
		长途网		

（2）网络业务容量

所谓网络业务容量是指网络中所能携带的最大信号容量。由于一个环网的实际业务量与业务量分布有关。下面我们就以相邻业务量分布模型为例来进行说明。对于二纤单向通道倒换环而言，由于是同时将所有支路信号送入主备用光纤中，并沿光纤传输（此时主备光纤中信号的传输方向相反），最后由指定的接收节点进行接收。因而正常情况下，信号是由送入节点接入，如果其主用信号按顺时针方向到达接收节点，那么备用信号则沿逆时针方向到达接收节点，相当于通过一个完整的环。这样环的业务容量应为进入环的所有业务量之和，即等于节点处 ADM 的系统容量 STM-N。而对于二纤单向复用段倒换环来说，虽然正常情况下备用通道是空闲的，但可用保护时隙传输其他信息（不被保护的信息），因而其结论与二纤单向通道倒换环相同。

在四纤双向复用段倒换环中，正常时送入的支路信号仅经一段环路的传输，便可到达接收节点，因而业务通道是可以同时使用的，即允许更多的节点进行支路信号的分插。极限情况下，每个节点都可以按全部系统容量进行分插。如果环路中共有 K 个节点，那么整个环的业务容量为单个节点系统容量的 K 倍，即 $K\times$STM-N。

二纤双向复用段倒换环是四纤双向复用段倒换环的简化结构。由于它只利用了一半的时隙，因而环的最大业务容量也只为其一半，即$\frac{K}{2}\times$STM-N。

以上分析是建立在相邻业务分布模型基础之上的。对于比较均匀的分布型业务量来说，四纤环和二纤环的业务容量仅能分别增加 3～3.8 倍和 1.5～1.9 倍。对于集中型业务量分布，则无任何增加。

（3）成本与容量的关系

当四纤环与二纤环进行比较时，可以清楚地发现，四纤环中所需光纤数量是二纤环的两倍。因而在相同速率下，其成本也应是二纤环的两倍，但其所能提供的业务容量较高。这样在进行系统设计时，应考虑业务容量、业务量需求模型和节点数等因素。

当业务量分布呈集中型时，单向环比双向环经济；当业务量分布呈较均匀的分布型时，其成本则与环上所存在的节点数有关。当存在的节点数较少时，单向环较双向环经济，但节点数相对较多时，双向复用段保护方式更经济。而当业务量不大时，二纤环既经济又实惠，反之四纤环更经济。此外，四纤环可以抗多点失效，同时也能采用波分复用技术，使之更适于大业务量的场合。

(4) 保护等级

就保护倒换方式来说，环形网可分为通道倒换和复用段倒换环。复用段保护是以链路为基础的在复用段级别上的保护，其保护功能是由复用段开销完成的，因而无法做到端到端的连接保护。而通道倒换是以支路为基础的在通道级别上的保护，它与系统的速率、格式和特性无关，它能够保护某些主要通道，并且能够做到端到端连接（包括线路级和支路级的）保护，从而进一步扩展了保护范围。

(5) 错链问题

错链问题指的是在保护倒换时业务信号的走向出现错误，从而导致错连。实际中可采用压制功能，即丢掉错连的业务量，从而克服此差错。

5.2.4 DXC保护

DXC保护主要是指利用DXC设备在网孔形网络中进行保护的方式。在业务量集中的长途网中，一个节点有很多大容量的光纤支路，它们彼此之间构成互连的网孔形拓扑。若是在节点处采用DXC4/4设备，则一旦某处光缆被切断时，利用DXC4/4的快速交叉连接特性，可以很快地找出替代路由，并且恢复通信。于是产生了DXC保护方式，如图5-16所示。

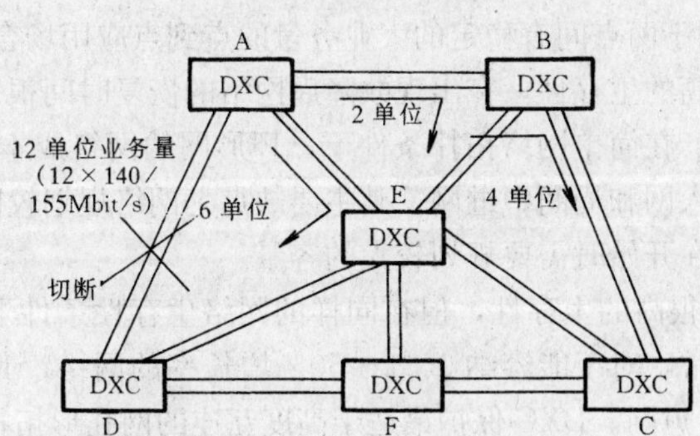

图 5-16 采用DXC为节点的保护

DXC保护方式是这样进行保护的：例如，假设从A到D节点，本有12个单位的业务量（假设为12×140/155Mbit/s），当AD间的光缆被切断后，DXC可以从网络中发现图中所示的3条替代路由来共同承担这几个单位的业务量。从A经E到D分担6个单位，从A经B和E到D为2个单位，从A经B、C和F到D为4个单位。由此可见，网络越复杂，可供选择的代替路由越多，DXC恢复效率也越高。这样看来适当增加DXC节点数量可进一步提高网络恢复能力，但这样做又同时增加了DXC设备间的端口容量及线路数量，从而增加成本，因此DXC节点数也不易过多。

5.2.5 混合保护

所谓混合保护是采用环形网保护和 DXC 保护相结合的方式，这样可以取长补短，大大增加网络的保护能力。混合保护结构如图 5-17 所示。

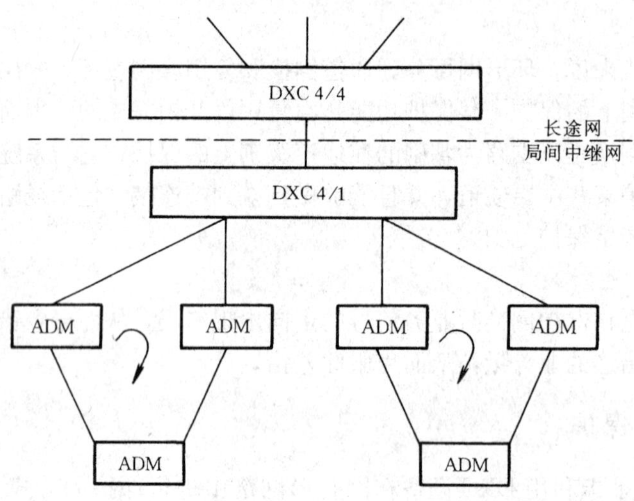

图 5-17 混合保护结构

5.2.6 各种自愈网的比较

线路保护倒换方式（采用路由备用线路）配备容易，网络管理简单，而且恢复时间很短(50ms 以内)，主要适用于两点间有稳定的大业务量的点到点应用场合。

环形网结构具有很高的生存性，在出现故障后网络的恢复时间很短（小于 50ms)，具有良好的业务量疏导能力，在简单网络拓扑条件下，环形网的网络成本要比 DXC 低很多，环形网主要适用于用户接入网和局间中继网。其主要缺点是网络规划较困难，开始时很难准确预计将来的发展，因此在开始时需要规划较大的容量。

DXC 保护同样具有很高的生存性，但在同样的网络生存性条件下所需附加的空闲容量远小于网孔形网络。通常，对于能容纳 15%～50%增长率的网络，其附加的空闲容量足以支持采用 DXC 保护的自愈网。DXC 保护最适于高度互连的网孔形拓扑，例如用于长途网中更显出 DXC 保护的经济性和灵活性，DXC 也适用于作为多个环形网的汇接点。DXC 保护的一个主要缺点是网络恢复时间长，通常需要数十秒到数分钟。

混合保护网的可靠性和灵活性较高，而且可以减少对 DXC 的容量要求，降低 DXC 失效的影响，改善了网络的生存性，另外，环的总容量由所有的交换局共享。

小　结

本章从分层和分割的概念开始，就传送网的概念、SDH 的网络结构和 SDH 网络的安全性措施等方面进行了详细分析。其中的要点如下。

1. 传送网的基本概念

传输网是以信息信号通过具体物理媒质传输的物理过程来描述。它是由具体设备组成的网络。

2. 分层与分割的概念

SDH 传送网的分层模型（电路层网络、通道层网络、传输媒质层网络）。

层网络分割：子网分割、网络连接与子网连接分割。

引入分层与分割概念的好处。

3. SDH 网络拓扑结构

点对点线形、星形、树形、环形结构等网络结构。

4. SDH 网络规划原则

5. 我国 SDH 网络结构

6. 自愈网的概念

所谓自愈网就是无需人为干预网络就能在极短时间内从失效状态中自动恢复所携带的业务，使用户感觉不到网络已出现了故障。

基本原理就是使网络具有备用路由，并重新确立通信能力。

7. 线路保护倒换

线路保护自愈形式：$1:n$ 保护方式；1+1 保护方式。

线路保护的实现。

8. 环路保护

环路保护自愈形式：二纤单向复用段倒换环；四纤双向复用段倒换环；二纤双向复用段、通道倒换环；二纤单向通道倒换环。

环路保护的实现。

9. DXC 保护

DXC 保护形式是指利用 DXC 设备在网孔形网络中进行保护的方式。

10. 混合保护

混合保护形式是指采用环形网保护和 DXC 保护相结合的方式。

复　习　题

1. 什么是传送网？什么是传输网？
2. 简述 SDH 传送网的分层模型。
3. 什么是星形网络结构？该网的特点是什么？
4. 画出网孔形网络结构图。
5. 简述我国所采用的 SDH 网络结构的特点。
6. 写出自愈网的概念，并举例进行说明。
7. 画出二纤双向复用段倒换的结构图，并说明其工作原理。
8. 简述 DXC 保护的原理。

第6章 SDH的网同步

在数字通信网中传输和交换的都是数字信号，为实现链路之间和链路与交换节点之间的连接，最重要的是使它们能协调地工作，作到网同步。

本章首先简单介绍网同步的基本概念，然后详细讨论 SDH 的网同步所涉及的一些问题，主要包括 SDH 网同步结构、SDH 网同步的工作方式、对 SDH 网同步的要求及 SDH 网元时钟的定时方法等。

6.1 网同步的基本概念

6.1.1 网同步的概念

所有数字网都要实现网同步。所谓网同步是使网中所有交换节点的时钟频率和相位保持一致（或者说所有交换节点的时钟频率和相位都控制在预先确定的容差范围内），以便使网内各交换节点的全部数字流实现正确有效的交换。

6.1.2 网同步的必要性

为了说明网同步的必要性，可引用图 6-1 所示的数字网示意图。图中各交换局都装有数字交换机，该图是将其中一个加以放大来说明其内部简要结构的。每个数字交换机都以等间隔数字比特流将信号送入传输系统，通过传输链路传入另一个数字交换机（经转接后再送给被叫用户）。

以交换局 C 为例，其输入数字流的速率与上一节点（假设为 A 局）的时钟频率一致，输入数字流在写入脉冲（从输入数字流中提取的）的控制下逐比特写入（即输入）到缓冲存储器中，而在读出脉冲（本局时钟）控制下从缓冲存储器中读出（即输出）。显然，缓冲存储器的写入速率（等于上一节点的时钟频率）与读出速率（等于本节点的时钟频率）必须相同，否则，将会发生以下两种信息差错的情况。

① 若写入速率大于读出速率——将会造成存储器溢出，致使输入信息比特丢失（即漏读）。可以这样理解，由于写得快读得慢，到一定时刻，某个码元还没来得及读出，下一个码元又已经写入，而在读出脉冲的控制下从缓冲存储器中读出最接近的码元，所以会出现漏读现象，如图 6-2（a）所示。

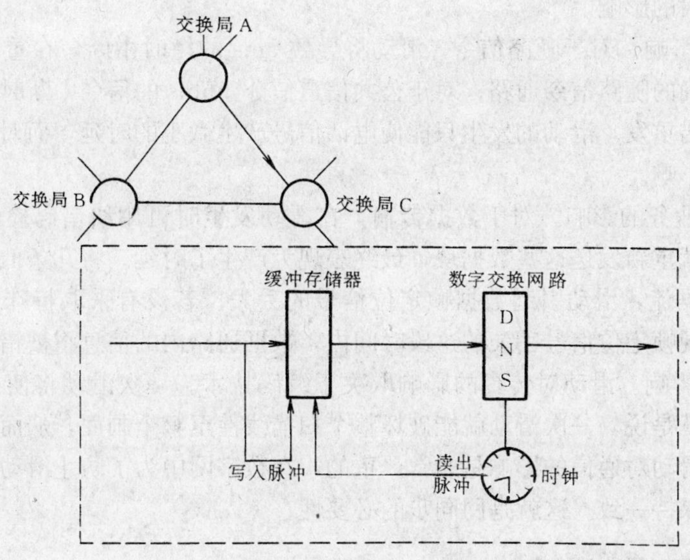

图 6-1 数字网示意图

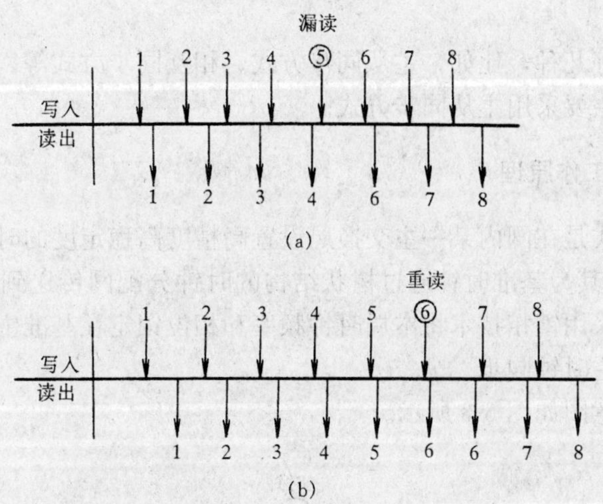

图 6-2 漏读、重读现象示意图

② 写入速率小于读出速率——可能会造成某些比特被读出两次，即重复读出（重读）。由于写得慢读得快，到一定时刻，某个码元刚被读出后，下一个码元还没来得及写入，而在读出脉冲的控制下又要从缓冲存储器中读出，刚被读出码元又被重读一次，所以会出现重读现象，如图 6-2（b）所示。

产生以上两种情况都会造成帧错位，这种帧错位的产生就会使接收的信息流出现滑动。滑动将使所传输的信号受到损伤，影响通信质量，若速率相差过大，还可能使信号产生严重误码，直至通信中断。滑动对不同业务的影响简单说明如下。

a. 对 PCM 编码的语声信号即电话业务的影响。由于语声信号的编码冗余较高，因此，对滑动的灵敏度很低。一次滑动将会在解码后的语声信号中产生一次喀呖声，每分钟一次滑动率不会产生很大的影响。

b. 对信令的影响。对于随路信令，滑动将导致 5ms 的短时中断，在重新实现复帧定位后，才能沟通正确的随路信令通路；对于公共信道信令，5ms 的信令中断时间不会使信令传输中断，因为检错重发，滑动的发生只能使电话信号产生微小的时延，而对网络的信令功能一般没有太大的影响。

c. 对于数据业务的影响。对于数据传输，在滑动发生时可用纠错码检出受到影响的数据块，一经检出就重新发送这些数据块，最终表现为产生了时延。将几条低速数据通路复接成 64kbit/s 的数据流，滑动引起数据帧定位信号的丢失。若没有采取特殊的保护措施，则从滑动发生到发现帧定位信号丢失的这段时间内，数据通路内的信息将被错误地传送。

d. 对传真的影响。滑动对传真的影响取决于编码技术。一次滑动将使扫描线的余下部分稍有移位，这就是说，一次滑动就能破坏整个扫描线甚至整个画面，从而必须重新传输。

由此可见，滑动对通信的影响是非常严重的，在数字网中为了防止滑动，必须使全网各节点的时钟频率保持一致。这就是网同步的必要性。

6.1.3 网同步的方式

1. 网同步的方式

网同步的方式有好几种，比如，主从同步方式、相互同步方式等。目前，各国公用网中交换节点时钟的同步主要采用主从同步方式。

2. 主从同步方式工作原理

所谓主从同步方式是在网内某一主交换局设置高精度高稳定度的时钟源（称为基准主时钟或基准时钟），并以其为基准时钟通过树状结构的时钟分配网传送到（分配给）网内其他各交换局，各交换局采用锁相技术将本局时钟频率和相位锁定在基准主时钟上，使全网各交换节点时钟都与基准主时钟同步。

主从同步方式示意图如图 6-3 所示。

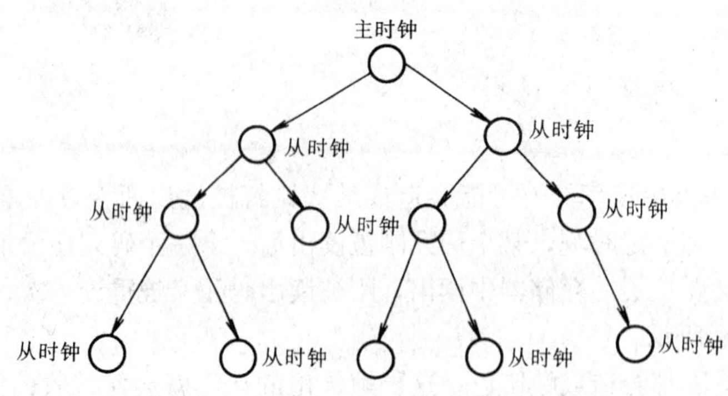

图 6-3 主从同步方式

主从同步方式一般采用等级制，目前 ITU-T 将时钟划分为四级：

① 一级时钟——基准主时钟，由 G. 811 建议规范；

② 二级时钟——转接局从时钟，由 G. 812 建议规范；

③ 三级时钟——端局从时钟，也由 G. 812 建议规范；

④ 四级时钟——数字小交换机（PBX）、远端模块或 SDH 网络单元从时钟，由 G. 813 建议规范。

上面提到主从同步方式各级从时钟都要采用锁相技术将本局时钟频率和相位锁定在基准主时钟上，锁相环路（又称锁相震荡器）的基本构成如图 6-4 所示。

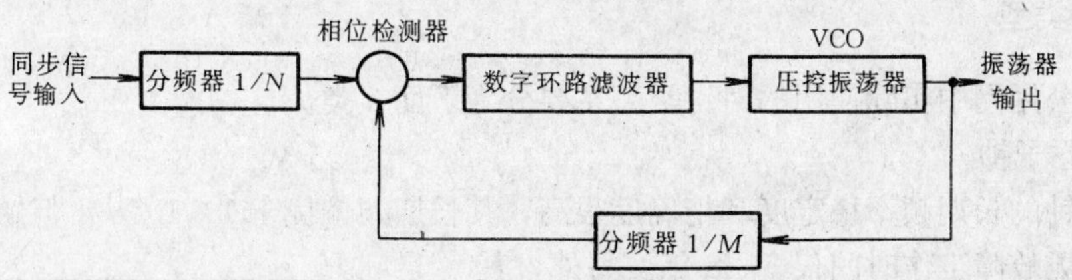

图 6-4　锁相震荡器基本构成框图

锁相震荡器主要由相位检测器、数字环路滤波器以及压控震荡器组成。另外，为了配合外同步频率和压控震荡器的频率变换，使输入相位检测器的两个信号频率相等，还需要设置分频器，如图 6-4 中的 $1/N$、$1/M$ 分频器。

锁相震荡器各部分的作用如下。

- 相位检测器——用于检测或比较输入基准信号与本地压控振荡器（VCO）输出信号之间的相位差，并将其相位差的变化转换为电压的变化，而后经环路滤波器滤除其高频分量使其输出平滑，用以控制 VCO 的输出频率和相位。

- 数字环路滤波器——是具有低通特性的积分器，其主要参数是环路时间常数，它决定了对相位检测器输出信号高频分量的滤除及低频抖动的平滑程度。环路时间常数与低频抖动平滑截止频率 f_c 的关系为

$$f_c = \frac{1}{2\pi\tau_{loop}}$$

式中，τ_{loop} 是环路时间常数。

从上式可以看出，τ_{loop} 越长，截止频率越低。

由锁相环路工作原理可知，τ_{loop} 的大小影响着环路的“捕捉”及“跟踪”。快速捕捉需要较小的时间常数，可以较快地达到锁定状态；正常跟踪需要较大的时间常数，以便更好地滤除输入信号的相位波动。目前，厂家已做出可变环路时间常数的数字锁相环，τ_{loop} 的变化范围可在 100～10 000s 之间。

- 压控振荡器——VCO 在一定范围内输入电压控制可以改变其输出信号的频率和相位。当外加基准时钟信号与 VCO 输出信号的相位差稳定在一个很小的数值，即接近于零时，则环路进入锁定状态，即 VCO 输出频率锁定在输入基准频率值上。

VCO 应具有较高的稳定度，通常用晶体振荡器来实现。根据时钟应用重要性的要求，应设有备用装置，故障时可自动倒换，根据需要也可以人工倒换。

3. 主从同步方式的优缺点

主从同步方式的主要优点是网络稳定性较好，组网灵活，适于树形结构和星形结构，对从节点时钟的频率精度要求较低，控制简单，网络的滑动性能也较好（理论上没有滑动）。

主要缺点是对基准主时钟和同步分配链路的故障很敏感，一旦基准主时钟发生故障会造成全网的问题。为此，基准主时钟应采用多重备份以提高可靠性，同步分配链路也尽可能有备用。

6.1.4 时钟类型和工作模式

1. 时钟类型

目前，公用网中实际使用的时钟类型主要分为下面 3 类。

（1）铯原子钟

铯原子钟的长期频率稳定度和精确度很高，其长期频偏优于 1×10^{-11}，但缺点是可靠性较差，平均无故障工作时间仅 5～8 年。另外，其短期稳定度也不够理想，实际测量结果如图 6-5 所示。

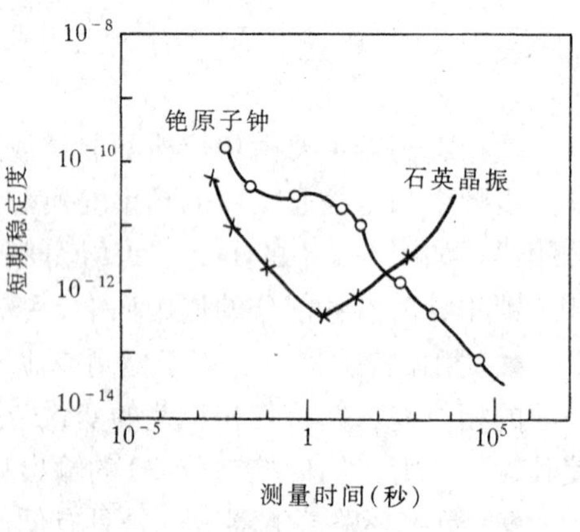

图 6-5 时钟的短期稳定度

当采用多重备用和自动切换技术后，铯原子钟的可靠性较高，因此它一般作为全网同步的最高等级的基准主时钟。

（2）石英晶体振荡器

石英晶体振荡器（简称石英晶振）是应用范围十分广泛的廉价频率源，优点是可靠性高，价格低，频率稳定度范围很宽，采用高质量恒温箱的石英晶振的老化率可达 10^{-11}/天。其缺点是长期频率稳定度不好，实际测量结果如图 6-5 所示，与铯原子钟特性恰好互补。

一般，高稳定度石英晶振可以作为长途交换局和端局的从时钟，此时石英晶振采用窄带锁相环，并具有频率记忆功能；低稳定度石英晶振可以作为远端模块或数字终端设备的时钟。

（3）铷原子钟

铷原子钟过去用得很少，随着技术的进步，正在逐步采用这种时钟源。它的特点是：其性能（稳定度和精确度）和成本介于上述两种时钟之间。具有出色的短期稳定度，且成本较低，其寿命大约 10 年。频率可调范围大于铯原子钟，长期稳定度与铯原子钟相比低一个量级左右。铷原子钟适于作同步区的基准时钟。

2. 从时钟工作模式

在主从同步方式中，节点从时钟有 3 种工作模式。

（1）正常工作模式

正常工作模式指在实际业务条件下的工作，此时，时钟同步于输入的基准时钟信号。影响时钟精度的主要因素有基准时钟信号的固有相位噪声和从时钟锁相环的相位噪声。

（2）保持模式

当所有定时基准丢失后，从时钟可以进入保持模式。此时，从时钟利用定时基准信号丢失之前所存储的频率信息（定时基准记忆）作为其定时基准而工作。这种方式可以应付长达数天的外定时中断故障。

（3）自由运行模式

当从时钟不仅丢失所有外部定时基准，而且也失去了定时基准记忆或者根本没有保持模式，从时钟内部振荡器工作于自由振荡方式，这种方式称为自由运行模式。

6.2 SDH 的网同步

6.2.1 SDH 的引入对网同步的影响

SDH 有很多优点，然而，SDH 的引入会对网同步产生重要影响，主要体现在以下几点。

1. 指针调整产生相位跃变

数字信号在经过 SDH/PDH 网边界时，因为要经过复用或解复用，所以需要进行指针调整。而 SDH 特有的指针调整会在 SDH/PDH 网边界产生很大的相位跃变。每当用来传送网络定时基准的 2Mbit/s 信号通过 SDH 网时，都会遭受到 8UI 的指针调整影响，使定时基准信号产生相位变化，对网同步的影响非常大。对于嵌入在高次群（如 140Mbit/s 等）信号内的 2Mbit/s 信号通过 SDH 网时，由于承载速率很高，尽管也遭受 8UI（34Mbit/s 或 8Mbit/s）甚至 24UI（140Mbit/s）的指针调整影响，但对应的输出相位变化要小得多（因为 1 个 UI 为一个比特的持续时间，数字信号的速率越高，1 个比特的持续时间就越短，即 1 个 UI 代表的时间也就越短），对网同步造成的影响也小得多。虽然，目前可以采取一些技术措施使这些相位变化减小，但其影响还不可能完全消除。

2. SDH 不同规格的净负荷的混合传输不利于网同步规划

SDH 允许不同规格的净负荷实现混合传输，十分方便灵活，但却不利于网同步的规划。

在 SDH 网中，网元收到的 2Mbit/s 一次群信号既可能是单独传来的，也可能是嵌入在高次群信号内一起传来的，虽然两者的定时性能有很大的不同，但由于 SDH 网中的 DXC 和 ADM 都有分插和重选路由的能力，因而在网中很难区分具有不同经历的 2Mbit/s 信号，也就难以确定最适于作网络定时的 2Mbit/s 信号。显然，这给网同步规划带来困难。

3. SDH 自愈环、路由备用和 DXC 的自动配置功能造成网同步定时选择的复杂性

SDH 自愈环、路由备用和 DXC 的自动配置功能带来了网络应用的灵活性和高生存性，但却增加了网同步定时的选择的复杂性。在 SDH 网中，网络定时的路由随时都有可能变化，因而其定时性能也随时可能变化，即网元的外定时（在 SDH 网中网元时钟也应保持同步）质量无法确定，给网同步规划带来极大的困难。

总而言之，SDH 的引入将会对网同步的规划和管理产生重要影响，所以我们在规划和设计 SDH 时应注意到这一点。

6.2.2 SDH 网同步结构

1. SDH 网同步的特点

如果数字网交换节点之间采用 SDH 作为传输手段，此时不仅是各交换节点的时钟要同基准主时钟保持同步，而且 SDH 网内各网元（如终端复用器、分插复用器、数字交叉连接设备及再生中继器等）也应与基准主时钟保持同步。

在 SDH 网中，各网元如终端复用器、分插复用器及数字交叉连接设备之间的频率差是靠调节指针值来修正的。也就是使用指针调整技术来解决节点之间的时钟差异带来的问题。由于在 SDH 网中是以字节为单位进行复接的，所以指针调整也是以字节为单位进行的（TU-12 和 TU-3 的调整单位为 1 个字节；AU-4 的调整单位为 3 个字节）。指针调整会引起相位抖动，一次指针调整所引起的抖动可能不会超出网络接口所规定的指标，但当指针的调整速率不能受到控制而使抖动频繁地出现和积累并超过网络接口抖动的规定指标时，将引起信息净负荷出现差错。因此，在 SDH 网中网元内时钟也应保持同步。

2. SDH 网同步结构

SDH 网同步通常采用主从同步方式。

(1) 局间应用

局间同步时钟分配采用树形结构，使 SDH 网内所有节点都能同步。各级时钟间关系如图 6-6 所示。

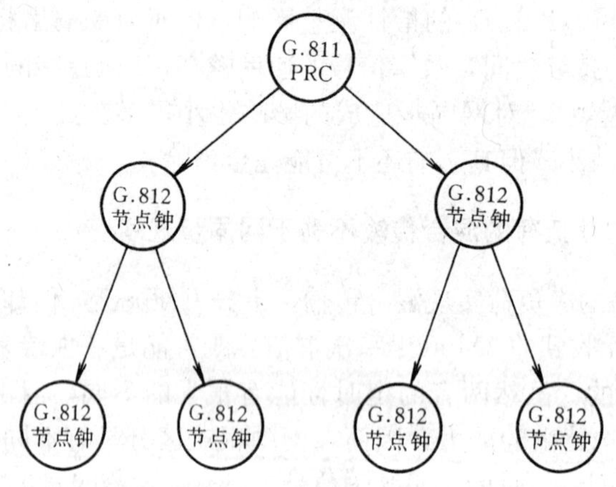

图 6-6 局间分配的同步网结构

需要注意以下几点。

① 低等级的时钟只能接收更高等级或同一等级时钟的定时，这样做的目的是防止形成定时环路（所谓定时环路是指传送时钟的路径——包括主用和备用路径形成一个首尾相连的环路，其后果是使环中各节点的时钟一个个互相控制以脱离基准时钟，而且容易产生自激），造成同步不稳定。

② 由于 TU 指针调整引起的相位变化会影响时钟的定时性能，因而通常不提倡采用在 SDH TU 内传送的一次群信号（2.048Mbit/s 或 1.544Mbit/s）作为局间同步分配，而直接采用高比特率的 STM-N 信号传送同步信息。即不宜采用从 STM-N 信号中分解（解复用）出的 2.048Mbit/s 或 1.544Mbit/s 信号作为基准定时信号，因为在分解的过程中要进行指针调整，而指针调整会引起相位抖动，继而影响时钟的定时性能。所以一般采用频率综合的办法直接从 STM-N 信号中提取 2.048Mbit/s 或 1.544Mbit/s 信号作为基准定时信号。

③ 为了能够自动进行捕捉并锁定于输入基准定时信号，设计较低等级时钟时还应有足

够宽的捕捉范围。

(2) 局内应用

局内同步分配一般采用逻辑上的星形拓扑。所有网元时钟都直接从本局内最高质量的时钟——综合定时供给系统（BITS）获取。

综合定时供给系统也称通信楼综合定时供给系统，是属于受控时钟源。在重要的同步节点或通信设备较多以及通信网的重要枢纽都需要设置综合定时供给系统，以起到承上启下、沟通整个同步网的作用。BITS是整个通信楼内或通信区域内的专用定时钟供给系统，它从来自别的交换节点的同步分配链路中提取定时，并能一直跟踪至全网的基准时钟，并向通信楼内或区域内所有被同步的数字设备提供各种定时时钟信号。BITS是专设置的定时时钟供给系统，从而能在各通信楼或通信区域内用一个时钟统一控制各种网的定时时钟，如数字交换设备、分组交换网、数字数据网、7号信令网、SDH设备以及宽带网等。故而解决了各种专业业务网和传输网的网同步的问题，同时也有利于同步网的监测、维护和管理。

SDH网中采用BITS可以减少外部定时链路的数量，允许局内不同业务的通信共享定时设备，局间不同业务的通信使用单一的局间同步链路，还能支持64kbit/s速率的互连，因而是局内同步的理想结构。这里有以下几点需要说明。

① 带有BITS的节点时钟一般至少为三级或二级时钟。

② 局内通过BITS分配定时时，应采用2Mbit/s或2MHz专线。由于2Mbit/s信号具有传输距离长等优点，因而应优选2Mbit/s信号。

③ 定时信号再由该局内的SDH网元经SDH传输链路送往其他局的SDH网元。

局内时钟间关系如图6-7所示。

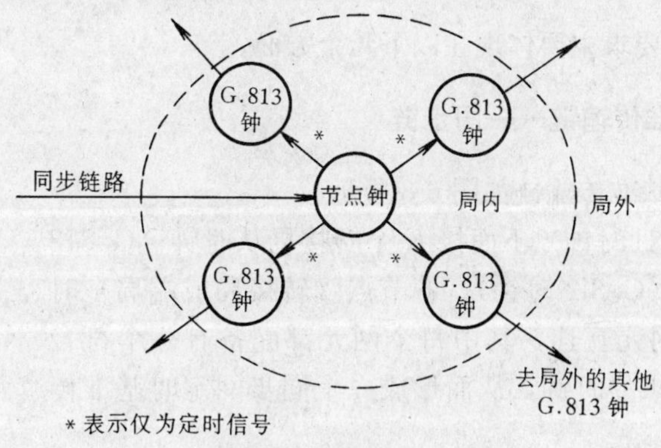

图6-7 局内分配的同步网结构

6.2.3 SDH网同步的工作方式

SDH网同步有4种工作方式。

1. 同步方式

同步方式指在网中的所有时钟都能最终跟踪到同一个网络的基准主时钟。在同步分配过程中，如果由于噪声使得同步信号间产生相位差，则由指针调整进行相位校准。同步方式是单一网络范围内的正常工作方式。

2. 伪同步方式

伪同步方式是在网中有几个都遵守 G. 811 建议要求的基准主时钟，它们具有相同的标称频率，但实际频率仍略有差别。这样，网中的从时钟可能跟踪于不同的基准主时钟，形成几个不同的同步网。因为各个基准主时钟的频率之间有微小的差异，所以在不同的同步网边界的网元中会出现频率或相位差异，这种差异仍由指针调整来校准。伪同步方式是在不同网络边界以及国际网接口处的正常工作方式。

3. 准同步方式

准同步方式是同步网中有一个或多个时钟的同步路径或替代路径出现故障时，失去所有外同步链路的节点时钟，进入保持模式或自由运行模式工作。该节点时钟频率和相位与基准主时钟的差异由指针调整校准。但指针调整会引起定时抖动，一次指针调整引起的抖动可能不会超出规定的指标。可当准同步方式时，持续的指针调整可能会使抖动累积到超过规定的指标而恶化同步性能，同时将引起信息净负荷出现差错。

4. 异步方式

异步方式是网络中出现很大的频率偏差（即异步的含义），当时钟精度达不到 ITU－T G. 813所规定的数值时，SDH 网不再维持业务而将发送 AIS 告警信号。异步方式工作时，指针调整用于频率跟踪校准。

6. 2. 4 对 SDH 网同步的要求

对 SDH 网同步的要求主要体现在以下几个方面。

1. 同步网定时基准传输链——同步链

SDH 同步网定时基准传输链如图 6-8 所示。

基准主时钟（G. 811 时钟）下面接 K 个转接局从时钟（G. 812 时钟）或端局从时钟（G. 812 时钟），各节点（转接局或端局）时钟要经过 N 个 SDH 网元互连，其中每个网元都配备有一个符合 ITU-T 建议 G. 813 要求的时钟，从而形成一个同步网定时基准传输链。

随着同步链路数的增加，同步分配过程的噪声和温度变化所引起的漂移都会使定时基准信号的质量也逐渐恶化，实际系统测试结果也表明，当网元数较多时，指针调整事件的数目会迅速上升。因此，同步网定时基准传输链的长度要受限。节点间允许的 SDH 网元数最终受限于定时基准传输链最后一个网元的定时质量。

一般规定，最长的基准传输链所包含的 G. 812 从时钟数不超过 K 个。通常可大致认为最大值为 $K=10$，$N=20$，G. 813 时钟的数目最多不超过 60 个。

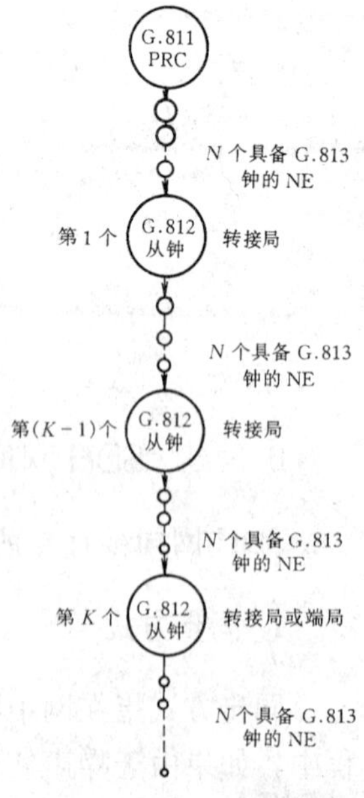

图 6-8　同步网定时基准传输链

SDH 网中采用分布式定时，可使同步链尽量短。所谓分布式定时是在网内主要节点上均安装具有一级时钟质量（例如受控铷钟）的本地基准主时钟源（LPR），就近为网元提供高质量的定时源。这就避免了经过长距离同步链路提供定时的问题。

2. 同步网的可靠性

同步网的可靠性必须很高。为了做到这一点，必须满足以下要求。

① 所有节点时钟的 NE 时钟都至少可以从两条同步路径获取定时（即应配置传送时钟的备用路径）。这样，原有路径出故障时，从时钟可重新配置从备用路径获取定时。

② 不同的同步路径最好由不同的路由提供。

③ 一定要避免形成定时环路。

6.2.5 SDH 网元时钟的定时方法

我们已知 SDH 网元包括终端复用器（TM）、分插复用器（ADM）、数字交叉连接设备（DXC）和再生中继器（REG），其中 TM 和 REG 比较简单，而 DXC 和 ADM 比较复杂。这些不同的网元在 SDH 网中的地位、数量和应用有很大差别，因而其同步配置和时钟要求也不尽相同。

1. SDH 网元的定时方法

SDH 网元的定时方法有 3 种。

（1）外同步定时源

外同步定时源是网元的同步由外部定时源供给，如图 6-9（a）所示。目前，常用的是 PDH 网同步中的 2048kHz 和 2048kbit/s 同步定时源，以后随着 SDH 网的发展，将逐渐增多 STM-*N* 定时源的使用。

（2）从接收信号中提取的定时

从接收信号中提取定时信号是应用非常广泛的一种同步定时方式，该方式又可分为环路定时、通过定时和线路定时 3 种。

① 环路定时。环路定时如图 6-9（b）所示，网元的每个发送 STM-*N* 信号都由相应的输入 STM-*N* 信号中所提取的定时来同步。

② 通过定时。通过定时如图 6-9（c）所示，网元由同方向终结的输入 STM-*N* 信号中提取定时信号，并由此再对网元的发送信号以及同方向来的分路信号进行同步。

③ 线路定时。线路定时如图 6-9（d）所示，像 ADM 这样的网元中，所有发送 STM-*N*/*M*信号的定时信号都是由某一特定的输入 STM-*N* 信号中提取的。

（3）内部定时源

内部定时源如图 6-9（e）所示，网元都具备内部定时源，以便在外同步源丢失时可以使用内部自身的定时源。随着网元的不同，其内部定时源的要求也不同。再生中继器这样的网元只要求内部定时源的频率准确度为$\pm 20\times 10^{-6}$即可；终端复用器、分插复用器这样的网元要求内部定时源的频率准确度为$\pm 4.6\times 10^{-6}$；而像 DXC 这样的复杂网元随应用不同，其时钟既可以是 2 级或 3 级时钟，也可以是频率准确度为$\pm 4.6\times 10^{-6}$的时钟。

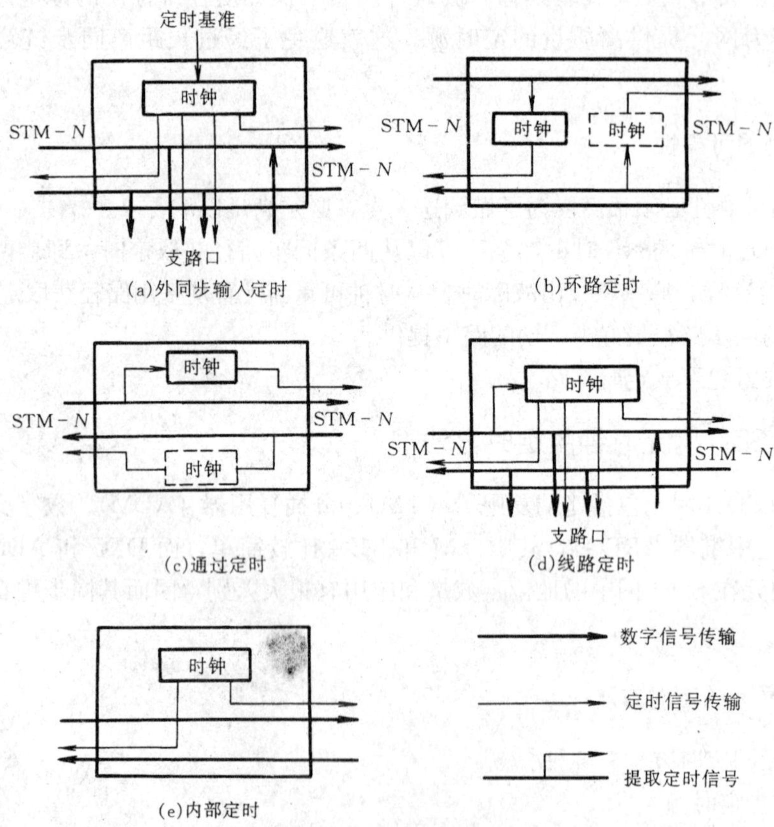

图6-9　SDH网元的定时方式

2. SDH网元时钟的定时方法的具体应用

终端复用器通常不具备外同步接口，一般采用环路定时，但在某些网络应用场合，TM可能会遇到没有任何外部数字连接的情况，此时必须提供自己的内部时钟并处于自由运行模式。

分插复用器为了使性能最好，尽量选用外同步方式，当丢失定时基准时进入保持模式维持系统定时。ADM根据需要也可选用通过定时和线路定时方式。

再生中继器采用通过定时方式，因为其正常工作时，只能从同方向终结的STM-N信号中获取定时。当基准定时丢失后，可以转向内部精度较低的时钟，处于自由震荡状态。

数字交叉连接设备（DXC）一般像其他网元一样同步于局内BITS，有些情况下也可采用SDXC时钟作局内同步分配网的主时钟，或者即使跟踪于局内的BITS但仍用其作进一步同步分配的安排，此时DXC必须配置足够的同步输出口才行。

小　　结

1. 网同步是使网中所有交换节点的时钟频率和相位保持一致，以便使网内各交换节点的全部数字流实现正确有效的交换。网同步的必要性是为了防止滑动。

网同步的方式主要采用主从同步方式。所谓主从同步方式是在网内某一主交换局设置高精度高稳定度的时钟源，并以其为基准时钟通过树状结构的时钟分配网传送到（分配给）网内其他各交换局，各交换局采用锁相技术将本局时钟频率和相位锁定在基准主时钟上，使全网各交换节点时钟都与基准主时钟同步。主从同步方式一般采用等级制，目前 ITU-T 将时钟划分为四级：一级时钟——基准主时钟，由 G. 811 建议规范；二级时钟——转接局从时钟，由 G. 812 建议规范；三级时钟——端局从时钟，也由 G. 812 建议规范；四级时钟——数字小交换机（PBX）、远端模块或 SDH 网络单元从时钟，由 G. 813 建议规范。

目前公用网中实际使用的时钟类型主要分为：铯原子钟、石英晶体振荡器及铷原子钟。在主从同步方式中，节点从时钟有 3 种工作模式：正常工作模式、保持模式和自由运行模式。

2. SDH 网同步通常采用主从同步方式。SDH 网内各网元（如终端复用器、分插复用器、数字交叉连接设备及再生中继器等）均应与基准主时钟保持同步。

局间同步时钟分配采用树形结构，使 SDH 网内所有节点都能同步。局内同步分配一般采用逻辑上的星形拓扑。所有网元时钟都直接从本局内最高质量的时钟——综合定时供给系统（BITS）获取。

SDH 网同步有 4 种工作方式：①同步方式——同步方式指在网中的所有时钟都能最终跟踪到同一个网络的基准主时钟；②伪同步方式——伪同步方式是在网中有几个都遵守 G. 811 建议要求的基准主时钟，它们具有相同的标称频率，但实际频率仍略有差别。这样，网中的从时钟可能跟踪于不同的基准主时钟，形成几个不同的同步网；③准同步方式——准同步方式是同步网中有一个或多个时钟的同步路径或替代路径出现故障时，失去所有外同步链路的节点时钟，进入保持模式或自由运行模式工作；④异步方式——异步方式是网络中出现很大的频率偏差（即异步的含义），当时钟精度达不到 ITU-T G. 813 所规定的数值时，SDH 网不再维持业务而将发送 AIS 告警信号。

对 SDH 网同步的要求主要体现在以下两个方面：①同步网定时基准传输链——同步链的长度越短越好；②同步网的可靠性必须很高，避免形成定时环路。

SDH 网元时钟的定时方法有 3 种：①外同步定时源；②从接收信号中提取的定时，该方式又可分为通过定时、环路定时和线路定时 3 种；③内部定时源。

终端复用器一般采用环路定时，但在某些网络应用场合，TM 可能会遇到没有任何外部数字连接的情况，此时必须提供自己的内部时钟并处于自由运行模式。

分插复用器尽量选用外同步方式，当丢失定时基准时进入保持模式维持系统定时。ADM 根据需要也可选用通过定时和线路定时方式。

再生中继器采用通过定时方式。当基准定时丢失后，可以转向内部精度较低的时钟，处于自由震荡状态。

数字交叉连接设备（DXC）一般像其他网元一样同步于局内综合定时供给系统（BITS），有些情况下也可采用 DXC 时钟作局内同步分配网的主时钟，或者即使跟踪于局内的 BITS 但仍用其作进一步同步分配的安排。

复 习 题

1. 网同步的概念是什么？为什么要网同步？

2. 什么叫主从同步方式?
3. 节点从时钟有哪几种工作模式？请详细加以解释。
4. SDH 的引入对网同步的影响体现在哪几方面?
5. SDH 网同步的工作方式有哪几种?
6. SDH 网元的定时方法有哪几种？什么叫通过定时。

第 7 章 基于 SDH 的多业务传送平台

随着 IP 业务的迅猛发展，ADSL 宽带接入业务的广泛应用以及 3G 部署的开展，对多业务需求的呼声越来越高，都对城域网的容量和功能提出了更高的要求。基于 SDH 的多业务传送平台（MSTP）技术的优势主要体现在对数据业务的支持上。在此我们主要介绍 MSTP 的概念、技术框架及多业务实现过程。

7.1 MSTP 的基本概念及特点

MSTP 是指能够同时实现 TDM、ATM、以太网等业务的接入、处理和传送功能，并能提供统一网管的、基于 SDH 的平台。由此可见，MSTP 设备应具有 SDH 处理功能、ATM 处理功能和以太网处理功能。图 7-1 所示给出了基于 SDH 的多业务传送平台的功能模型。

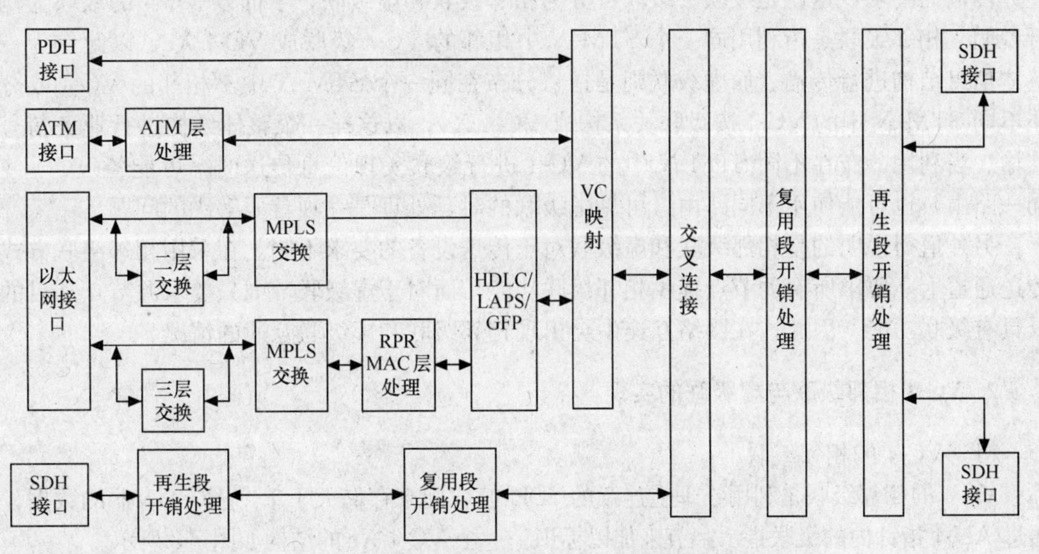

图 7-1 基于 SDH 的多业务传送平台基本功能模型

MSTP 的技术特点如下：

（1）保持 SDH 技术的一系列优点。例如，具有良好的网络保护机制和 TDM 业务处理能力。

（2）提供集成的数字交叉连接功能。在网络边缘使用具有数字交叉功能的 MSTP 设备，可节约系统传输带宽和省去核心层中昂贵的大容量的数字交叉连接系统端口。

（3）具有动态带宽分配和链路高效建立能力。在 MSTP 中可根据业务和用户的即时带宽需求，利用级联技术进行带宽分配和链路配置、维护与管理。通常带宽可分配粒度为 2Mbit/s。

（4）支持多种以太网业务类型。以太网业务有多种，目前，MSTP 设备能够支持点到点、点到多点、多点到多点的业务类型。

（5）支持 WDM 扩展。城域网中采用了分层的概念，即核心层、汇聚层和接入层。对位于核心层的 MSTP 设备来说，其信号类型最低为 OC-48（STM-16），并可扩展到 OC-192（STM-64）和密集波分复用（DWDM）；对位于汇聚层和接入层的 MSTP 设备来说，其信号类型可从 OC-3/OC-12（STM-1/STM-4）开始可扩展到支持 DWDM 的 OC-48。

（6）提供综合的网络管理能力。由于 MSTP 管理是面向整个网络的，因此，其业务配置、性能告警监控也都是基于向用户提供的网络业务。为了管理和维护的方便，城域网要求其网络系统能够根据所指示的网络业务的源、宿和相应的要求，提供网络业务的自动生成功能，避免传统的 SDH 系统需逐个进行网元业务设置和操作，从而能够快速地提供业务，同时，还能提供基于端到端的业务性能、告警监控及故障辅助定位功能。

7.2 MSTP 中的关键技术

7.2.1 级联与虚级联

1. 级联与虚级联的概念

级联是一种组合过程，通过将几个 C-n 的容器组合起来，构成一个大的容器来满足数据业务传输的要求，这就是级联。级联可分为相邻级联和虚级联。下面以 VC-4 的级联为例进行说明。相邻级联是指利用同一个 STM-N 中相邻的 VC-4 级联成 VC-4-Xc，以此作为一个整体信息结构进行传输。而虚级联则是指将分布在同一个 STM-N 中不相邻的 VC-4 或分布在不同 STM-N 中的 VC-4 按级联关系构成 VC-4-Xv，以这样一个整体结构进行业务信号的传输。当利用分布在不同 STM-N 中的 VC-4 进行级联实现信息传送时，可能各 VC-4 使用同一路由，也可能使用不同路由，可见虚级联的时延处理是一项首要解决的问题。

另外值得说明的是相邻级联和虚级联对于传送设备的要求不同。在采用相邻级联方式的传送通道上，要求所有的节点提供相邻级联功能，而对于虚级联，则只要求源节点和目的节点具有级联功能。因此，在网络互连中会出现相邻级联和虚级联互通的情况。

2. VC-4 相邻级联与虚级联的实现

（1）VC-4 的相邻级联

VC-4 的相邻级联是利用物理上连续的 SDH 帧空间来存储大于单个 VC-4 容器的数据，并通过 AU-4 指针内的级联指示字节来加以标识。一个 VC-4-Xc 的结构如图 7-2 所示。

由图可以看出，VC-4-Xc 的第 2～X 列规定为固定填充比特，第 1 列分配给 POH。其中的 BIP-8 校验范围覆盖 VC-4-Xc 的 261X 列。VC-4-Xc 加上各自的指针便构成 AU-4-Xc，其中第 1 个 AU-4 应具有正常范围的指针值。而 AU-4-Xc 中的其他的 AU-4 指针将其指针置为级联指示，即 1～4 比特设置为“1001”，5～6 比特未作规定，7～16 比特设置为 10 个“1”。

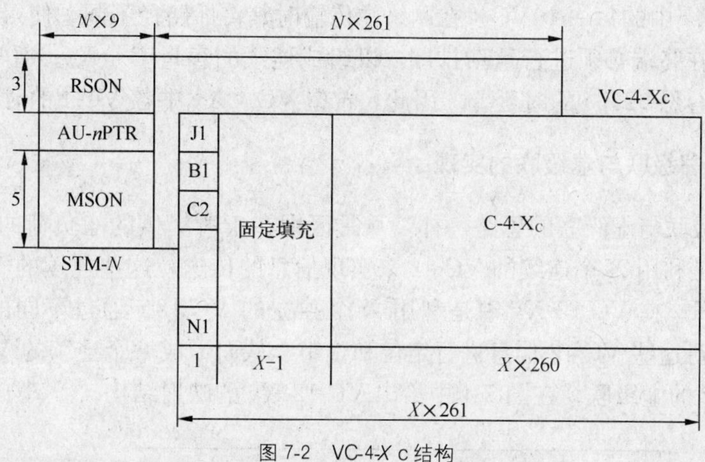

图 7-2 VC-4-X c 结构

值得说明的是：对于点到点无任何约束的连接，可采用高速率的 VC-4-Xc 传输。欲构成复用段保护倒换环，则需要留出 50%的带宽作为备份。

（2）VC-4 的虚级联

虚级联 VC-4-Xv 利用几个不同的 STM-N 信号帧中的 VC-4 传送 X 个 149.760bit/s 的净荷容量的 C-4，如图 7-3 所示。

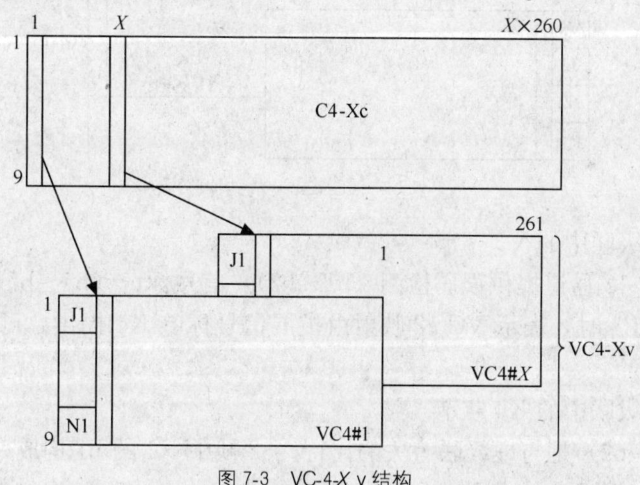

图 7-3 VC-4-X v 结构

由图可见，每个 VC-4 均具有各自的 POH，其定义与一般的 POH 开销规定相同，但这里的 H4 字节是作为虚级联标识用的。H4 由序列号（SQ）和复帧指示符（MFI）两部分组成。复帧指示字节占据 H4（b5～b8），可见复帧指示序号范围 0～15。换句话说，16 个 VC-4 帧构成一个复帧（2ms）。并且 MFI 存在于 VC-4-Xv 的所有 VC-4 中。每当出现一个新的基本帧时，MFI 便自动加 1。利用 MFI 值终端可以判断出所接收到的信息是否来自同一个信源。若来自同一个信源，则可以依据序列号进行数据重组。

VC-4-Xv 虚级联中的每一个 VC-4 都有一个序列号，其编号范围 0～X-1（X＝256），可见需占用 8bit。通常用复帧中的第 14 帧的 H4 字节（b1～b4）来传送序列号的高 4 位，用复帧中的第 15 帧的 H4 字节（b1～b4）来传送序列号的低 4 位。而复帧中的其他帧的 H4 字节（b1～b4）均未使用，并全置为“0”。

由于 VC-4-Xv 中的每一个 VC-4 在网络中传输时其传播路径不同，使得各 VC-4 之间存在时延差，因此在终端必须进行重新排序，以组成连续的容量 C-4-Xc。通常重新排序的处理能力至少能够容忍 125μs 的时延差。因此，希望 VC-4-Xv 中各 VC-4 的时延差尽量小。

3. VC-12 相邻级联与虚级联的实现

与 VC-4 的级联与虚级联的思路一样，只是区别在于所提供的净负荷的容量大小不同。在 VC-12-Xc 中是利用 X 个连续的 VC-12 来实现信息的传送，这些连续的 VC-12 共用第一个 VC-12 的 POH。在 VC-12-Xv 中是利用 X 个独立的 VC-12、通过不同的路径来传送信息，在接收点再对这些 VC-12 信息进行定位和重组，从而形成一个连续的 VC-12-Xc。下面着重 介绍 VC-12 的虚级联。在图 7-4 中给出 VC-12-Xv 的映射结构。

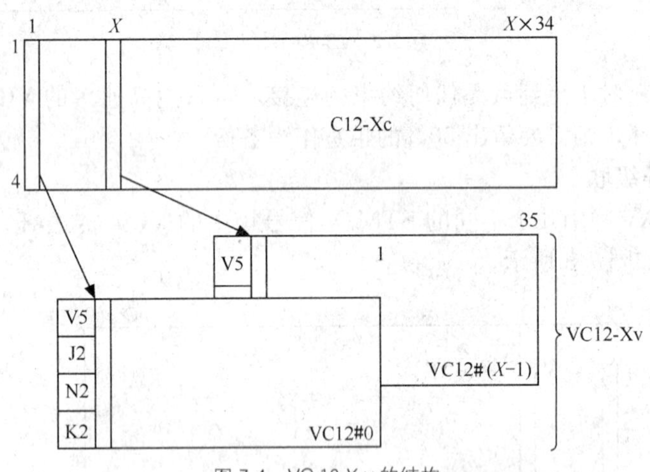

图 7-4　VC-12-X v 的结构

（1）VC-12 虚级联中的 V5 字节

V5 字节为 VC-12 通道提供误码检测（b1～b2）、信号标记（b5～b7）和通道状态功能。当信号标记为“101”时，表示 VC-12 映射由扩展信号标签 K4 提供。可见虚级联时该信号标记一定是“101”。

（2）VC-12 虚级联中的 K4 字节

K4 字节（b1～b2）是与虚级联有关的比特。32 帧中 K4 的 b1 构成一个复帧，K4 的 b2 也是如此，如图 7-5 所示。

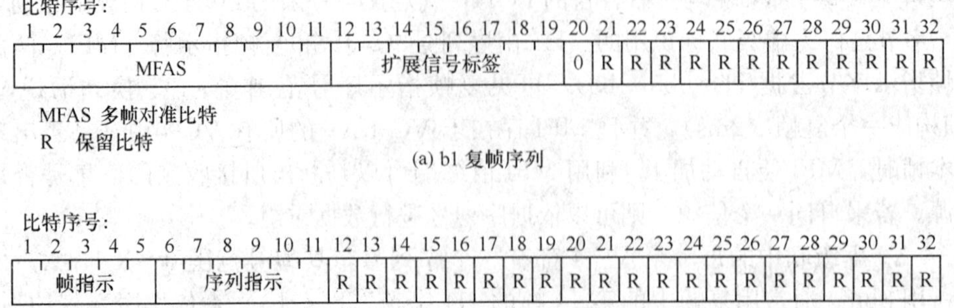

图 7-5　K4 的 b1 和 b2 的帧序列

由图可见，K4 的 b1 的复帧序列的前 11 个比特用作复帧同步信号（MFAS），用“01111110”表示。第 12～19 比特为扩展信号标签，第 20 比特固定填充“0”，其余的 12 比特为保留比特。而 K4 的 b2 的复帧序列的第 1～5 比特为低阶虚级联复帧指示符（MFI）；第 6～12 比特为低阶虚级联序列指示符（SQ）；剩余的为保留比特。

利用 MFI 可测定 VC 传送时的时延差。一般系统所能容忍的时延差不能大于复帧的时长。具体数值范围为 16～512ms（以 16ms 为单位步进）。

4. 虚级联应用中的几个问题

（1）时延处理能力

利用虚级联技术来实现数据业务的传送，大大提高了网络的频带利用率，但由于这些数据是通过不同路径的 VC 来实现传输的，因此到达的 VC 彼此之间存在时间差。当时间差过大时，终端便无法进行信息的重组。通常工程上要求时间差不得大于 125μs。

（2）相邻级联与虚级联的互通

在实际的网络中经常会出现相邻级联与虚级联的互通的问题。这就要求系统能够提供相邻级联与虚级联之间净荷的相互映射功能，即将 VC-n-Xc 中的净荷映射到 VC-n-Xv 中时，VC-n-Xc 中的净荷按字节间插的方式逐个映射到 VC-n-Xv 各个 VC-n 中。反之也如此。

（3）业务的安全性

由于虚级联中分别采用不同的路径来传送各个独立的 VC，一旦网络中出现线路故障或拥塞现象，则会造成某个 VC 失效，从而导致整个虚容器组的失效。在实际 MSTP 系统中是采用链路容量调整方案（LCAS）来解决这一问题的。

7.2.2 链路容量调整方案

1. LCAS 帧结构

低阶虚级联时 LCAS 的帧结构如图 7-6 所示。与图 7-5（b）相比，低阶虚级联时 LCAS 的帧结构仍然采用了 K4 的 b2 的复帧结构，但增加了以下新的字段。

1～5	6～11	12～15	16	17			20	21	22～29	30～32
帧计数	序列指示器	CTRL 控制字	GID	R	R	R	R	ACK	MST 成员状态	CRC-3

图 7-6 低阶虚级联时 LCAS 的帧结构

控制字段 CTRL（b12～b15）：控制字段定义 6 种控制状态，如表 7-1 所示。

表 7-1 CTRL 控制字段

值	命 令	解 释
0000	FIXED 固定	表示系统采用固定带宽（非 LACS 模式）
0001	ADD 增加	该成员将增加到 VCG 上
0010	NORM 正常	正常传输
0011	EOS 结束	序列指示的结束并正常传输
0101	IDLE 空闲	不是 VCG 成员或者从 VCG 中删除
1111	DNU 不可用	不可用（净荷），Sk 宿端报告失效状态

组标识字段 GID（b16）：用以区分不同的 VCG（VC Group）。可见同一个 VCG 中的所有 VC 使用相同的 GID。

再排序确认比特 RS-Ack（b21）：当容量调整后，接收端向发送端发送该信号已确认调整过程的结束。通常采用 0/1 翻转操作。

成员状态字段 MST（b22～b29）：一般是由接收端向发送端发送该信息以指示同一 VCG 中的各成员的状态。OK＝0，FAIL＝1。

循环冗余校验字段 CRC（b30～b32）：对整个 LCAS 控制分组进行校验。

2. 链路容量调整过程

引起链路容量调整的原因有很多种。例如，由于业务带宽的需求发生了变化，要求调整链路容量等。LCAS 是一种双向协议，因此，在进行链路容量调整之前，收发双方需要交换控制信息，然后才能传送净荷。下面以增加一个成员和接收端检测到某个成员失效为例，介绍链路容量的调整过程。

（1）链路容量的增加过程

链路容量增加过程如图 7-7 所示。假设在进行链路容量调整之前，VCG 中所容纳的成员数为 n 个，那么其中最后一个成员 men_{n-1} 的 CTRL 字段为 EOS。因为某种原因需要在 VCG 中增加一个新成员，具体调整过程如下。

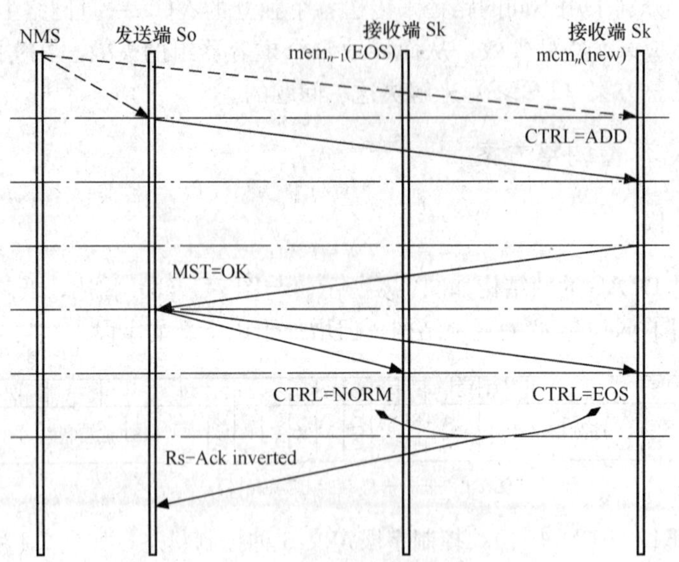

图 7-7 链路容量增加过程

- 网络管理系统首先向收发双方发出链路调整请求。
- 发送端利用一个空闲成员 men_n（其 CTRL＝IDLE），并将其 CTRL 字段修改为 ADD 发送至接收端。
- 接收端在收到该信息后，将 men_n 成员的 MST 置为 0，表示同意该成员加入 VCG。
- 发送端在收到 MST（OK）消息后，同时作如下操作：

将原 VCG 中的最后一个成员 men_{n-1} 的 CTRL 置为 NORM。

将新加入的成员 men_n 的 CTRL 置为 EOS，并为之赋 SQ 值，该值应为 men_{n-1} 的 SQ 值加 1。

- 当链路容量调整结束后，接收端对 RS-Ack 进行取反操作，并发往发送端。
- 当发送端收到 Rs-Ack 信号时，则确认链路容量调整成功。否则仍将等待不会接受任何其他新的改变链路容量的请求。

(2) VC 失效处理

当接收端发现 VCG 中的某个成员出现错误需将其从 VCG 中出除时，将进行如下操作，如图 7-8 所示。假设出错的成员为 VCG 中最后一个成员 men_n。

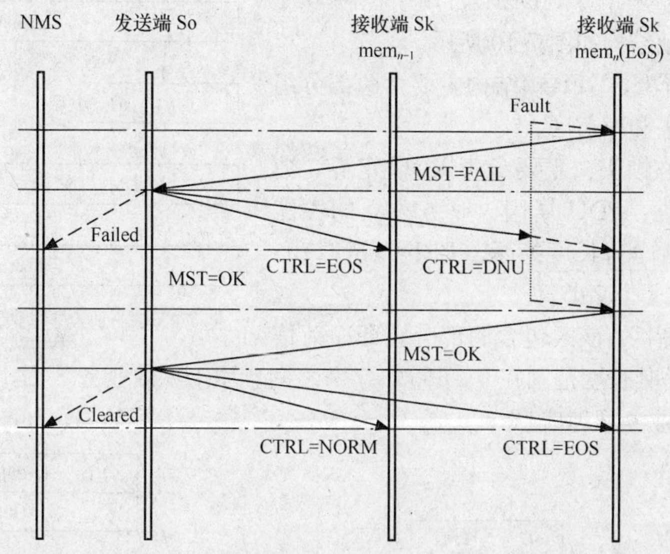

图 7-8 VC 失效处理过程

- 接收端发现成员 men_n 出现错误，便将其 MST 置为 FAIL，发往发送端。
- 发送端在收到该信息后，立即向网管报告，同时将出错的成员的 CTRL 置为 DNU，前一个成员的 CTRL 置为 EOS。
- 若故障恢复后，接收端会检测到 men_n 的错误消失，然后就将 men_n 的 MST 置为 OK，并发送至发送端，请求加入这个成员。
- 发送端收到此消息后，则立即向网管报告。同时将 men_{n-1} 和 men_n 的 CTRL 分别置为 NORM 和 EOS。

7.2.3 通用成帧协议

通用成帧协议（GFP）是一种先进的数据信号适配、映射技术，可以透明地将上层的各种数据信号封装为可以在 SDH/OTN 传输网络中有效传输的信号。GFP 吸收了 ATM 信元定界技术，数据承载效率不受流量模式的影响，同时具有更高的数据封装效率。另外，它还支持灵活的头信息扩展机制以满足多业务传输的要求，因此，GFP 协议是具有简单、效率高、可靠性高等优势，适用于高速传输链路。GFP 协议及其他协议数据包映射过程如图 7-9 所示。SAN 代表存储区域网络。可利用光纤直连、企业系统连接接口（Enterprise Systems CONnection，ESCON）、光纤连接器（Fiber CONnector，FICON）将 SAN 信息转换成 GFP，适配、映射进 SDH 网络。

1. GFP 帧结构

从功能上划分，GFP 帧可分为 GFP 业务帧和 GFP 控制帧。GFP 业务帧又可分为业务数据帧（CDFs）和业务管理帧（CMFs），GFP 业务数据帧用来承载业务数据，GFP 业务管理帧用来传送与业务信息和 GFP 连接管理有关的信息。GFP 控制帧为不携带净荷区的空白帧（IDLE），用于控制 GFP 的连通性。GFP 帧结构如图 7-10 所示。

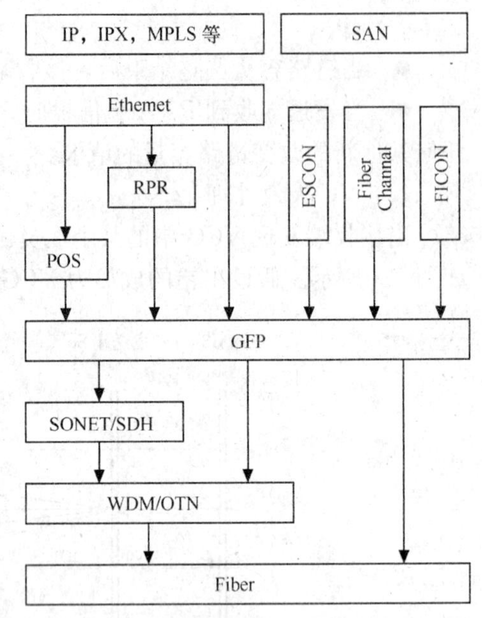

图 7-9　GFP 协议及其他协议数据包映射过程

从图中可以看出，GFP 帧结构主要由两部分组成：GFP 核心帧头和净荷区。

（1）GFP 核心帧头：主要负责 PDU 定界、数据链路同步、扰码、PDU 复用、业务独立的性能监控等功能。包括净荷长度指示（PLI）域和核心 HEC（cHEC）域 4 个字节。

（2）GFP 净荷区：该区包含两部分，即净荷信头和净荷信息域，其长度范围在 0～65535 字节之间。用于承载业务数据，如业务 PDU、链路层代码或 GFP 业务管理信息。

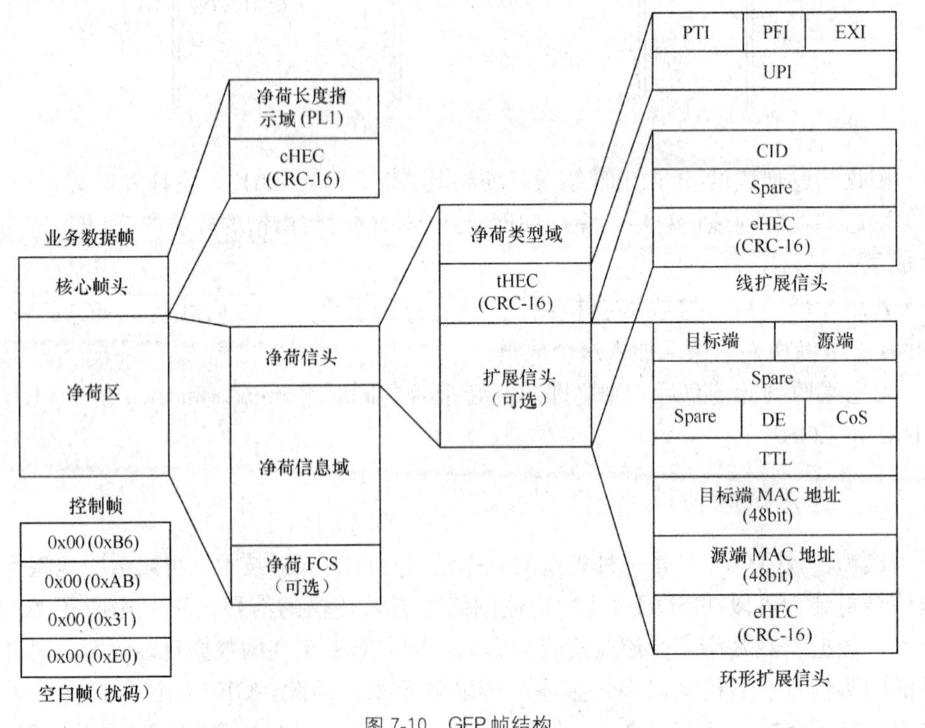

图 7-10　GFP 帧结构

2. GFP 的帧定界

GFP 的帧定界方法与 ATM 中所使用的方法一致，是基于帧头中的帧长度指示符和采用 CRC 捕获的方法来实现的。这是因为 GFP 核心信头中的 cHEC 是对 PLI 做 16 比特的多项式操作，所以 GFP 可以用 PLI 域与 cHEC 域的特定关系来作为帧头的定界。并不需要起始符和终止符，可避免采用字节填充机制，同时也不需要对客户信息流进行预处理，从而减少边界搜索处理时间。

GFP 帧同步过程如下。

当系统进入初始化阶段或出现 GFP 失步情况时，则首先进入搜索状态。

① 搜索状态：接收机对输入的码流逐字节地寻找帧头部，并进行 CRC 计算。当出现正确的 CRC 校验码后，便转入预同步状态。

② 预同步状态：根据帧头指示的位置搜寻下一个 GFP 帧的位置，然后进行 CRC 校验。如果连续 N 帧 CRC 校验正确，则进入同步状态，否则返回状态①。

③ 同步状态：网络节点时钟和相位与网络时钟保持一致关系。

3. GPF 的映射方法

在 GFP 协议中定义了两种映射模式，一种是适用于分组数据类型的帧映射 GFP（GFP-F），另一种是适用于 8B/10B 编码的块数据透明映射 GFP（GFP-T）。具体映射结构如图 7-11 所示。

PLI 2 字节	cHEC 2 字节	负荷头 4 字节	业务数据（PPP、IP、MAC、RPR 等） 0～65531 字节	FCS 4 字节

(a) GFP-F 帧

PLI 2 字节	cHEC 2 字节	负荷头 4 字节	N×[536，520] 块	FCS 4 字节

(b) GFP-T 帧

图 7-11 两种 GFP 映射模式

（1）PPP、IP、RPR、Ethrenet 等分组数据的映射

GFP-F 映射模式适用于高效、灵活性要求高的连接，通常当成帧器接收到一个完整的一帧后才进行封装处理，适用于封装长度可变的 IP/PPP、RPR 和 Ethrenet 帧。在这种模式下，需要对整个帧进行缓冲来确定帧长度，因而会致使延时时间增加，但这种方式实现简单。如图 7-12 所示，可见整个分组数据是被封装到 GFP 净荷区，并未对封装数据进行任何改动。下面以以太帧封装到 GFP-F 为例进行说明，具体步骤如下。

在接收到以太网 MAC 帧后，对其进行长度计算，从而确定 GFP 帧头中的 PLI 域数值，并生成相应的 HEC 字节（eHEC）。随后根据业务类型，确定类型域值，并写入相应的区域，同时计算出相应的 HEC 字节，填充到（eHEC）中，并确定扩展信头中的各项内容。然后，将以太网 MAC 帧中各比特全部、顺序地装入 GFP 的净荷区。最后，对净荷域进行扰码处理。

当前一个 GFP 帧传送结束，而下一个 GFP 帧还未准备就绪，则可通过发送空白帧来填充帧间隔字节。接收过程为发送过程的逆过程。

（2）基于 8B/10B 编码的特定净荷的映射

在 GFP-T 模式中，首先直接从所接收的数据块中提取单个字符，将其映射到固定长度的 GFP 帧中，如图 7-13 所示。因其过程中不论所映射的字符的内容是客户数据，还是控制数据，故它是一种物理层数据处理方式，具有透明特性。数据映射过程如下。

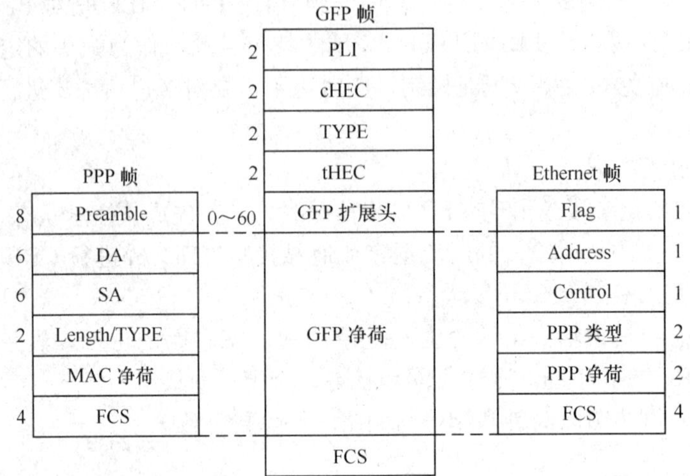

图 7-12 PPP 帧和 Ethernet 帧的 GFP 封装过程

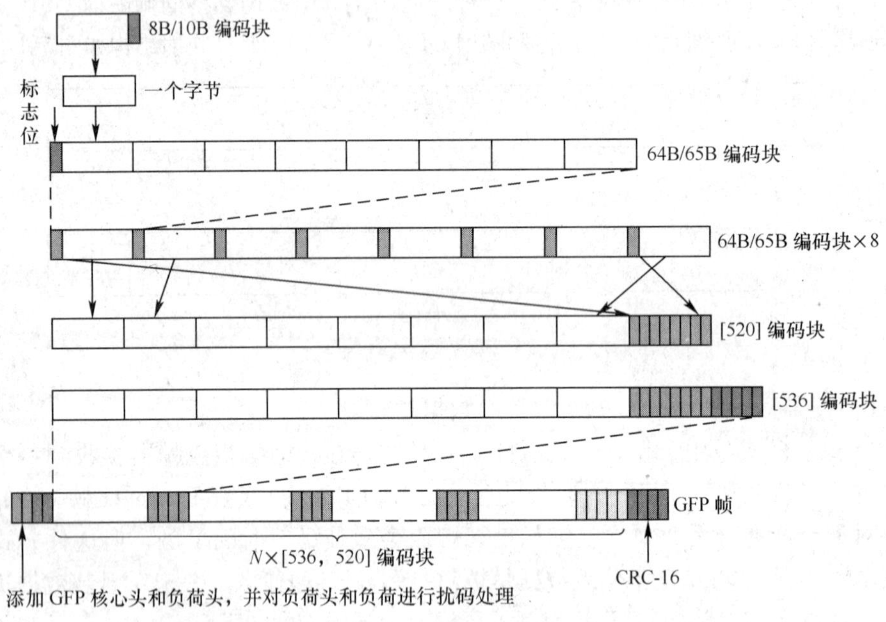

图 7-13 8B/10B 编码块的 GFP 封装过程

对所接收的 8B/10B 码进行解码，恢复出原 8bit 字符。然后再进行 64B/65B 编码，增加的 1bit 作为标志位。然后用 8 个连续的 64B/65B 编码块组成一个［520］编码块，其中取出每个 64B/65B 编码块中的标志位，并组成一个单独的字节，置于编码块的最后。再对［520］编码块进行 CRC-16 计算，并将计算结果置于最后，从而构成一个［536］编码块。N 个［536］编码块封装到 GFP 帧中的净荷区。最后，加上具有纠正单个错码和检测多个错码的能力的 CRC-16。

4. GFP 技术的特点

与 IP/PPP/HDLC 封装方式相比，GFP 具有以下优点。

（1）帧定位效果更好。由于 GFP 中是基于帧头中的帧长度指示符采用 CRC 捕获的方法来实现的。试验结果显示，GFP 的帧失步率（PLF）和伪帧同步率（PFF）均优于 HDLC 类协议，但平均帧同步时间（MTTF）稍差一点。因此，这种方法要比用专门的定界符定界效果更好。

（2）适用于不同结构的网络。由于净荷头中可以提供与客户信息和网络拓扑结构相关的各种信息，使 GFP 能够运用于各种应用网络环境之中。如 PPP 网络、环形网络、RPR 网络和 OTN 等。

（3）功能强、使用灵活、可靠性高。GFP 支持来自多客户信号或多客户类型的帧的统计复用和流量汇聚功能，并允许不同业务类型共享相同的信道。通过扩展帧头可以提供净荷类型信息，因而无需真正打开净荷，只要通过查看净荷类型便可获得净荷类型信息。GFP 中具有 FCS 域以保证信息传送的完整性。

（4）传输性能与传输内容无关。GFP 对用户数据信号是全透明的，上层用户信号可以是 PDU 类型的，如 IP over Ethernet，也可以是块状码，如 FICON 或 ESCON 信号。

7.2.4　智能适配层

在以太网和 SDH 间引入一个中间的智能适配层来处理以太网业务的 QoS 要求，实用的智能适配层技术包括多协议标签交换（MPLS）和弹性分组环（RPR）。EoMPLS 将以太网帧封装到 MPLS 标记交换路径（LSP）中，通过 LSP 标签栈很好地解决了 VLAN 的可扩展性问题，从整体上提高了 MSTP 系统的流量均衡能力。RPR 是一种采用环形结构的环形网技术。环上各节点共享链路，即环中各节点采用全分布式接入方式，并地位均等；环路带宽按权重公平地在各节点间进行分配，支持不同的业务类别，实现高的带宽利用率；针对数据业务提供小于 50ms 的快速分组环保护，可以保护由于节点失效或链路失效产生的故障，支持空间重用和额外业务。

基于 SDH 的 MSTP 技术非常适合使用在城域光传送网的汇聚层和接入层，作为本地业务枢纽节点的汇聚和疏导设备。内嵌 RPR 功能的 MSTP 技术主要应用于城域传送网的汇聚层，通过 RPR 来实现带宽分配和拥塞控制，并且可为多种业务提供不同层次的环网保护能力，可以实现电路的自动路由配置、网络拓扑发现、自动邻居发现、电路租赁、带宽按需分配等智能化的城域业务分配方式。

7.3　多业务传送平台

基于 SDH 的多业务传送平台充分利用现有的 SDH 技术，特别是其保护恢复能力，并具有较小的延时特性，通过对网络的传送层加以改造，使之适应多种业务应用，并且支持第 2 层或第 3 层数据传输。其基本思路是通过 VC 级联等方式使多种不同的业务都能通过不同的 SDH 时隙进行传输，同时将 SDH 设备与第 2 层和第 3 层甚至第 4 层分组设备在物理上集成起来构成一个实体。这就是人们所希望的 MSTP 设备。下面分别介绍 MSTP 的多业务接入过程。

7.3.1　以太网业务在 MSTP 中的实现

以太网业务接入过程如图 7-1 所示。从图中可以看出，一般以太网信号首先经过以太网处理模块实现流控制、VLAN 处理、二层交换、性能统计等功能。然后再利用 GFP（通用成帧规程）、LAPS 或 PPP 等协议封装映射到 SDH 相应的虚容器之中。根据所采用的实用技术来划分，MSTP 上所实现的以太网功能如下。

1. 透传功能

对于用户端设备所输出的以太网信号，直接将其封装到 SDH 的 VC 容器中，而不作任何二层处理，这种工作方式称为透传。它是一种最简单的方式。它只要求 SDH 系统提供一条 VC 通道来实现以太网数据的点到点透明传送。其中所涉及到的实现以太网透传功能的技术有以太网数据成帧方法、将成帧后的信号映射到 SDH 的 VC 中的映射方法、VC 通道的级联方法和传输带宽的管理方法等。

不同终端、不同时刻所要求的以太网业务的带宽不同，可通过 VC 级联的方式实现传输带宽的调整。VC 的级联可分为相邻级联和虚级联两种。级联的最大优点就是提高了传输系统的频带利用率。为了能够对承载带宽实现更为灵活的动态管理，需要使用链路容量调整方案（LCAS），这样才能实时地检测传输链路的带宽，并能根据网络当前的负荷状况，在不中断数据流的情况下动态地调整虚容器的虚级联个数，以达到调整链路带宽的目的。

2. 以太网二层交换功能

以太网二层交换功能是指在将以太网业务映射进 VC 虚容器之前，先进行以太网二层交换处理，这样可以把多个以太网业务流复用到同一以太网传输链路中，从而节约了局端端口和网络带宽资源。读者不禁会问系统中是如何实现以太网二层交换处理呢？所谓的以太网二层交换处理是指能够根据数据包的 MAC 地址，实现以太网接口侧不同以太网接口与系统侧不同 VC 虚容器之间的包交换，同样也可以根据 IEEE 802.1Q 的 VLAN 标签进行数据包交换。由于平台中具有以太网的二层交换功能，因而可以利用生成树协议（STP）对以太网的二层业务实现保护。

基于 SDH 的、具有以太网二层交换功能的多业务传送节点应具备以下功能。

① 传输链路带宽的可配置。

② 以太网的数据封装方式可采用 PPP、LAPS 协议和 GFP。

③ 能够保证包括以太网 MAC 帧、VLAN 标记等在内的以太网业务的透明传送。

④ 可利用 VC 相邻级联和虚级联技术来保证数据帧传输过程中的完整性。

⑤ 具有转发/过滤以太网数据帧的功能和用于转发/过滤以太网数据帧的信息维护功能。

⑥ 能够识别符合 IEEE 802.1Q 规定的数据帧，并根据 VLAN 信息进行数据帧的转发/过滤操作。

⑦ 支持 IEEE 802.1D 生成树协议 STP、多链路的聚合和以太网端口的流量控制。

⑧ 提供自学习和静态配置两种可选方式以维护 MAC 地址表。

3. 以太环网功能

以太环网方式是以太网二层交换的一种特殊应用形式。它是利用以太网二层交换技术构成物理上的环形网络，但在 MAC 层通过生成树协议组成总线形/树形拓扑，从而使以太环网上的所有节点能够实现带宽的动态分配和共享，提高了链路的频带利用率。但由于只是在物理层上成环，而未能使 MAC 层成环，环路流量未能做到双向传输。另外，由于缺乏有效的环网带宽分配公平算法，因此，当环网上各节点出现竞争环路带宽时，无法保证环上各节点的公平接入性。可见无法提供基于端到端的环网业务的 QoS 保证。目前，普遍认为 RPR 技术是解决这一问题的有效方法之一。

RPR 使用 VDQ 等算法来实现环路带宽分配的公平性，同时利用流分类、业务优先级等技术以满足以太网业务的 QoS 保障要求。详细内容将在后面介绍。

7.3.2 ATM 业务在 MSTP 中的实现

1. ATM 基本原理

信息的传递方式（也叫转移模式）包括传输、复用和交换三个部分。传递方式可分为同步传递方式（STM）和异步传递方式（ATM）两种。STM 的主要特征是采用时分复用，各路信号都是按一定时间间隔周期性地出现，所以可以根据时间来识别每路信号。而 ATM 也是一种转移模式（即传递方式），在这一模式中信息被组织成固定长度信元，来自某用户一段信息的各个信元并不需要周期性地出现，从这个意义上说，这种转移模式是异步的。

ATM 网络是一种面向连接的分组交换网络。所谓面向连接是指在两个终端之间存在的是逻辑信道而不是物理信道，所以是虚连接。在 ATM 网络中虚连接又有两种连接方式：虚通道（VC）和虚通路（VP）。

虚通道 VC 是 ATM 网络链路端点之间的一种逻辑联系，这是在两个终端之间传送 ATM 信元的通信通路，可通过 ATM 的虚通道 VC 连接实现用户到用户、用户到网络、网络到网络的信息传递，可见任意两个终端通过 ATM 的虚通道相互连接。虚通路 VP 是指两个终端之间存在的一组虚通道，这些虚通道 VC 聚合在一起，就像一条虚拟的管道。虚通道 VC 和虚通路 VP 的关系如图 7-14 所示。不同的 VC 通过 VCI（虚通道标识符）来标识，不同的 VP 通过 VPI（虚通路标识符）来标识。VCI 和 VPI 位于信元头中。由图可见，ATM 的一个链接中可以有多个逻辑通道。

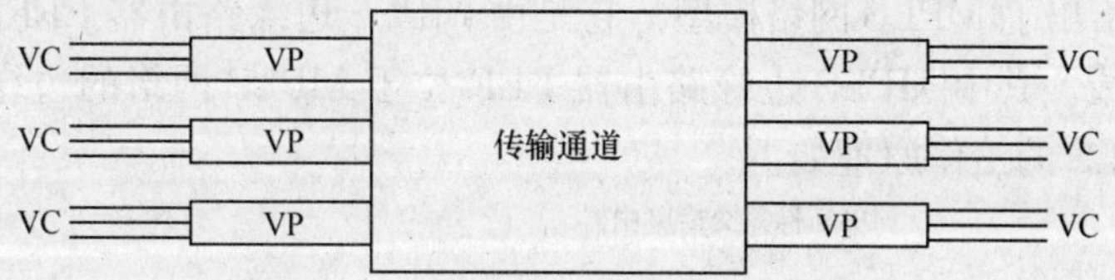

图 7-14 虚通道 VC 和虚路径 VP 的关系

值得说明的是，ATM 交换可以以 VP 为基础进行交换，也可以以 VC 为基础进行交换。

2. ATM 业务在 MSTP 中的实现

在 SDH 协议制定之初就已经考虑到 ATM 业务的映射问题，因而到目前为止，利用 SDH 通道来传送 ATM 业务已经是相当成熟的技术。但由于数据业务具有突发性的特点，因此业务流量是不确定的，如果为其固定分配一定的带宽，势必会造成网络带宽的巨大浪费。为了有效地解决这一问题，在 MSTP 设备中增加了 ATM 层处理模块（如图 7-1 所示），用于对接入业务进行汇聚和收敛。这样汇聚和收敛后的业务，再利用 SDH 网络进行传送。尽管采用汇聚和收敛方案后大大提高了传输频带的利用率，但仍未达到最佳化的情况。这是因为由 ATM 模块接入的业务在 SDH 网络中所占据的带宽是固定的，因此当与之相连的

ATM 终端无业务信息需要传送时，这部分时隙处于空闲状态，从而造成另一类的带宽浪费。在 MSTP 设备中，由于增加了 ATM 层处理功能模块，可以利用 ATM 业务共享带宽（如 155Mbit/s）特性，通过 SDH 交叉模块，将共享 ATM 业务的带宽调度到 ATM 模块进行处理，将本地的 ATM 信元与 SDH 交叉模块送来的来自其他站点的 ATM 信元进行汇聚，共享的 155Mbit/s 的带宽，其输出送往下一个站点。

7.3.3 TDM 业务在 MSTP 中的实现

SDH 系统和 PDH 系统都具有支持 TDM 业务的能力，因而基于 SDH 的多业务传送节点应能够满足 SDH 节点的基本功能，可实现 SDH 与 PDH 信息的映射、复用，同时又能够满足级联、虚级联的业务要求，即能够提供低阶通道 VC-12 和 VC-3 级别的虚级联功能或相邻级联和提供高阶通道 VC-4 级别的虚级联或相邻级联功能，并提供级联条件下的 VC 通道的交叉处理能力。

7.4 MPLS 技术在 MSTP 中的应用

7.4.1 MPLS 技术基础

1. MPLS 的基本概念及特点

多协议标签交换（MPLS）技术是将第 2 层交换技术和第 3 层路由技术结合起来的一种 L2/L3 集成数据传输技术。在 MPLS 中之所以提及“多协议”是因为 MPLS 不仅能够支持多种网络层层面上的协议，如 IPv4，IPv6，IPX 等。而且还可以兼容多种链路层技术。它吸收了 ATM 高速交换的优点，并引入面向连接的控制技术，在网络边缘处首先实现第 3 层路由功能，而在 MPLS 核心网中则采用第 2 层交换。

（1）MPLS 网络模型

图 7-15 所示给出了 MPLS 网络模型。它是由 MPLS 边缘路由器 LER 和 MPLS 标签交换路由器 LSR 组成。其中 MPLS 边缘路由器 LER 位于 MPLS 网络的边缘层，是特定业务的接入节点。MPLS 的工作原理如下。

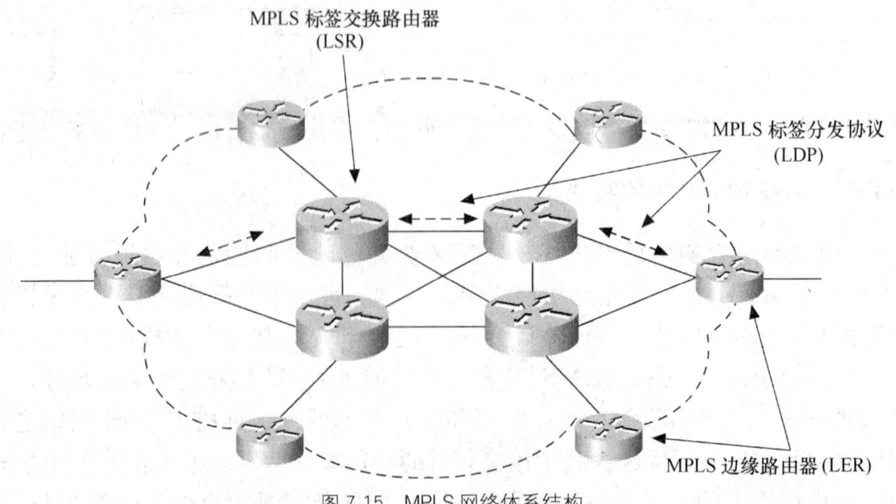

图 7-15 MPLS 网络体系结构

某种业务终端设备所输出的业务信息首先被送往 MPLS 网络的边缘路由器 LER，LER 根据特定的映射规则将数据流分组头和固定长度的标签对应起来，然后在数据流的分组头中插入标签信息，此后，MPLS 网络中的 MPLS 标签交换路由器 LSR 就仅根据数据流中所携带的标签进行数据交换或转发操作。当数据流从 MPLS 网络中输出时，同样在与接收设备相邻的 LER 中去除标签，恢复原数据包。其中通过标签分发协议（LDP），在 LER 和 LSR、LSR 和 LSR 之间完成标签分发，而网络路由则将根据第三层路由协议、用户需求和网络状态由 MPLS 设备来确定。

这里值得说明的是，在按照特定映射规则在数据流分组头中加标签的过程中，不仅加有数据流的目的地址，而且还考虑到有关 QoS 信息。因此，MPLS 能够支持 QoS 路由。

（2）标签与标签封装

标签是一个有固定长度的、具有本地意义的短标识符，用于标识一个转发等价类（FEC）。具体地说就是 MPLS 中的标签与 ATM 中的 VPI/VCI 一样，采用本地意义来限制标签的使用范围，即只在本地才有意义。这样使用标签可以将业务映射到特定的 FEC 上去。FEC 是指一系列使用相同路径转发而通过网络的数据流的集合。所以标签所对应的并不是一个数据流，而是转发特性相同的 FEC。需要指出的是，在某种情况下，例如负荷分担时，对应一个 FEC，可能有多个标签，然而一个标签只能代表一个 FEC。这样网络无需为每个数据包建立标签交换路径，而是对具有相同转发特征的“转发等价类”建立一条端到端的标签交换路径（LSP），将信息传递至 MPLS 网络的边缘节点，然后，再通过传统的转发方式将数据包送至终端设备。

一般来说，在 MPLS 网络中使用专用的封装技术，即在数据链路层与网络层之间使用一种“Shim”的封装，该封装位于数据链路层头标志之后，位于网络层头标志之前，独立于网络层和数据链层协议。这种封装编码方式如图 7-16 所示。

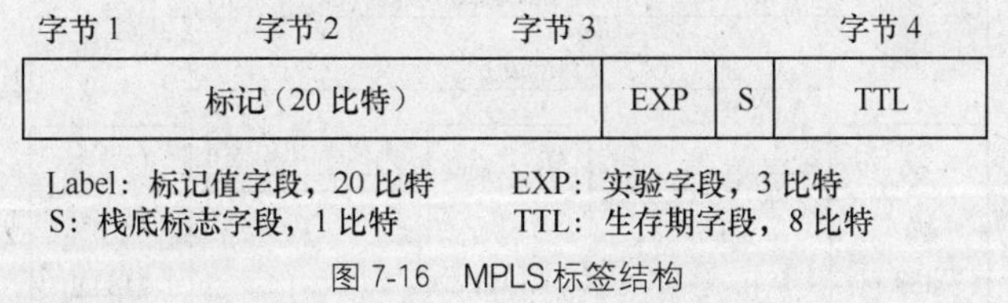

图 7-16　MPLS 标签结构

2. MPLS 技术特点

MPLS 具有以下特点。

① 简化了分组转发机制，提高网络传送速率。由于是在原有路由策略基础上加以改进，并采纳了 ATM 的高效传输交换方式，摒弃了复杂的 ATM 信令，无缝地将 IP 技术的优势与 ATM 高效硬件融合到转发操作中。又因为 MPLS 网络中分组转发是基于定长标签的，由此进一步简化了转发机制，使得转发路由器的流量可达太比特数量级。

② 提供有效的 QoS 保证。由于 MPLS 网络中的数据传输与路由计算分离，并且提供一种面向连接的传输技术，这样使得 MPLS 网络能够支持有效的 QoS 保证。

③ 提供多种网络的互连互通。MPLS 是一种与链路层无关技术，它可以同时支持 X. 25、帧中继、ATM、PPP、SDH、DWDM 等多种网络。能够使各种网络传输技术在同一个 MPLS 平台上实现统一。

④ MPLS 支持流量工程、CoS、QoS 和虚拟专网。

7.4.2 MPLS 技术在 MSTP 中的应用

1. 内嵌 MPLS 功能的 MSTP 功能模型

基于 SDH 的、内嵌 MPLS 功能的 MSTP 是指基于 SDH 平台、内部使用 MPLS 技术，可使以太网业务直接或经过以太网二层交换后适配到 MPLS 层，然后再通过 PPP/HDLC/LAPS 封装、映射到 SDH 通道中；同样也可以使以太网业务适配到 MPLS 层后，然后映射到 RPR 层，再映射到 SDH 通道中进行传送。其功能模型如图 7-1 所示。

通常送入以太网接口的信息是以太网业务或 VLAN 业务。在以太网接口中首先需加上内层 MPLS 标签（VC Lable），从而形成伪线 PW（或虚电路 VC），然后，对具有相同源地址和目的地址的多个 PW 加封外层 MPLS 标签（Tunnel Lable）进行复用操作，建立一条基于外层 MPLS 标签的标签交换路径 LSP。以太网业务或 VLAN 业务沿着这条已建立的 LSP 按外层 MPLS 标签进行转发，最后使数据流到达 MPLS 网络的输出节点，此后信息便以传统的传输方式送往终端设备。

从以上分析可以看出，外层 MPLS 标签指示 MPLS 数据包从源节点传送到目的节点的路径。而内层 MPLS 标签则指示从入口 UNI 到出口 UNI 之间的路径。通常从一个入口 UNI 到其出口 UNI 之间需经过多个节点，一般任意两个节点之间所使用的外层 MPLS 标签不同，因此在标签交换路径中的标签交换路由器 LSR 仅仅处理 MPLS 数据流中的外层 MPLS 标签，只有当数据流到达 MPLS 网络的出口 LER 时，才取出其内层 MLPS 标签进行相应的处理，如图 7-17 所示。具体地讲，就是数据流在经过中间节点时，隧道标签被交换，而 VC 标签并未发生变化。

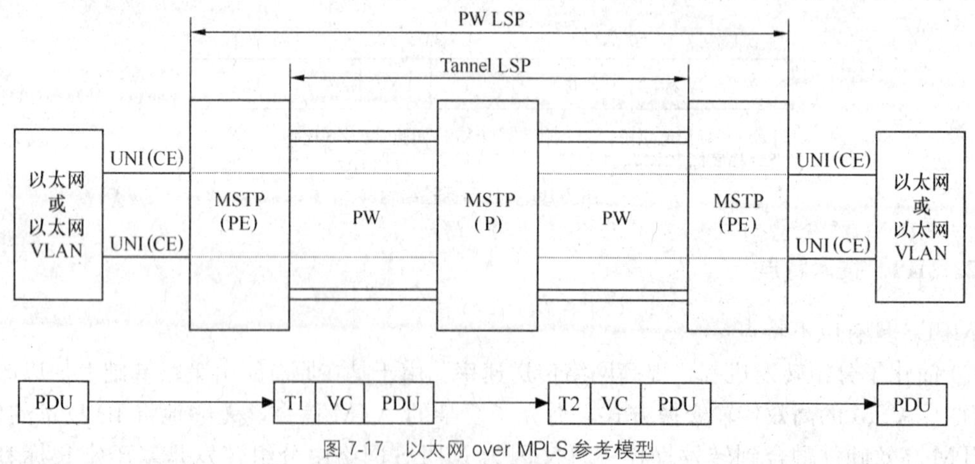

图 7-17 以太网 over MPLS 参考模型

对于以太网业务适配到 MPLS 帧的过程，要求能够分别支持 UNI 和 NNI 接口的适配方式。

图 7-18 所示给出了 UNI 以太网到 MPLS 帧的适配模型。可以看出整个以太帧被完整地装入 MPLS PDU 之中。

图 7-19 所示给出的是 NNI MAC 接口 MPLS 帧提取和适配模型。可见在 NNI 接口处，对所接收的以太帧，去掉其二层帧头，即以太网帧中的目的 MAC 地址、源 MAC 地址、类型域和帧校验序域（以太帧的 FCS），这样便可获得 MPLS 帧。

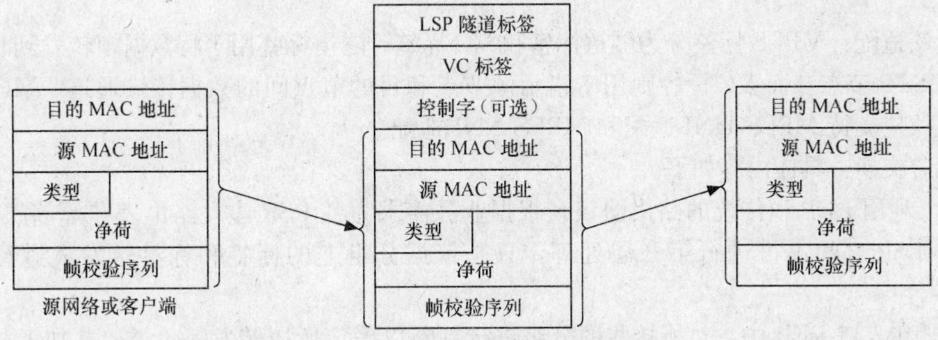

图 7-18 UNI 以太网到 MPLS 帧的适配模型

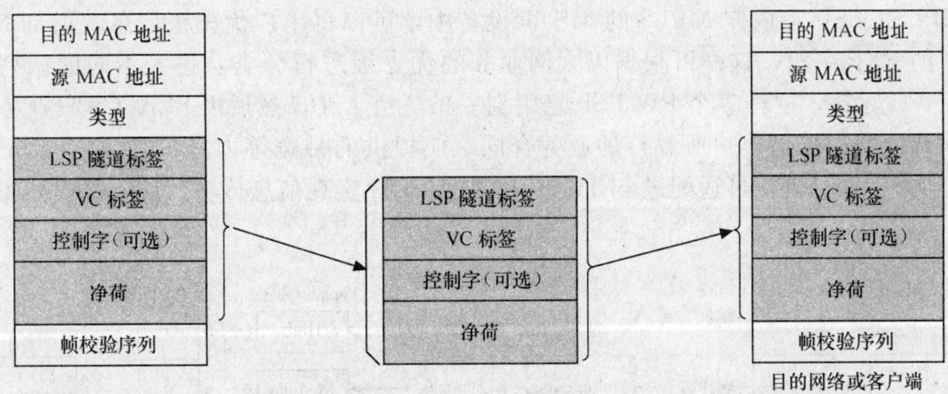

图 7-19 NNI MAC 接口 MPLS 包提取和适配模型

2. MPLS 处理模块功能

图 7-20 所示给出了内嵌 MPLS 功能的 MSTP 设备中 MPLS 层处理模块功能图，从图中可以看出，MPLS 层处理模块是由数据接收、数据发送、标签适配、标签交换、操作维护管理（OAM）、LSP 保护、MPLS 信令、L2VPN、流量工程和 QoS 功能块组成。下面介绍其中主要的几个功能块。

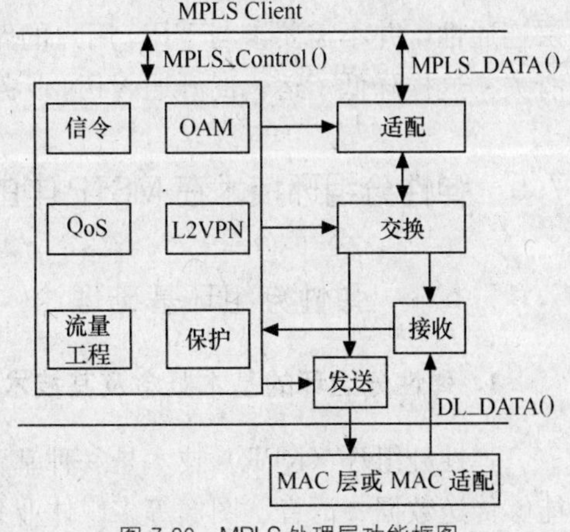

图 7-20 MPLS 处理层功能框图

MLPS 信令：MPLS 信令包括隧道信令和 PW 信令。MPLS LSP 建立过程中，可以采用信令协议分布建立，也可以由网管建立。MPLS 信令协议包括 LDP 和 CR-LDP。MPLS 层在支持基于信令的 LSP 建立时，需要物理信令通道来承载和传送 MPLS 信令协议。实际中当利用 MPLS 信令（LDP 或 RSVP 流量工程 RSVP-TE）建立 LSP 时，MPLS 控制信令可以与 MPLS 数据信号同时利用 SDH VC 进行传送。当由网管系统集中负责建立 LSP 时，则是用 DCC 通道来传送网管信息。当然也可以利用其他以太网通道来传递网管信息。在内嵌 MPLS 层处理功能中应能支持静态路由、RSVP-TE 信令和信令管理功能。

标签适配：MPLS 标签分为隧道标签和 VC 标签。隧道标签用于将数据帧转发到相应的目的 MSTP 节点。而 VC 标签则用于指示源节点和目的节点间的数据传输通道。MPLS 层处理模块应支持 MPLS UNI 适配和 MPLS NNI 适配。

标签交换：具体内容如下。

● 利用 LDP 和传统的路由协议，根据业务需求为各 LSR 建立路由表和标签映射表。在核心 LSR 之间不再进行第 3 层处理，只是依据分组上的标签和标签转发表进行数据转发。

● 在入口 LER 中，对所接收的分组进行判断以确定所属转发等价类，并加上相应的标签形成 MPLS 分组。而在出口 LER 中需将分组中的标签去除，然后发往目的终端。

MPLS QoS：在内嵌 MPLS 的 MSTP 设备中，可以将用户优先级信息映射到 MPLS 标签中的 EXP 字段，这样可根据以太网业务的优先级进行分类，进入不同的队列，然后加上 VC 标签，这样多个 PW LSP 复用到一条隧道 LSP，然后由 SLA（客户业务等级协议）调度器根据与客户所签订的业务合同（应提供的带宽等内容），对隧道 LSP 进行不同的业务等级处理，再适配进 SDH VC 中利用 SDH 实现信息传输。具体过程如图 7-21 所示。

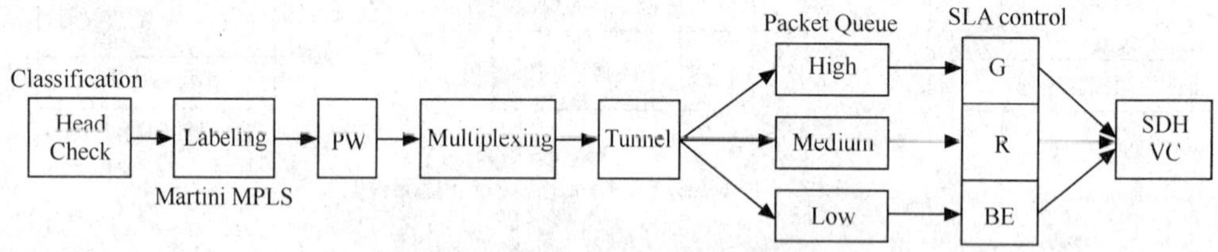

图 7-21 数据业务适配到 LSP 的 QoS 过程

L2 MPLS VPN：应支持基于二层交换 VPN 解决方案。由于在 MPLS 网络上能够实现二层数据的透明传送，因而该网络是一个二层交换网络，而网络运营商仅负责向用户提供二层连通性，并不需要参与 VPN 用户的路由计算，因此其可扩展性只与所连接的 VPN 用户有关。这样降低了运营商开通 VPN 业务的复杂性，缩短了业务提供周期。

7.5 弹性分组环技术在 MSTP 中的应用

7.5.1 弹性分组环基础理论

1. 弹性分组环的基本概念及其技术特点

弹性分组环（RPR）技术是一种基于分组交换的光纤传输技术，它采用环形组网方式，能够传送数据、语音、图像等多媒体业务，并能提供 QoS 分类、环保护等功能。由于 RPR 采用类似以太网的帧结构，可实现基于 MAC 地址的高速交换，因此使其具有以太网比较经济的特点，而且帧封装也比 POS 更为简化和灵活。既可以支持传统的专线业务和具有突发性的 IP 业务，还可以支持 TDM 业务。

图 7-22 所示的 RPR 协议参考模型包括物理层和数据链路层。从图中可以看出，RPR

技术是基于一种新型的 MAC 层协议，为能够优化数据包而设计的一种技术方案。RPR 属于数据链路层的 MAC 子层，包括 MAC 服务接口和物理层业务接口。

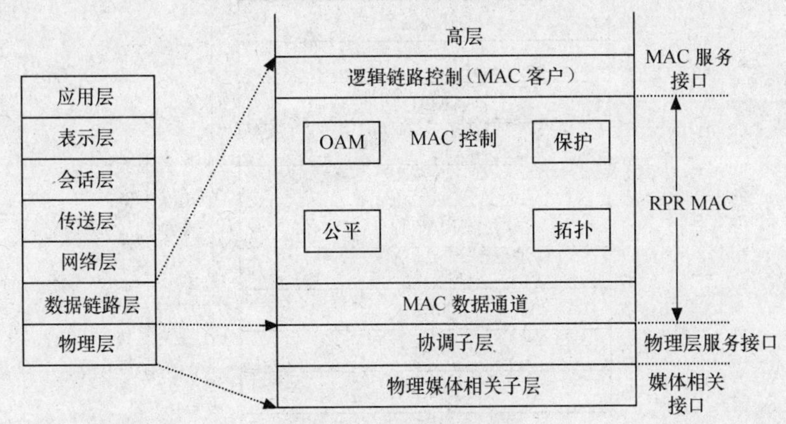

图 7-22　RPR 协议参考模型

物理层是由协调子层和物理媒体相关子层组成。协调子层的作用是实现物理层服务接口与物理层相关接口之间的映射。协调子层包括以太网物理层和 SDH 物理层两种。换句话说就是物理层可以使用以太网的物理层传输技术，也可以采用 SDH 传输技术。对上层而言是透明的，但增加了拓扑自动发现功能和保护倒换功能。

数据链路层包括 MAC 控制子层、MAC 数据通道子层和逻辑链路控制（MAC 客户）子层。逻辑链路控制（MAC 客户）子层负责逻辑链路的建立、保持和拆除控制功能。MAC 控制层的功能主要包括流量控制、业务等级支持（SLA）、拓扑自动识别、启动保护倒换指令等。MAC 数据通道子层则提供数据传输的接入控制功能。MAC 控制子层与 MAC 数据链路层之间传送的是 RPR MAC 帧。

RPR 技术的主要特点如下。

- RPR 是一种支持单播、多播和广播的城域网光纤传输技术。
- 提供 50ms 的快速业务恢复、有保障的服务和可管理能力。
- 可支持多达 255 个节点，最长距离可达 2000km。
- RPR 环能够根据不同的业务需求提供不同种类和不同的等级的服务，可提供 QoS 保障，支持协议数据的传输。所支持的业务类型有承诺信息速率（CIR）业务、对抖动及延时要求不高的 CIR 业务、尽力传送业务，协议中分别定义为类型 A，B 和 C。
- 支持空间复用和统计复用技术，使网络带宽利用率大大提高。
- 支持流量控制和业务的权重公平接入。

2. RPR 帧结构

IEEE 802.17 标准中所定义的 RPR MAC 帧结构有 4 种，分别是数据帧、控制帧、公平帧和空闲帧。下面以数据帧为例进行介绍。

RPR 数据帧类似于以太帧，其具体格式如图 7-23 所示。主要字段的含义如下。

- 生存时间 TTL 字段：它指定了在到达目的地之前希望经过的最大跳数。通常每经过一个节点作 TTL-1 操作，以防止某帧始终在环中循环。

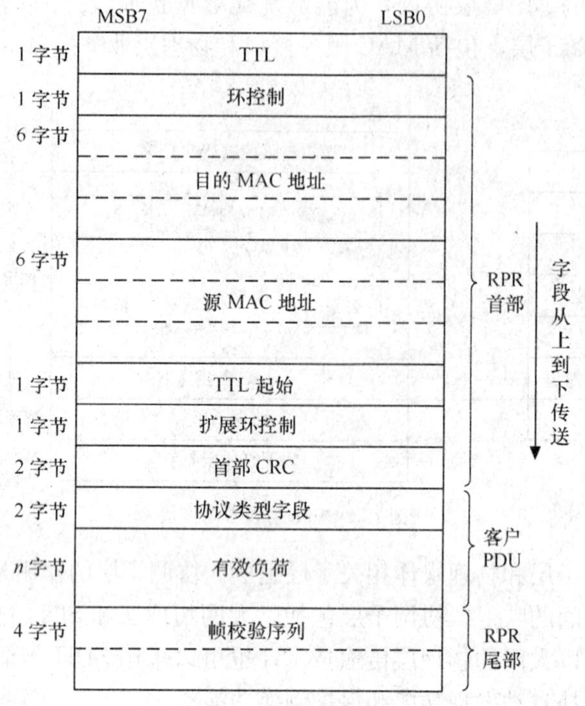

图 7-23 RPR 数据帧结构

● 环控制字段：环控制字段包括环标识（RI）、公平指示（FE）、帧类型（FT）、业务等级（SC）、环回指示（WE）和奇偶校验（P）字段，如表 7-2 所示。

表 7-2 环控制字段

b7	b6	b5～b4	b3～b2	b1	b0
RI	FE	FT	SC	WE	P

环标识（RI）：表明该帧最初在哪个环上传送。RI＝0，表示最初在外环上传送；RI=1，则表示在内环上传送。

公平指示（FE）：用于标识帧是否运用 RPR 公平算法。FE＝0，表示未采用公平算法；FE=1，则表示采用公平算法。

帧类型（FT）：表示帧的类型，如表 7-3 所示。

业务等级（SC）：用于标识帧的业务等级，如表 7-4 所示。

表 7-3 帧类型

FT	帧 类 型
00	空闲帧
01	控制帧
10	公平帧
11	数据帧

表 7-4 业务等级

SC	业 务 类 型
00	C类业务
01	B类业务
10	A类业务，子类A1
11	A类业务，子类A0

环回指示（WE）：指明在环回条件下可作环回处理的帧。

● 协议类型字段：用于指定数据帧的类型。

3. RPR数据通路

RPR MAC子层包括MAC控制和数据通道两部分，其中MAC数据通道提供数据传输的接入控制功能，如图7-24所示。可见通过环中相邻节点的物理层服务接口来实现对等体之间的数据传输，因此每个RPR节点都使用了两个此类接口：即东向接口和西向接口。MAC数据通道除了提供物理层服务接口外，还应提供了环选择、从环接收帧并向客户层提交数据转发功能、本节点向环发送流量的调节功能和通过物理服务接口实现与物理层的数据交换功能。

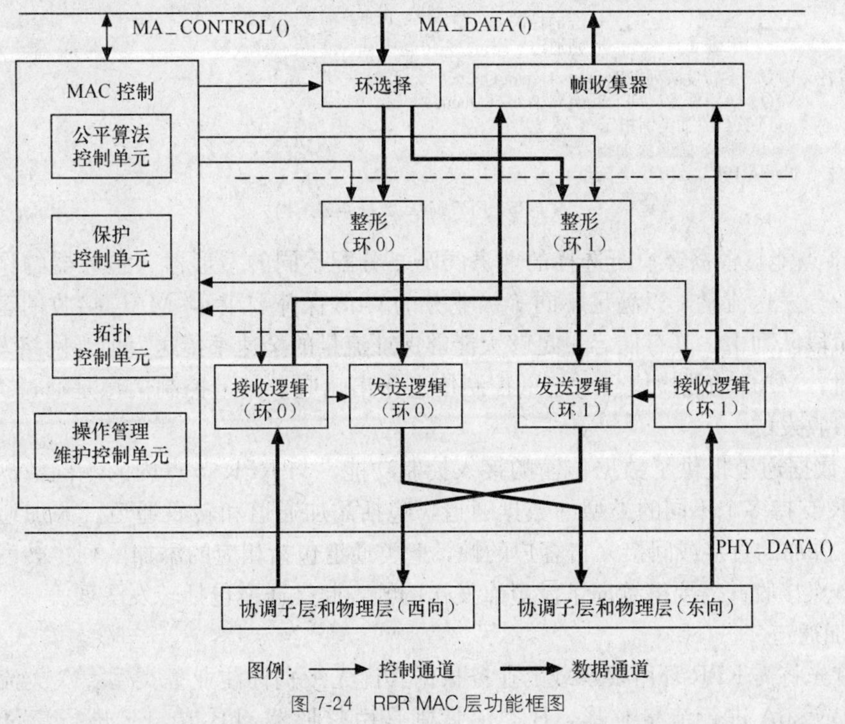

图7-24 RPR MAC层功能框图

通常一个RPR节点有一个或者两个传送队列，用来存放该节点欲向环网发送数据时所到来的来自上游节点的直通数据流量（上游节点发出的，仅经过本节点向下游节点传输的数据流量）。若节点使用单队列设计，这样所有来自上游节点的直通流量将被缓存在一个主队列（PTQ）中。若使用双队列设计，则节点可将A类业务流存放在优先级高的队列中，而其他类的业务则被存放在优先级较低的第二队列（STQ）中，如图7-25所示。

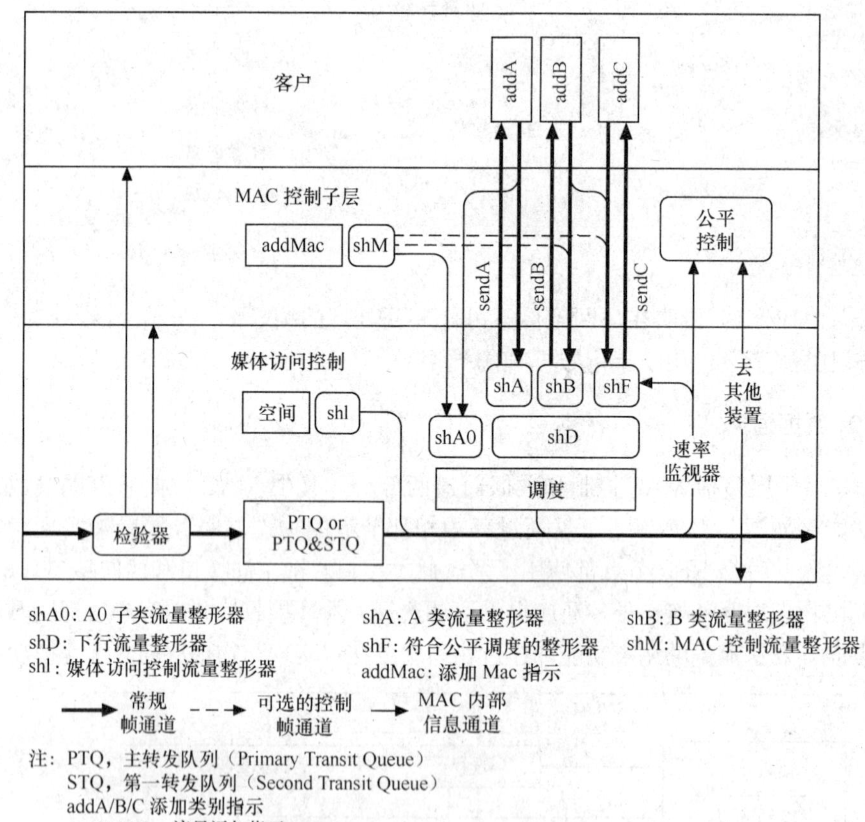

图 7-25　RPR MAC 数据通道结构

RPR 节点能够根据客户所选择的业务类型，分配不同的整形器（整形器的作用是调节各节点的业务发送流量，以满足不同等级业务的 QoS 保障要求），MAC 接收的客户流将存放在一个阶段队列中，其存储容量足够大能够保证流量的全速率传送。但当网络发生拥塞或负荷过大时，MAC 功能模块会对流量控制信息作出响应，流量控制信息是通过 MAC 和客户间的接口收发的。

MAC 数据通道提供了数据传输的接入控制功能。与 RPR 节点内的不同数据帧的传递相比，RPR 支持多个不同的类型的数据通道，包括添加通道和转发通道。添加通道负责传送由 MAC 添加的直接或间接来自客户的帧，此类通道包括相应的添加队列。转发通道负责传送由本节点接收并需要继续向下游节点发送的帧，此类通道包括转发队列。

① 添加通道

客户首先将需 RPR 环所要承载的业务根据其优先级别标注业务类型。A 类流量将由整形器 shA0 或 shA 进行流量整形，B 类流量则是由整形器 shB 或 shF 进行流量整形（被 MAC 标记超出约定速率的 B 类流量使用 shF 整形器），C 类流量由 shF 整形器进行流量整形。MAC 子层添加的帧首先由 MAC 控制整形器 shM 整形，然后再由 shA0 进行流量整形。值得说明的是此类流量也可以被标记为 B 类或 C 类流量，由 shB 或 shF 来处理。

MAC 接收的客户流量将被存储于一个阶段队列中。其存储容量足够大能够保证流量的全速率传送。但当网络发生拥塞或负荷过大时，MAC 功能模块会对流量控制信息作出响应，流量控制信息是通过 MAC 和客户间的接口收发的。

需要说明的是，除下行流量整形器 shD 外，其他整形器仅用于添加流量。

② 转发通道

转发通道是用于应付转发流量的。转发流量是指非由本节点的，仅流经本节点并向下游节点转发的流量。为了保证正常的通信，在每个具有转发通道的节点上，均需采用转发队列来缓存在本节点向环网发送业务流量的时间段内到达的转发流量。转发队列的设计可采用单队列和双队列两种类型。

③ 直通模式

当某一节点监测出其 MAC 子层无法提供可靠服务时，该节点则进入直通模式。此时节点可以仅提供转发服务。此时该节点只起一个转发器的功能，不具备 RPR 环节点的基本功能，因而不能作为 RPR 环上的节点。

由于弹性分组环所构成的 MAC 网络是一种共享媒体的网络。每个 MAC 传输有效帧均有明确的源地址和目的地址，可以通过首要或次要传输路径进行信息的传播。

- 主传输路径：对于 A 类业务，MAC 使用主传输路径。通常最坏情况下，每个站所引入的传输时延大约为两个帧的时间。这样可限制高优先级业务类型网络的最大时延。
- 第二传输路径：MAC 提供可选的低优先级路径。该路径可支持中优先级和低优先级业务类型。如果选择该功能，则环网上所有 B 类和 C 类业务以及标明中优先级和低优先级的 OAM&P 分组都将使用这条第二传输路径。

无论主传输路径，还是第二传输路径均不支持抢占功能。一旦某帧进入主传输路径或第二传输路径开始传输，将不会出现因其他帧的传输而中断传输的现象。

4. RPR 中的关键技术

尽管 RPR 的网络拓扑结构与 SDH 相同，均采用双光纤配置，但环中节点是采用共享媒介的分组交换节点，而且在任何时间均可向双环同时传送分组。特别值得说明的是，RPR 环能够根据不同的业务需求提供不同种类和不同的等级的服务，可提供 QoS 保障，支持协议数据的传输，具有可管理能力。所有这些性能都与其所使用的新技术有关，下面着重介绍空间重用技术、拓扑自动发现技术和带宽公平策略。

（1）双环结构和空间重用技术

RPR 的网络拓扑结构如图 7-26 所示。可见 RPR 采用双环结构，但与 SDH 环形网不同，RPR 中的两个单向环共享相同的环路径，而且彼此传输方向相反，其中环 0 沿顺时针方

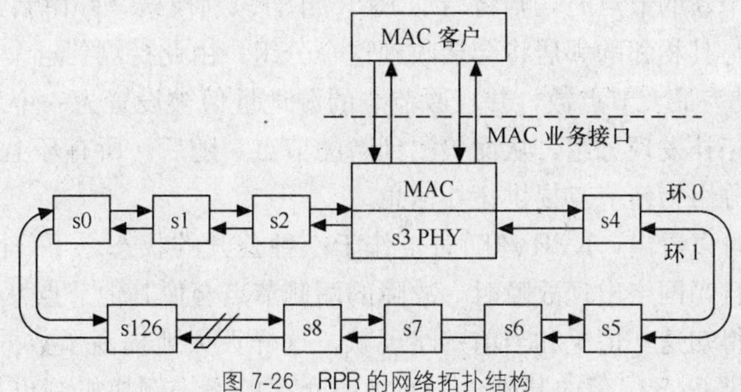

图 7-26　RPR 的网络拓扑结构

向传送分组，而环1则沿逆时针方向传送分组。一个RPR节点包括带有两个邻居的物理层实体和MAC子层。因其可以在任何时间向双环同时传送分组，故将在环0发送而在环1接收的传送方式称为东向。在环1发送而在环0接收的传送方式称为西向。节点地址为48位的MAC地址。

在RPR上所传输的帧中包含了源地址和目的地址。目的地址可以是单个地址，也可以是一组MAC地址。当带有单个目的地址的分组沿其中一个单向环传送，并达到目的节点时，该帧被取出，并被复制到目的节点的本地MAC客户层或MAC控制实体。如果此帧未被删除，此帧信息仍会在网络节点间传递，但每经过一个节点，其TTL作减1操作，直至TTL值为0时被删除。当带有一组目的地址的分组沿其中一个或两个单向环传送时，该帧会被每一个组播成员所复制，当它沿环环绕一周再次回到原节点时被删除，或者在TTL值耗尽时删除。

空间复用是指网络中允许共享信道的不同部分，即同时传输不同的业务。在SDH环形网中虽然也使用了双环结构，但备用信道是主用信道的备份，存在50%的信道冗余。而RPR中允许使用所有的环路，无带宽冗余，从而使有效带宽的总量增加。

（2）拓扑自动发现技术

RPR拓扑自动发现是一种具有周期性特征的活动过程。通常在环初始化、新节点加入、节点删除、环保护倒换时，由环中需要了解拓扑结构的某个节点来启动RPR自动识别模式，即由其发送一个拓扑发现分组，此时节点触发器便向环中的所有具有逻辑地址的节点传送该消息。拓扑发现分组是采用控制帧来传送，在其头部信息中有明确的指示。该分组所经过的节点首先将该分组取出，然后再重新产生一个新的分组，在这个新产生的分组中应将该节点的标识符加入到标识符队列的首位，同时去掉标识符队列末尾的冗余条目。这样连续消息的积累便提供了环上每个节点的编号以及与其他节点的关系。各节点就能够根据这个消息来判断发生状态变化的节点以及当前的链路状态。从前面的分析可知，环拓扑发现是按需要或周期性地进行初始化，拓扑结构中的任何节点均没有主节点之分。下面以初始化和接入节点为例来具体说明拓扑发现过程。

网络初始化时，由于本地拓扑图中仅有本地节点的信息，而无链路连接信息和所有邻居节点的地址信息，因此首先需向网络中的所有其他节点广播一个拓扑发现消息，该消息所经过的节点会取出该分组消息，并将本节点标识符加入到标识符对列的首位，从而产生一个新的分组，然后继续沿网络传输，通过这样的连续积累环上每个节点将获得当前的网络拓扑和链路连接状态报告。

当环上插入一个新的节点时，则将启动RPR自动识别模式，并由新加入的节点开始发送拓扑发现分组。与其相邻的邻居将会接收到这个分组，由此探测到这个新的节点。该分组信息的TTL值被设为最大节点数，并且原节点的源地址值被设置为一个新值。这样环上所有的节点都能收到拓扑发现分组，从而检测到新的节点，随后，所有环上的邻居们都将立即回送一个拓扑发现分组为新节点提供拓扑信息。

从上面的分析可以看出，RPR环随时工作于一种公开的状态之下，网络不仅能够提供即插即用功能，而且当网络出现故障时，故障的两侧节点会像其他节点发布故障消息，使网络中的各节点迅速得知这一情况和当前链路现状。这样大大地提高了数据传输效率和质量，这是弹性分组环提供QoS保障的基础，下面将要介绍的保护倒换机制也是基于这种工作状

- MPLS 网络模型
- 标签与标签封装
- 标签的分发
- 数据的转发过程

11. MPLS 处理模块功能

12. RPR 基础理论

弹性分组环（RPR）技术是一种基于分组交换的光纤传输技术，它采用环形组网方式，能够传送数据、语音、图像等多媒体业务，并能提供 QoS 分类、环保护等功能。

- RPR 帧结构
- RPR 数据通路

13. RPR 中的关键技术

- 空间重用技术
- 拓扑自动发现技术
- 基于不同业务等级的自动保护倒换机制
- 带宽公平调度策略

14. MSTP 网元配置类型

MSTP 设备可以配置成不同的节点类型，例如，网络集线节点（Hub）、终端复用器、分插复用设备、数字交叉连接设备、再生中继器、以太网业务汇聚设备、以太网二层交换机、以太网静态路由器、ATM 业务接入设备和 ATM 多业务交换机等。

复　习　题

1. 简述 MSTP 的基本概念。
2. 简述级联与虚级联的概念。
3. 请说明 LCAS 协议的链路容量调整思路。
4. 简述 MPLS 技术中的数据的转发过程。
5. 简述空间重用技术原理。
6. 阐述拓扑自动发现技术原理。
7. 简述 RPR 中带宽公平调度思路。
8. 简述 RPR 中基于不同业务等级的自动保护倒换机制原理。

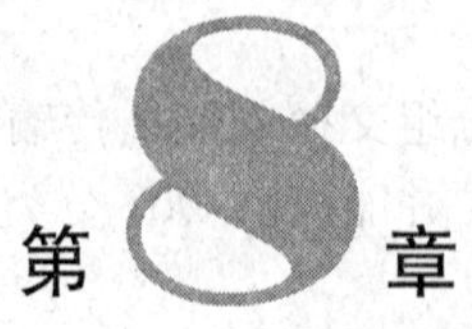

第8章 SDH与MSTP网络管理

为了适应电信网络及业务当前和未来发展的需要，电信管理网（TMN）应运而生，SDH与MSTP网的管理当然也应纳入TMN的范畴。

本章首先介绍TMN基础，主要内容包括TMN的概念，TMN的管理层次、管理功能和管理业务及TMN的体系结构；然后具体讨论有关SDH管理网（SMN）的一些问题，诸如SDH管理网的基本概念、SDH管理网的操作运行接口、SDH管理子网（SMS）、SDH管理网的分层结构、SDH管理功能及ECC协议栈等。最后，对MSTP网络的管理体系结构进行详细的介绍。

8.1 电信管理网基础

8.1.1 电信管理网的基本概念

1. 传统的电信网络管理

网络管理是实时或近实时地监视电信网络的运行，必要时采取措施，以达到在任何情况下，最大限度地使用网络中一切可以利用的设备，使尽可能多的通信得以实现。

电信网络管理的目标是最大限度地利用电信网络资源，提高网络的运行质量和效率，向用户提供良好的服务。

网络管理包括业务管理、网络控制和设备监控，通常统称之为网管系统。

传统的电信网络管理是将整个电信网络分成不同的“专业网”进行管理，如分成用户接入网、信令网、交换网、传输网等分别进行管理，即对不同的“专业网”设置不同的监控管理中心，这些监控管理中心只对本专业网络中的设备及运行情况监控和管理。传统的电信网络管理存在着如下弊端：

- 由于这些监控管理中心往往属于不同部门，缺乏统一的管理目标；
- 不同的专业网络一般使用仅用于本专业网内的专用管理系统，所以这些系统之间很难互通；
- 在一个专业网中出现的故障或降质可能会影响到其他专业网的性能；
- 采用这种专业网络管理方式会增加对整个网络故障分析和处理的难度，将导致故障排除缓慢和效率低下。

为解决传统的网络管理方法的缺陷，适应电信网络及业务当前和未来发展的需要，电信管理网（TMN）应运而生。

2. 电信管理网的概念

电信管理网（TMN）的概念是利用一个具备一系列标准接口（包括协议和消息规定）的统一体系结构来提供一种有组织的结构，使各种不同类型的操作系统（网管系统）与电信设备互连，从而实现电信网的自动化和标准化的管理，并提供大量的各种管理功能。

TMN 的基本目标是为电信管理提供一种框架性结构，引入通用网管模型后，利用通用信息模型和标准接口可以实现多种不同设备的统一管理。

TMN 的规模可大可小，最简单的是单个电信设备与单个操作系统的连接，复杂的则有许多不同的操作系统和电信设备进行互连。

3. 电信管理网与电信网的关系

电信管理网（TMN）和电信网的一般关系如图 8-1 所示。

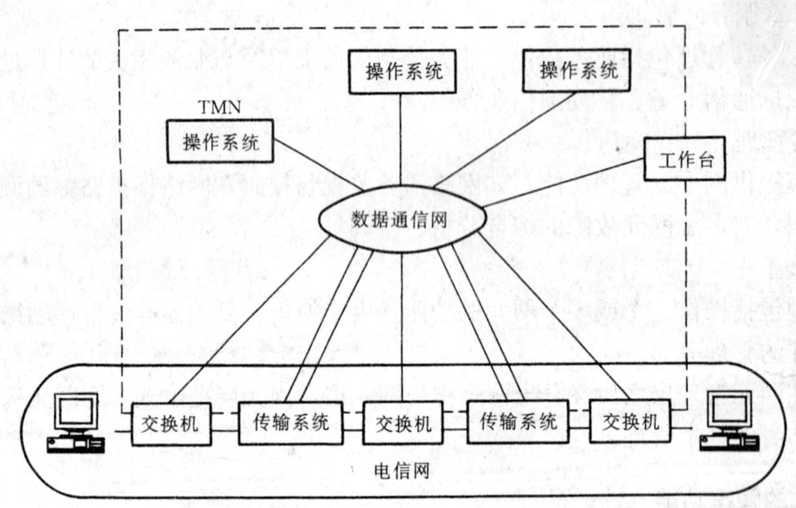

图 8-1 TMN 和电信网的一般关系

TMN 在概念上是一个独立的网络，它与电信网有若干不同的接口，可以接收来自电信网的信息并控制电信网的运行。但是 TMN 也常常利用电信网的部分设施来提供通信联络，因而两者可以有部分重叠。

8.1.2 TMN 的管理层次、管理功能和管理业务

TMN 主要从三个方面界定电信网络的管理，即管理层次、管理功能和管理业务。具体划分如图 8-2 所示。

1. TMN 的管理层次

TMN 采用分层管理的概念，将电信网络的管理应用功能划分为 4 个管理层次：事物（商务）管理层、业务（服务）管理层、网络管理层和网元管理层。

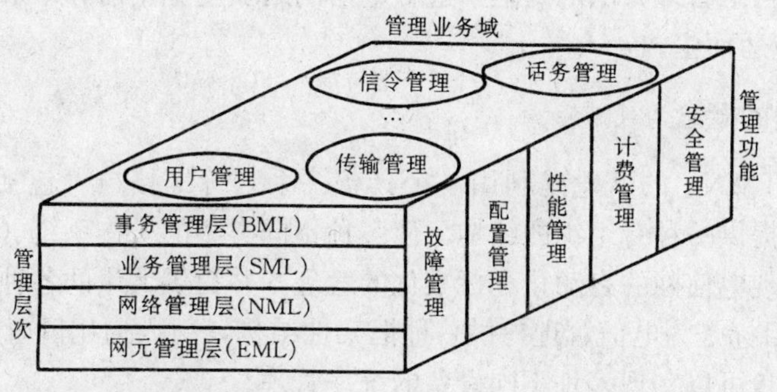

图 8-2 TMN 的管理层次、管理功能和管理业务

TMN 的 4 个管理层次的主要功能如下：

（1）事物（商务）管理

事物（商务）管理由支持整个企业决策的管理功能组成。如产生经济分析报告、质量分析报告、任务和目标的决定等。

（2）业务（服务）管理

业务（服务）管理包括业务提供、业务控制与监测以及与业务相关的计费处理，如电话交换业务、数据通信业务、移动通信业务等。

（3）网络管理

网络管理提供网上的管理功能，如网络话务监视与控制，网络保护路由的调度，中继路由质量的监测，对多个网元故障的综合分析、协调等。

（4）网元管理

网元管理包括操作一个或多个网元的功能，由交换机、复用器等进行远端操作维护，设备软件、硬件的管理等。

另外，在网元管理层之后又分出一个称为网元层，网元层是由众多的网元构成，其功能是负责网元本身的基本管理。

2. TMN 的管理功能

TMN 同时采用 OSI 系统管理功能定义，提出电信网络管理的基本功能：性能管理、故障管理、配置管理、计费管理和安全管理。

（1）性能管理

性能管理是提供对电信设备的性能和网络或网络单元的有效性进行评价，并提出评价报告的一组功能，网络单元是指由电信设备和支持网络单元功能的支持设备组成，并有标准接口。典型的网络单元是交换设备、传输设备、复用器及信令终端等。

原 CCITT 对性能管理有定义的功能包括以下三个方面。

① 性能监测功能

性能监测是指连续收集有关网络单元性能的数据。

② 负荷管理和网络管理功能

TMN 从各网络单元收集负荷数据，并在需要时发送命令到各网络单元重新组合电信网或修改操作，以调节异常的负荷。

③ 服务质量观察功能

TMN 从各网络单元收集服务质量数据并支持服务质量的改进。服务质量的监测内容包括下述参数：

- 连接建立（例如呼叫建立时延、接通次数和呼损次数）；
- 连接保持；
- 连接质量；
- 记账完整性；
- 系统状态工作日记的保持和检查；
- 与故障（或维护）管理合作来建立可能的资源失效，与配置管理合作来改变链路的路由选择和负荷控制参数和限值等；
- 启动测试呼叫来监测服务质量参数。

(2) 故障（或维护）管理

故障管理是对电信网的运行情况异常和设备安装环境异常进行监测，隔离和校正的一组功能。ITU-T 对故障（或维护）管理已经有了定义的功能包括以下三个方面。

① 告警监视功能

TMN 以近实时的方式监测网络单元的失效情况。当这种失效发生时，网络单元给出指示，TMN 确定故障性质和严重的程度。

② 故障定位功能

当初始失效信息对故障定位不够用时，就必须扩大信息内容，由失效定位例行程序利用测试系统获得需要的信息。

③ 测试功能

这项功能是在需要时或提出要求时或作为例行测试时进行。

(3) 配置管理功能

配置管理功能包括提供状态和控制及安装功能。对网络单元的配置、业务的投入、开/停业务等进行管理，对网络的状态进行管理。

配置管理功能包括以下三个方面。

① 保障功能

保障功能包括设备投入业务所必须的程序，但是它不包括设备安装。一旦设备准备好，投入业务，TMN 中就应该有它的信息。保障功能可以控制设备的状态，例如开放业务、停开业务、处于备用状态或者恢复等。

② 状况和控制功能

TMN 能够在需要时立即监测网络单元的状况并实行控制，例如，校核网络单元的服务状态、改变网络单元的服务状况、启动网络单元内的诊断测试等。

③ 安装功能

这项功能对电信网中设备的安装起支持作用。如增加或减少各种电信设备时，TMN 内的数据库要及时把设备信息装入或更新。

(4) 计费管理功能

计费功能可以测量网络中各种业务的使用情况和使用的费用，并对电信业务的收费过程提供支持。计费功能是 TMN 内的操作系统能从网络单元收集用户的资费数据，以便形成用户账单。这项功能要求数据传送非常有效，而且要有冗余数据传送能力，以便保持记账信息的准确。对大多数用户而言，必须经常地以近实时方式进行处理。

(5) 安全管理功能

安全管理主要提供对网络及网络设备进行安全保护的能力。主要有接入及用户权限的管理、安全审查及安全告警处理。

3. TMN 的管理业务

从网络经营和管理角度出发，为支持电信网络的操作维护和业务管理，TMN 定义了多种管理业务，包括：

- 用户管理；
- 用户接入管理；
- 交换网管理；
- 传输网管理；
- 信令网管理等。

8.1.3 电信管理网的体系结构

TMN 的体系结构包括三个方面，即 TMN 的功能体系结构、TMN 的信息结构和 TMN 的物理结构。

1. TMN 的功能体系结构

TMN 功能体系结构是从逻辑上描述 TMN 内部的功能分布，使得任意复杂的 TMN 通过各种功能块的有机组合实现其管理目标。在 TMN 功能体系结构中，引入了一组标准的功能块和有可能发生信息交换的参考点。这种功能块与参考点的连接就构成了 TMN 的功能体系结构，如图 8-3 所示。

TMN 功能体系结构中包括操作系统功能（OSF），网络单元功能（NEF），适配功能（QAF），中介功能（MF），以及工作站功能（WSF）等功能模块。

TMN 中的参考点是功能块的分界点，通过这些参考点来识别在这些功能块之间交换信息的类型。在 TMN 中，为了描述各功能块之间的关系，引入了参考点 q，f，x 以及与外界相关的参考点 g，m。各参考点的位置如图 8-3 所示。

(1) 各功能模块的基本功能

① 操作系统功能

操作系统功能（OSF）处理与电信网管理相关的信息，支持和控制电信网管理功能的实现。对应 TMN 的管理分层又可分为事务管理 OSF、业务管理 OSF、网络管理 OSF 和网元管理 OSF。

② 网络单元功能

在网元中为了被管理而向 TMN 描述其通信功能是网络单元功能（NEF）的一部分功能，这部分功能是属于 TMN 的，而 NEF 的其他功能则是在 TMN 之外，如通信功能。

NEF 与 TMN 进行通信以便受其监视和控制。NEF 主要提供通信和支持功能，大致可分为两类。第一类是维护实体功能，诸如交换、传输和交叉连接等；第二类是支持实体功能，诸如故障定位、计费和保护倒换等。

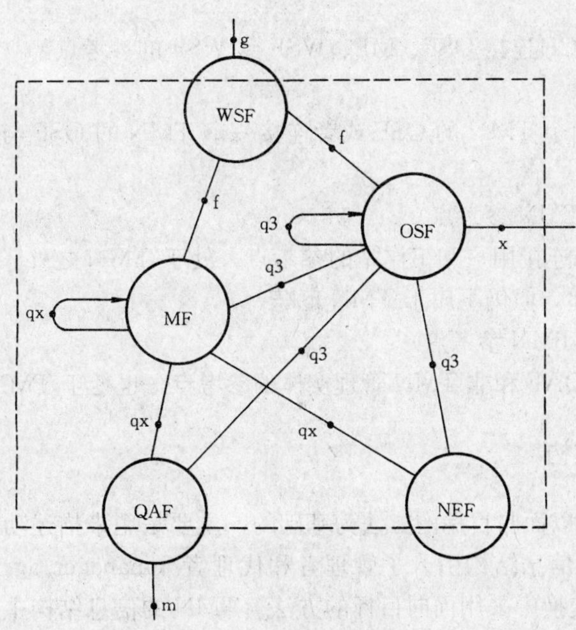

图 8-3 TMN 的功能体系结构

③ 适配功能

适配功能（OAF）实现 TMN 与非 TMN 网元和 OSF 之间的连接。QAF 的任务是进行 TMN 接口与非 TMN 接口（即专用接口）间的转换。

④ 中介功能

中介功能（MF）在 OSF 和 NEF（或 QAF）之间进行信息的传送，以保证各功能块对信息模式的需求，并使网络单元（NE）到 OSF 的结构更加灵活。具体地说，MF 的功能是按 OSF 的要求对来自 NEF（有时为 QAF）的信息进行存储、适配、门限设置、滤波和压缩处理，以避免 OSF 的过载。

⑤工作站功能

工作站功能（WSF）提供 TMN 与用户之间的交互能力。WSF 为管理信息的用户提供一种解释 TMN 信息的手段，其功能包括终端的安全接入和登录、识别和确认输入、格式化和确认输出、支持菜单、窗口和分页、接入 TMN、屏幕开发工具、维护屏幕数据库、用户输入编辑等。

（2）参考点的作用

参考点是功能块的分界点，它是表示两个功能块之间进行信息交换的概念上的点。TMN 有三类不同的参考点，即 q 参考点、f 参考点和 x 参考点，另外，还有两个处于 TMN 之外的参考点（非 TMN 参考点）q 参考点和 m 参考点。

① q 参考点

q 参考点用来连接 OSF、QAF、MF 和 NEF。连接可以直接进行，也可以经 DCF（数据通信功能）块进行。通常将连接 NEF 和 MF，QAF 和 MF 以及 MF 和 MF 的参考点称为 qx 参考点，而将连接 NEF 和 OSF、QAF 和 OSF，MF 和 OSF 以及 OSF 和 OSF 的参考点称为 q3 参考点。

② f 参考点

f 参考点指通过 DCF 连接 OSF、MF、WSF 到 WSF 的参考点。

③ x 参考点

x 参考点指连接两个 TMN 的 OSF 或者连接一个 TMN 的 OSF 与另一个网络等效的类 OSF 功能的参考点。

④ g 参考点（非 TMN 参考点）

g 参考点是指用来连接用户和工作站的参考点，处于 TMN 之外。此时尽管 TMN 信息可以经过 g 参考点传递，但仍不属于 TMN 范畴。

⑤ m 参考点（非 TMN 参考点）

m 参考点指连接 QAF 和非 TMN 管理实体的参考点，也处于 TMN 之外。

2. TMN 的信息结构

TMN 信息结构是以面向目标的方法为基础的，主要是用来描述功能块之间交换的管理信息的特性。TMN 的信息结构引入了管理者和代理者（manager/agent）的概念，强调在面向事物处理的信息交换中采用面向目标的方法。TMN 的信息结构主要包括管理信息模型及管理信息交换两个方面。

管理信息模型是对网络资源及其所支持的管理活动的抽象表示。在信息模型中，网络资源被抽象为被管理的目标或对象。例如，终端复用器（TM）、分插复用器（ADM）、数字交叉连接设备（DXC）、ATM 交换机及通信软件等这些被管理的资源都称为被管理的目标或对象。在模型中决定了以标准方式进行信息交换的范围，在模型中信息交换和控制就实现了 TMN 的各种管理操作，如信息的存储、提取与处理。

管理信息交换涉及 TMN 的 DCF、MCF，其主要的是接口规范及协议栈。

电信管理是一种信息处理的应用过程。按照 CCITT X. 701 建议中系统管理模型的定义，每一种特定的管理应用都具有管理者和代理者两方面的作用。在管理者和代理者面前，网络资源可以用被管理目标信息库（Management Information Base，MIB）的形式表示。代理者直接操纵被管理目标，管理者通过公共管理信息服务器（Common Management Information Service，CMISE）实施管理操作。管理者、代理者与被管理目标之间的关系如图 8-4 所示。

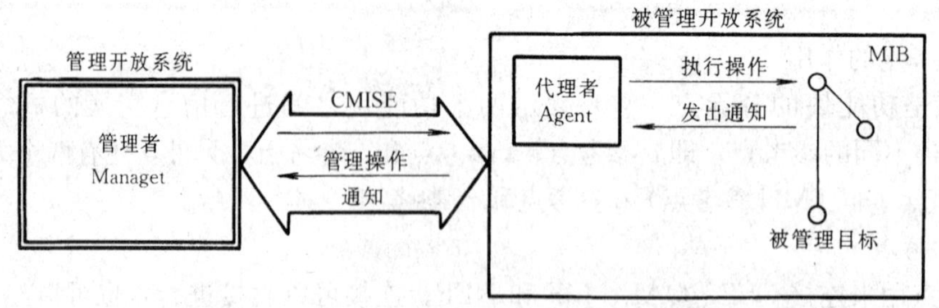

图 8-4 管理者、代理者与被管理目标之间的关系

对于 TMN 而言，这种管理者、代理者与被管理目标的对应关系如图 8-5 所示。

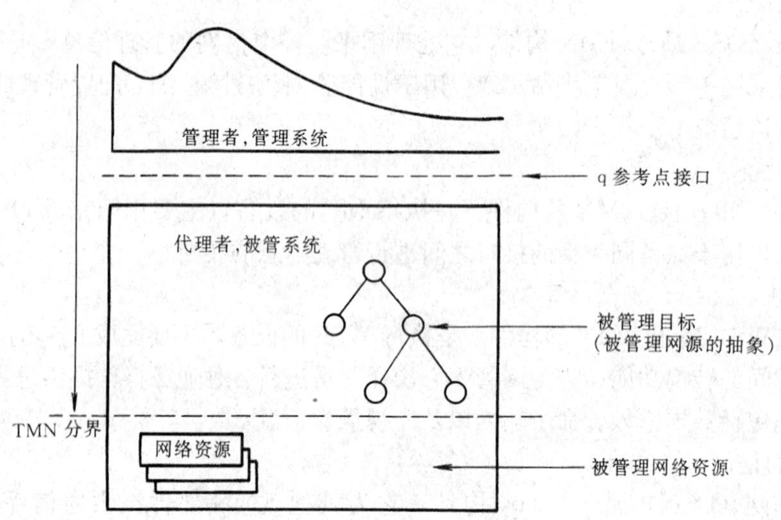

图 8-5 TMN的管理者、代理者与被管理目标的对应关系

3. TMN 的物理结构

TMN 的物理结构确定为实现 TMN 的功能所需要的各种物理配置的结构。根据 ITU-T 的 M. 3010 建议书，TMN 的基本物理结构如图 8-6 所示。

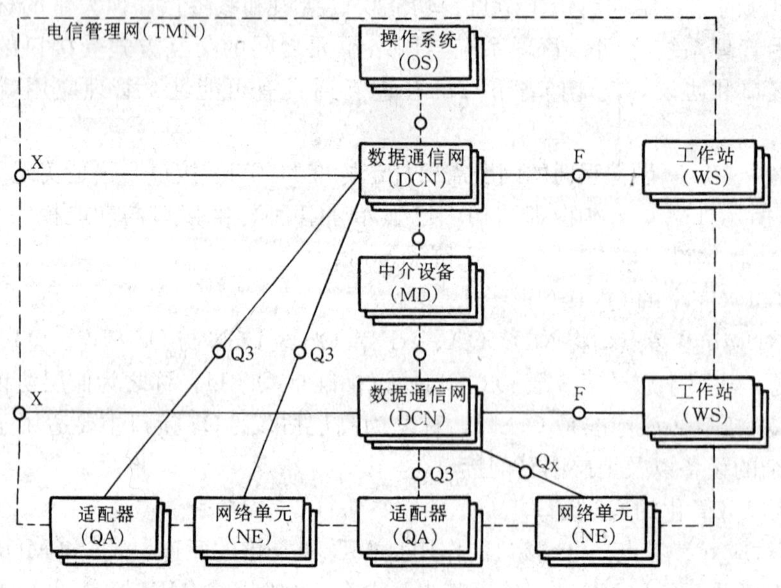

图 8-6 TMN的基本物理结构

(1) TMN 的功能单元及其基本功能

① 网络单元

网络单元（NE）是由执行 NEF 的电信设备（或者是其中一部分）和支持设备组成。它为电信网用户提供相应的网络服务功能，如多路复用、交叉连接、交换等。

② 操作系统

操作系统（OS）属于 TMN 构件，它处理用来监控电信网的管理信息，是执行 OSF 的系统，一般可采用小型机或工作站实现。用于性能监测、故障检测、配置管理的管理功能模块可以驻留在该系统上。

③ 中介设备

中介设备（MD）是 TMN 的构件，是执行 MF 的设备，主要用于完成 OS 与 NE 间的中介协调功能，用于在不同类型的接口之间进行管理信息的转换。

④ 工作站

工作站（WS）属于 TMN 的构件，是执行 WSF 的设备，主要完成 f 参考点信息与 q 参考点显示格式间的转换功能。它为网管中心操作人员进行各种业务操作提供进入 TMN 的入口，这些操作包括数据输入、命令输入以及监视操作信息。

⑤ 数据通信网

数据通信网（DCN）属于 TMN 构件，它为其他 TMN 部件提供通信手段。DCN 是 TMN 内支持 DCF（数据通信功能）的通信网，可以提供选路、转接和互通功能，主要实现 OSI 参考模型的低三层功能，而不提供第 4～第 7 层功能。DCN 可以是不同类型的通信网（如分组交换网、DDN、城域网、局域网等）或是各种子网（如 X.25 或 DDN 等）互连而成。目前，TMN 所用的 DCN 主要是 DDN。另外，DCF 也可由 SDH 的嵌入控制通路 ECC（后述）来支持。

（2）TMN 的接口

尽管 TMN 的体系结构讨论了节点、功能块、接口和参考点，但大量的标准还是与接口有关。因为管理系统之间、管理系统与网络单元之间的交互方式受接口的制约。只要有标准化的接口和协议，就能使各节点的互连互通具有可能性，管理应用就可以进行相互操作。

为了简化众多厂家设备互通的问题需要规定标准的 TMN 接口，这是实现 TMN 的关键之一。图 8-6 所示 TMN 基本物理结构中已显示了各种标准接口与功能模块之间的关系。TMN 中共有 4 种接口，即 Q3，Qx，F 和 X 接口。

① Q3 接口（完全的 Q3 接口）

Q3 接口对应 q 参考点，将 MD、QA、NE 和 OS 经 DCN 与 OS 相连。Q3 接口具备 OSI 全部 7 层功能。从第 1 层～第 3 层 Q3 接口协议标准是 Q.811，称之为低层协议；从第 4 层～第 7 层的 Q3 接口协议标准是 Q.812，称之为高层协议。Q3 接口主要适用于像交换机和 DXC 这样复杂的设备以及上层网管的接口。

② Qx 接口（简化的 Q3 接口）

Qx 接口对应 q 参考点。Qx 接口的作用是 MD 和 MD 的互连、NE 和 MD 的互连、QA 和 MD 的互连以及 NE 和 NE 的互连（其中至少有一个 NE 含 MF 功能）。Qx 接口是不完善的 Q3 接口（简化的 Q3 接口），在管理系统的实施中，很多产品采用 Qx 接口作为向 Q3 接口的过渡。

③ F 接口

F 接口对应 f 参考点，它处于工作站（WS）与具有 OSF、MF 功能的物理构件之间。它提供了与 TMN 五大管理功能领域相关的人一机接口的支持能力，通过这一接口可实现用户与系统之间的交换信息。

④ X 接口

X 接口对应 x 参考点。提供 TMN 与 TMN 之间或 TMN 与具有 TMN 接口的其他管理网络之间的连接。

8.2 SDH 管理网

8.2.1 SDH 管理网的基本概念

1. SDH 管理网的概念

SDH 管理网（SMN）实际就是管理 SDH 网元的 TMN 的子集。它可以细分为一系列的 SDH 管理子网（SMS），这些 SMS 由一系列分离的嵌入控制通路（ECC）及有关站内数据通信链路组成，并构成整个 TMN 的有机部分。

这里解释一下嵌入控制通路（ECC）。ECC 指的是 SDH 帧结构中属于段开销（SOH）字节的数据通信通路（DCC）D1～D12。SOH 中的 DCC 用来构成 SDH 管理网（SMN）的传送链路。其中 D1～D3 字节称为再生段 DCC，用于再生段终端之间交流 OAM 信息，速率为 192kbit/s（3×64kbit/s）；D4～D12 字节称为复用段 DCC，用于复用段终端之间交流 OAM 信息，速率为 576kbit/s（9×64kbit/s）。这总共 768kbit/s 的数据通路为 SDH 网的管理和控制提供了强大的通信基础结构。

2. SDH 管理网的特点

具有智能的网元和采用嵌入的 ECC 是 SMN 的重要特点，这两者的结合使 TMN 信息的传送和响应时间大大缩短，而且可以将网管功能经 ECC 下载给网元，从而实现分布式管理。

3. SDH 管理网的操作运行接口

SDH 管理网的操作运行接口有 Q 接口、F 接口和 X 接口。

(1) Q 接口

Q 接口包括完全的 Q3 接口和简化的 Q3 接口（过去称为 Qx 接口）。

SMS 通过 Q 接口与 TMN 通信，所用 Q 接口应符合 ITU-T Q.811 和 Q.812 建议中相关协议栈的规定。

(2) F 接口

F 接口是与工作站或局域终端连接的接口。工作站或局域终端是管理一个局部区域内的 SDH 网元或一个 SDH 管理子网的设备，能向维护人员提供各种维护操作工具，帮助维护人员寻障和对系统配置进行测试。

F 接口还可把远端工作站经数据通信网（DCN）连至操作系统（OS）或协调装置（MD）。目前 ITU-T 尚未对 F 接口完成标准化工作，物理层通用 V.10/V.11，V.28/V.24 建议接口。

(3) X 接口

在低层协议框架中，X 接口与 Q3 接口是完全相同的。在高层协议中，X 接口涉及到不同电信运营者TMN之间的互通，所以安全问题非常重要，需要比一般Q3接口更加周全的安全支持功能。除此之外，其他方面也是完全相同的。

4. SMN，SMS和TMN的关系

SMN，SMS和TMN的关系可以用图8-7来表示。

TMN是最一般的管理网范畴；SMN是其子集，专门负责管理SDH NE；SMN又由多个SMS组成。

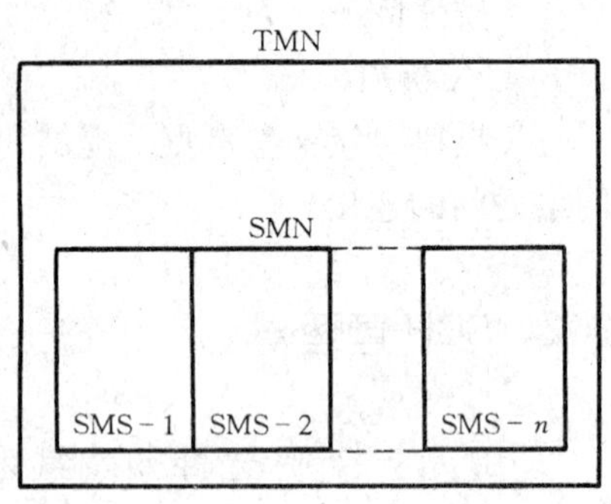

图8-7　SMN，SMS和TMN的关系

图8-8所示为一个具体应用示例，可以有助于理解三者之间的相互关系。图中NNE表示非SDH NE，而GNE表示网间接口单元，又称网关，经Q3接口与OS相连。SMN内部各个NE经ECC互连，局站内也可用本地通信网（LCN）互连。OS可以有多层，直接与NE打交道的低层OS往往具有MF功能和使用简化的Q3接口与普通简单NE相连。这类简化OS过去称为OS/MD。

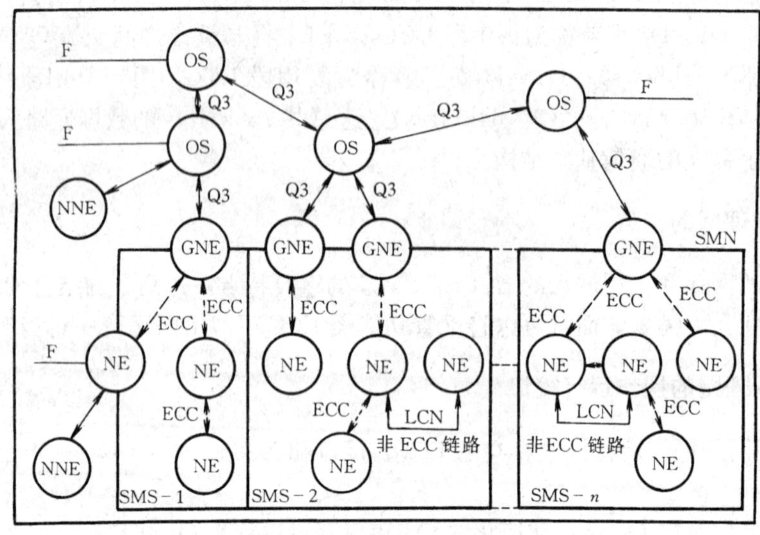

图8-8　SMN，SMS和TMN关系示例

8.2.2　SDH管理子网

1. 接入SMS

接入SMS总是利用SDH NE功能块完成的。SDH NE与TMN的其他部分的连接可以通过一系列标准接口，例如，与工作站（WS）的连接可以通过F接口，与OS的连接通过Q接口，至于Q接口的类型则取决于需要SDH NE支持的功能。两种最常用的SDH NE是具有OSF/MF功能的SDH NE和普通的SDH NE，前者如图8-9所示，采用标准Q3接口与OS相连；后者如图8-10所示，可利用简化的Q3接口与OS相连。图中站内设备可能既有SDH NE，又有非SDN NE。

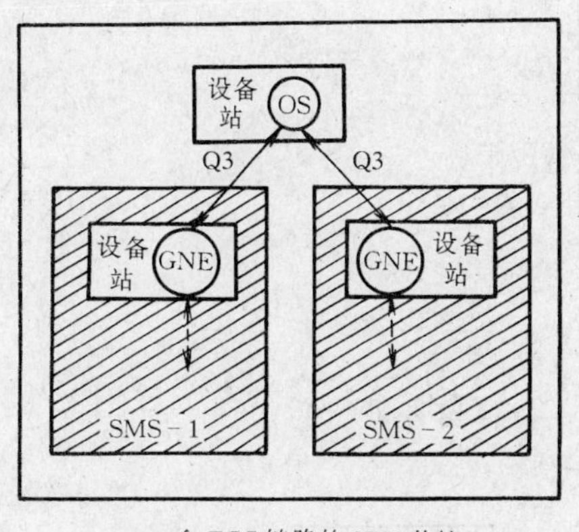

图 8-9 具有 OSF/MF 功能的 SDH NE 局站的 ECC 拓扑

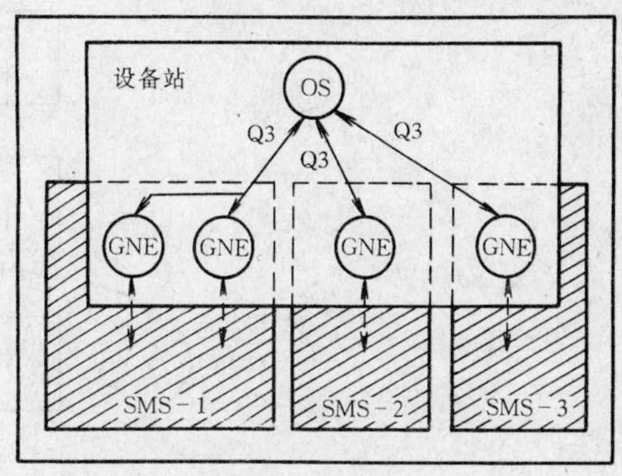

图 8-10 具有普通 SDH NE 局站的 ECC 拓扑

2. SMS 的结构特点

由图 8-8 可以看出 SMS 结构具有如下特点：

（1）在同一设备站内可能出现多个可寻址的 SDH NE。

（2）SDH NE 的 MCF（消息通信功能）为 ECC 上的消息完成终结（在低层协议的含义上）、选路由或处理功能，或通过 Q3 接口与 OS 相通。

（3）属于不同局站的 SDH NE 之间的通信链路通常由 SDH ECC 构成。

（4）在同一局站内，SDH NE 可以通过站内 ECC 或 LCN 进行通信，图 8-8 中已经示出这两种情况。趋势是采用 LCN 作为通用的站内通信网，既为 SDH NE 服务，又可以为非 SDH NE 服务。

3. SMS 的 ECC 拓扑

由于实际的网络配置情况是千变万化的，因而 ITU-T 不打算对 ECC 的物理传送拓扑进行限制。作为 ECC 物理层的 DCC 可以通过多种拓扑形式实现互连，诸如线形（总线形）、星形、环形和网孔形等。

通常，一个 SMS 内至少应该有一个 NE 可以与 OS 相连，以便与 TMN 相通。这类能与 OS 相连的 NE 称为网关（GNE），如图 8-8、图 8-10、图 8-11 和图 8-12 所示。GNE 的功能主要有：

- 为送往 SMS 内任何末端系统的 ECC 消息执行中间系统网络层选路功能；
- 支持统计复用功能；
- 执行协议转换、地址映射和消息转换等。

通常，OS 与末端系统之间的消息通信可以通过其他中间系统，也可以经由 GNE，如图 8-11 所示。所谓中间系统通常为汇接的业务执行选路由任务。与 GNE 不同，它不能直接与 DCN 或 OS 相连，但具有 GNE 的某些功能。末端系统则仅仅处理本地业务，因而不具备统计复用功能或选路由功能，但它们可以直接与 DCN 和 OS 相连（中间系统和末端系统的概念请参见图 8-11）。

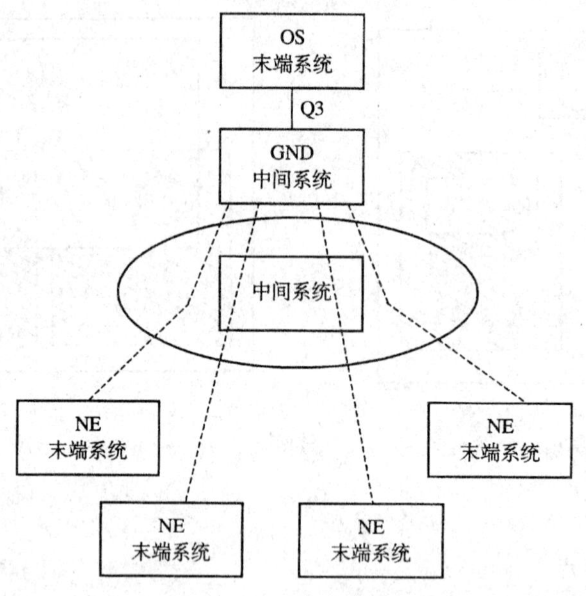

图 8-11 中间系统和末端系统的概念

8.2.3 SDH 管理网的分层结构

若从服务和商务角度看，SDH 的管理网可以分为 5 层，从下至上分别为网元层（NEL）、网元管理层（EML）、网络管理层（NML）、业务（服务）管理层（SML）和商务管理层（BML）。

若仅仅是从网络角度看，SDH 的管理网只包括低 3 层，即网元层（NEL）、网元管理层（EML）和网络管理层（NML）。图 8-12 给出了 SDH 管理网的分层结构（只列出了下 3 层）。

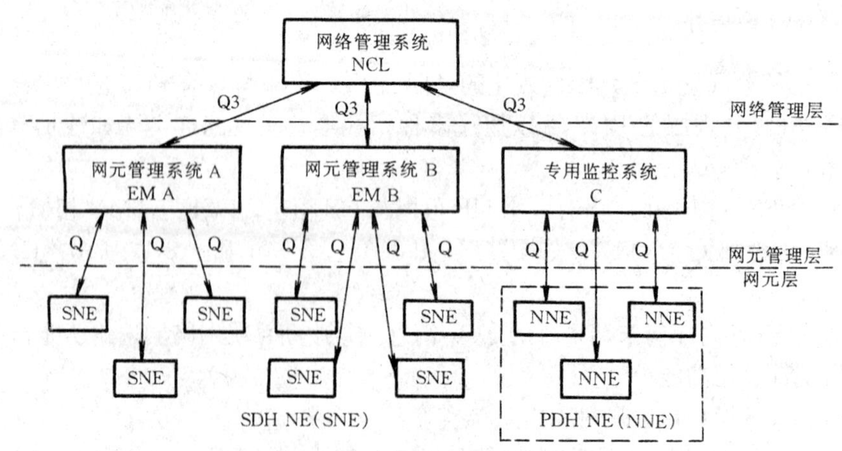

图 8-12 SDH 管理网的分层结构

1. 网元层

网元本身也具备一些管理功能，如单个的配置、故障、性能等。所以，网元层是最基本的管理层。此时有两种情况：在分布式管理系统中，单个网元具有很强的管理功能，从而对网络响应各种事件的速度极为有利，尤其是为了达到保护目的而进行的通路恢复情况更是如此。另一种情况是网元只具有极其有限的功能，而将大部分管理功能集中在网元管理层上。

2. 网元管理层

网元管理层提供配置管理、性能管理、安全管理和记费管理等功能，另外，还应提供一些附加的管理软件包以支持进行财政、资源及维护分析功能。

3. 网络管理层

网络管理层负责对所辖管理区域进行监视和控制，应具备 TMN 所要求的主要管理应用功能，并能对多数不同厂家的单元管理器进行协调和通信。

4. 业务管理层

业务管理层负责处理合同事项，在提供和终止服务、计费、业务质量、故障报告方面提供与用户基本的联系点，并与网络管理层、商务管理层和业务提供者进行交互式联络。另外，还应保持所统计的数据。

5. 商务管理层

商务管理层负责总的计划和运营者之间达成的协议。

8.2.4 SDH 管理功能

为了支持不同厂家设备之间或不同网络运营者之间的通信，也为了能支持同一 SMS 内或跨越网络接口的不同 NE 之间的单端维护能力，ITU-T G.784 建议的附件 A 规定了 SDH 管理网需要具有的一套最起码的管理功能。

1. 一般性管理功能

(1) 嵌入控制通路的管理

为了有效的管理构成 SDH 网元间逻辑通信链路的 ECC，应保证 ECC 的横向兼容性，因而，必须对涉及兼容的网络参数，比如分组规格、超时、服务质量和窗口规格等进行检索。为建立以 DCC 为物理层的 ECC，还需对网络地址进行管理，能在某节点处对 DCC 的运行状态进行检索，并具有按需接入或不接入 DCC 的能力。

(2) 时间标记

需要时间标记的事件和性能报告应标以分辨力为 1 秒的时间标记，时间应由 NE 的本地实时时钟来显示。

(3) 其他一般管理功能

其他一般管理功能主要包括安全、软件下载和远端注册等。

2. 故障管理

故障管理主要包括以下功能：

（1）故障原因持续性过滤

故障原因持续性过滤指的是对故障原因进行持续性检查。如果故障原因连续持续 2.5±0.5s，就宣布为传输失效；如果故障原因连续 10±0.5s 都不出现，就宣布失效清除。

（2）告警监视

告警监视涉及网络中发生的有关事件/条件的检出和报告。告警指的是作为一定事件和条件的结果由 NE 自动产生的一种指示。操作系统应能规定什么样的事件和条件将产生自动告警报告，其余的将按请求才报告。在网络中，除了设备内和输入信号中检出的事件和条件应该可以报告给网管系统外（内告警监视），很多设备外的事件也应该可以报告。

（3）告警历史管理

告警历史管理涉及告警记录的处理。通常，告警历史数据都存在 NE 的寄存器内，并能周期性地读出或按请求读出。所有寄存器都填满后，操作系统应能决定是停止记录，还是删去最早的记录（称上卷），或者干脆将寄存器置零（称清洗）或停止记录。

3. 性能管理

性能管理包括：

- 利用与 SDH 结构有关的性能基元采集误码性能、缺陷和各监视项目数据；
- 15 分钟和 24 小时性能监视历史数据寄存和记录；
- 门限设置和门限通知；
- 性能数据分析和性能数据突破门限事件报告；
- 不可用时间的起止记录和其间的性能监视等功能。

4. 配置管理

配置管理包括指配功能以及 NE 的状态控制两项基本功能。主要实施对网元的控制、识别和数据交换。

配置管理主要涉及保护倒换的指配、保护倒换的状态和控制、安装功能、踪迹识别符处理的指配和报告、净负荷结构的指配和报告、交叉矩阵连接的指配、EXC/DEG 门限的指配、CRC4 方式的指配、端口方式和终端点方式的指配，以及缺陷和失效相关的指配等。

5. 安全管理

安全管理涉及注册、口令和安全等级等。关键是要防止未经许可的与 SDH 网元的通信和接入 SDH 网元的数据库，确保可靠地授权接入。

8.2.5 ECC 协议栈

SDH 网的操作和管理广泛地采用开放系统互连（OSI）的协议和管理原理，ECC 协议栈的规定也不例外。为了在 SDH DCC 上传送 OAM 消息，SDH 网络选择了一套类似的 7 层协议栈来满足应用要求。图 8-13 示意了 SDH DCC 的协议栈。

由图可见，SDH DCC 的协议栈（即 ECC 协议栈）包括 7 层协议：物理层、数据链路层、网络层、传送层、会话层、表示层和应用层。各层功能及协议简单描述如下。

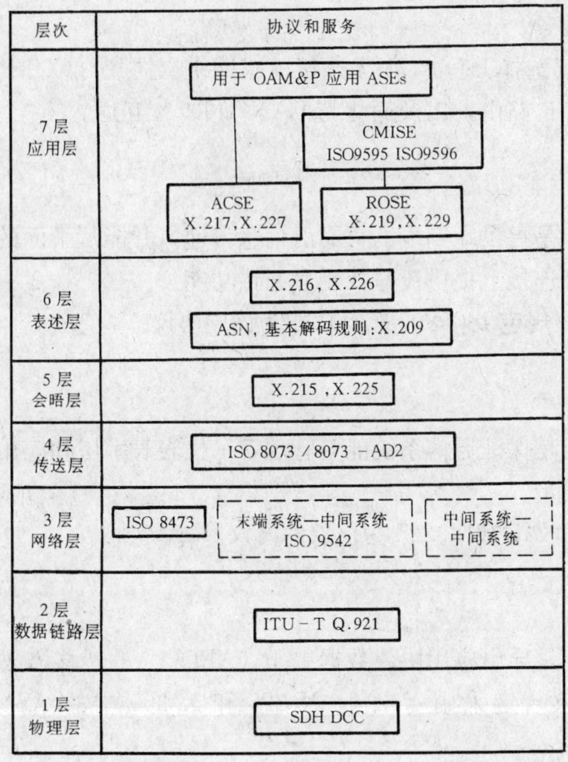

图 8-13　SDH DCC的协议栈

1. 物理层

物理层的功能是实现在物理链路上数据码流的传输。就OAM消息传送而言，SDH段开销中由12个字节组成的DCC就构成了ECC的物理层。其中段开销中的D1～D3字节作为再生段DCC，速率为192kbit/s；D4～D12字节作为复用段DCC，速率为576kbit/s。

2. 数据链路层

数据链路层的功能是通过相邻网络节点间的逻辑通路，在DCC上提供点到点的网络服务数据单元（NSDU）的传递。

ITU-T建议G.784规定LAPD作为该层协议。LAPD是高级数据链路控制规程（HDLC）的一个子集，它以分组交换通信协议X.25的链路层即平衡型链路接入规程（LAPB）为基础，补充增加了一些新功能。LAPD为网络节点间提供点到点连接，它不仅可以支持确认式信息传递服务（AITS），而且能支持无确认式信息传递服务（UITS）。

3. 网络层

网络层的主要功能是为传送层提供无连接模式网络层的服务。利用每个中间系统的路由控制信息，可以使网络协议数据单元（NPDU）通过中间系统传送到末端系统（所有网元应具备中间系统功能，或末端系统功能，或兼有两者）。与面向连接的网络（例如分组交换网等）相比，无连接网的通信既没有连接建立阶段，也没有连接拆除阶段，网络层也无需确认流量控制和纠错一类服务。

ITU-T G.784建议选择ISO 8473无连接模式网络层协议（CLNP）作为该层协议，目的是简化消息的寻址和选路由，以及简化与LAN和DCN互通。

4. 传送层

传送层的主要功能是提供端到端的可靠的信息传递，并能从下面的无连接网络服务形成一个传送连接，且在该连接上提供流量控制和纠错功能。

ITU-T G.784建议规定ISO 8073/AD2作为该层协议。

5. 会话层

会话层的主要功能是保证通信系统能与管理者（代表表示层和应用层）和通信系统之间正在进行的对话实现同步。

G.784建议规定X.215和X.225为该层的协议。

6. 表示层

表示层的主要功能是导出应用协议数据单元（APDU）的转移语法。

ITU-T G.784建议规定采用X.216，X.226和X.209中的ASN.1等建议为该层的协议。

7. 应用层

应用层直接为OSI环境中的用户提供服务，并为其访问OSI环境提供手段。

应用层协议采用X.209中ASN.1，X.217，X.227及ISO 9595和ISO 9596等。

8.3 MSTP的网络管理

8.3.1 对MSTP网络管理的要求

本书第7章介绍了基于SDH的多业务传送平台（MSTP）的相关内容，MSTP不仅支持传统的2Mbit/s，155Mbit/s等话音业务接口，还可支持以太网和ATM等多业务接口，它可将多种不同业务通过VC或VC级联方式映射入SDH帧结构进行处理。

为了适应MSTP设备组网的新特点，必须打破原有的网络管理思路，因而，对MSTP网络管理提出以下新的要求。

1. 应能够对MSTP承载的多种业务进行统一管理

传统的网管一般是针对单一业务开发的，SDH网管系统，以太网网管系统和ATM网管系统分别是独立的系统。而MSTP的硬件设备是在一个平台上承载SDH、以太网和ATM等多种业务。为了减少各独立网管带来的网络管理的复杂性，MSTP设备网管系统应该能够对MSTP承载的多种业务进行统一管理。

2. 为各种业务提供齐备的管理功能

MSTP网管可以认为是SDH网管，以太网网管和ATM网管的集成体，应能够对相应的接口进行配置，针对TDM、ATM、以太网等不同业务的业务特征进行管理，提供齐备的管理功能。

3. 提供强大的端到端业务调度能力

目前MSTP技术主要应用在城域网中，其所有业务都要能够实现端到端调度，以真正保证业务的快速提供，满足客户需求。由于MSTP可提供多种不同业务，所以在端到端业务的调度方面，不仅要考虑传统的各种速率的SDH业务，还需要考虑以太网业务、ATM业务的端到端调度。

MSTP设备网管系统应能直接提供端到端电路和端到端数据业务的自动配置功能（是指通过简单地选择源宿端口和业务类型，在很短的时间内即建立起路径连接的过程），可以简化配置流程，提高响应速度。

4. 提供各种业务的端到端维护模式

业务的端到端维护主要是指业务级别的告警监视和性能监测，也就是实现端口上监视到的告警性能与端口上承载的业务实现相关联。

为了提高业务管理能力，要求MSTP设备网管系统能够提供SDH、以太网、ATM等各种业务的端到端维护模式。

8.3.2 MSTP网络管理体系结构

图8-14所示为MSTP网络管理体系结构。

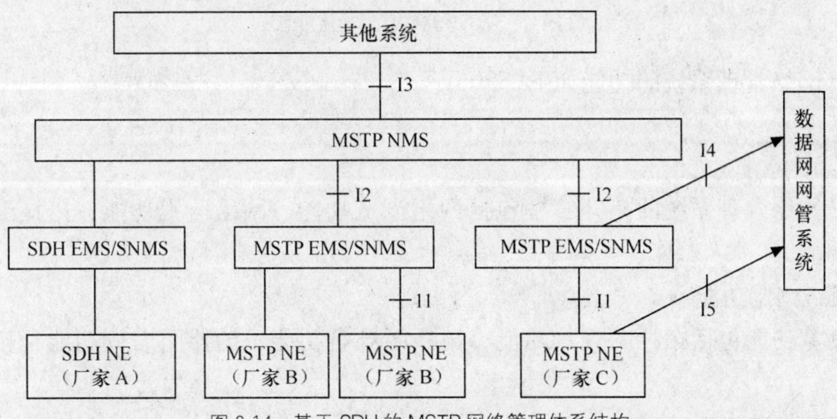

图8-14 基于SDH的MSTP网络管理体系结构

图8-14中MSTP NMS（Network Management System）是基于SDH的MSTP网络管理系统，即为了管理MSTP网络所使用的软硬件系统，能够管理MSTP网络内由不同设备供应商提供的SDH网元或SDH子网。由于MSTP的设备在一个平台上可以承载SDH、以太网和ATM等多种业务，所以MSTP网络管理系统应涵盖SDH网络管理和基于SDH的数据业务管理两方面的管理功能。

MSTP EMS（Elment Management System）是 SDH 网元管理系统，即为了管理一个或多个 SDH 网元所使用的软硬件系统，管理由单一设备供应商提供的 SDH 网元或 SDH 子网（此处的网元管理系统是传统意义上的网元管理系统和子网管理系统 SNMS 的统称）。

SDH 网元（SDH NE）与 MSTP EMS 之间的接口是 I1，它是设备内部接口；I2 为各厂商的 MSTP EMS 与 MSTP NMS 之间的接口，I3 为 MSTP NMS 与其他系统（综合网络管理系统、资源网络管理系统等）之间的接口；I4 为各厂商的 MSTP EMS 与数据网管系统之间的接口，I5 为各厂商的 MSTP NE 与数据网管系统之间的接口，I4 接口和 I5 接口标准具体内容待研究。

8.3.3 MSTP 网络管理功能

MSTP 网络管理功能如图 8-15 所示。

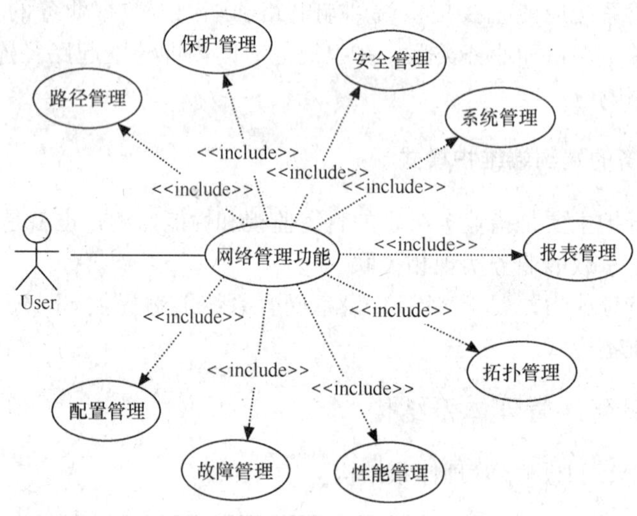

图 8-15 MSTP 网络管理功能示意图

MSTP 网络管理系统的功能如下。

1. 拓扑管理

MSTP 网络管理系统的拓扑管理包括网络浏览功能、网络监视功能、拓扑编辑功能和图例管理功能等。

（1）网络浏览功能

网络浏览功能包括拓扑图查看功能、拓扑图导航功能、拓扑图缩放功能、拓扑图定位功能。

（2）网络监视功能

网络监视功能负责实时反映网络设备配置的变更情况、系统告警事件等。

（3）拓扑编辑功能

用户可通过拓扑编辑功能手工生成部分拓扑图。

（4）图例管理功能

图例管理功能是对图例进行管理，如查询各种图例及其颜色的意义、定制图例。

2. 配置管理

MSTP网络管理系统的配置管理功能包括基本配置管理、网络资源的配置和业务配置。

(1) 基本配置管理功能

基本配置管理功能包括配置数据查询与修改、配置数据同步、配置数据统计分析、配置数据打印。

(2) 网络资源配置管理功能

MSTP NMS支持对EMS/SNMS配置信息、网元配置信息、端口配置信息等进行查询/修改。

(3) 业务配置管理功能

业务配置管理功能主要包括ATM、以太网等业务的创建、删除功能以及业务信息的查询功能。

3. 路径管理

MSTP网络管理系统应支持NNI端口的虚容器组VCG（Virtual Container Group）路径创建、删除、查询等SDH路径管理功能。

4. 保护管理

保护管理负责完成保护倒换信息的查询和修改、保护倒换等。

5. 故障管理

故障管理功能包括告警收集与显示、告警同步、告警级别管理、告警确认与清除、告警相关性分析与统计、告警过滤、故障测试与校正、告警查询与统计等。

6. 性能管理

性能管理是对所管理的网络设备性能指标进行监测，并对所采集到的指标值进行必要的处理和分析。性能管理功能具体包括历史性能数据管理、性能数据查询与统计分析、性能监测任务管理、性能数据上报管理、性能门限管理。

7. 报表管理

报表管理功能包括定制报表、生成报表、取消报表生成、查询报表生成状态、设置/修改报表格式和打印/输出报表。

8. 安全管理

安全管理功能包括以下内容。

(1) 用户管理

MSTP网络管理系统对其用户进行管理控制，包括增加、注销、锁定、解锁用户及查询用户信息和修改用户密码等。

(2) 权限控制

为了使用户更安全地使用网管系统，MSTP NMS对用户进行严格的权限控制。

（3）操作日志管理

操作日志记录用户在系统中所执行的各种操作。

（4）登录日志管理

登录日志记录用户登录系统的情况，据此可以了解哪些用户在什么时候进入了系统。

9. 系统管理

系统管理功能包括以下内容。

（1）系统自身管理

系统自身管理指系统启动、初始化、关闭和备份等。

（2）软件管理

软件管理功能包括软件安装管理、软件升级、软件版本管理和软件进程管理功能等。

（3）数据管理

MSTP NMS 应能提供数据库备份、恢复和拷贝功能，另外，MSTP NMS 还应提供配置数据、告警数据和性能数据的导出功能。

（4）仿真终端功能

MSTP NMS 可以向 EMS 提供仿真终端功能。

以上介绍了 MSTP NMS 的各项管理功能，其中配置管理、故障管理、性能管理和安全管理等是 MSTP NMS 最主要的管理功能。

8.3.4 网元管理系统与网络管理系统接口功能

基于 SDH 的 MSTP 网络管理系统（MSTP NMS）与网元管理系统（MSTP NMS）之间的接口功能包括公共管理功能、配置管理功能、性能管理功能、故障管理功能和安全管理功能，如图 8-16 所示。

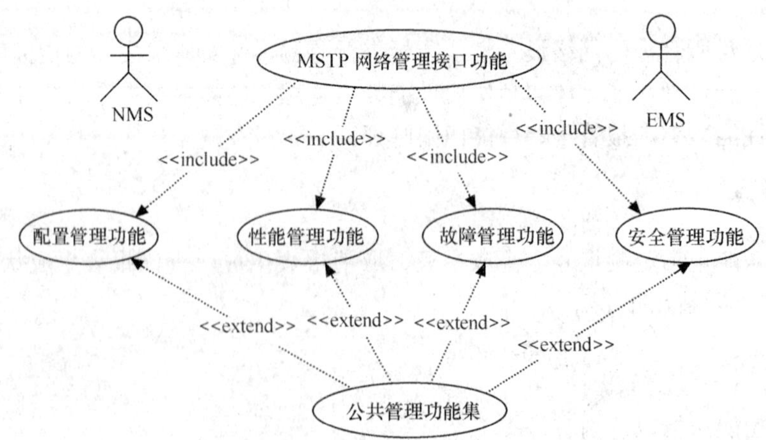

图 8-16 网元管理系统（EMS）与网络管理系统（NMS）接口功能

图 8-16 中≪include≫表示 EMS 与 NMS 间接口功能可进一步分解为配置管理功能集、性能管理功能集、故障管理功能集和安全管理功能集；≪extend≫表示配置管理功能、性能管理功能、故障管理功能和安全管理功能，可能需要公共管理功能集中的功能作为支持。

1. 公共管理功能

公共管理功能是指配置管理、性能管理、故障管理和安全管理都要用到的公共功能，包括通知管理功能、日志管理功能、大数据量传送功能等。

（1）通告管理功能

通知管理功能包括通知定购功能、通知上报功能和事件同步功能，其中通知定购功能又包括定购通知、撤销定购、挂起/恢复定购、查询/修改定购。通知管理功能示意图如图 8-17 所示。

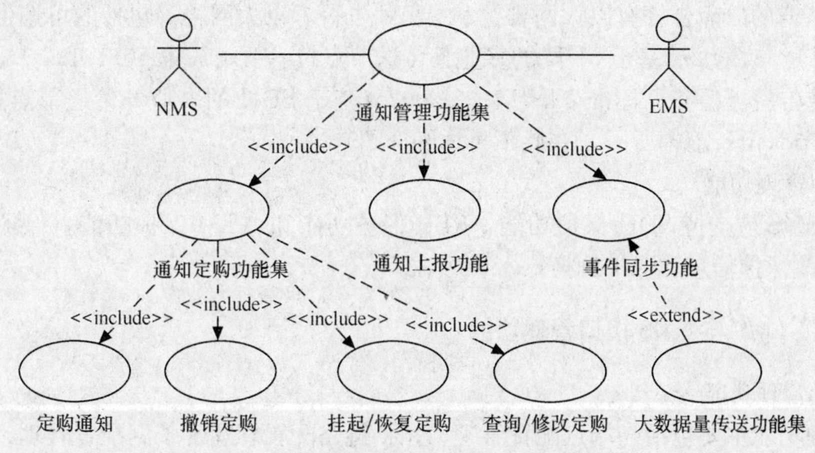

图 8-17 通知管理功能示意图

（2）日志管理功能

日志管理功能包括查询日志记录功能。日志记录中存放的是被记录下来的各种事件信息，EMS 应支持 NMS 查询全部或指定条件的日志记录。

（3）大数据量传送功能

大数据量传送功能包括文件准备功能、文件获取功能和文件获取确认功能。

2. 网元级 EMS 与 NMS 接口管理功能

（1）配置管理功能

配置管理功能主要包括终端点配置管理、交叉连接配置管理、以太网端口管理、以太网二层交换管理、链路容量调整策略管理、以太网服务质量管理、弹性分组环 RPR 管理、异步转移模式 ATM 管理等。

（2）性能管理功能

网元级 EMS 应支持的性能管理功能与 SDH 网的性能管理功能基本相同，包括性能采集管理和历史性能数据管理功能。

性能采集是指从 NMS 的角度来看，EMS 从物理物理设备或逻辑功能中定期获取性能数据并上报给 NMS。性能采集管理是指 NMS 对性能采集的相应参数进行管理，具体包括开启采集、结束采集、挂起/恢复采集、查询/修改采集参数和性能数据上报。

MSTP 新增的性能数据应符合相关标准，具体为：对于 ATM 业务应能进行 ATM 物理接口接收信元总数、发送信元总数的统计（统计项目为可先）；对于以太网业务应能支持不同长度的包的统计、总体性能统计、碰撞和错误监测。

（3）故障管理功能

网元级 EMS 应支持的故障管理功能与 SDH 网的故障管理功能基本相同，包括告警上报功能、告警同步功能和告警级别表管理（可选）。

告警上报功能使用了公共管理功能中的“通知管理功能”，包括通知定购功能和通知上报功能等。

告警同步功能是指 NMS 一次性获取 EMS 中当前所有的或指定条件的活跃告警。

告警级别表管理包括设置告警级别表、查询/修改告警级别表等。

MSTP 新增的故障告警有以太网告警和 ATM 告警。以太网告警包括的可选告警类型参见标准 YD/T1238-2002《基于 SDH 的多业务传送节点技术要求》第 10.1.1.2 节；ATM 告警包括的可选告警类型参见标准 YD/T1238-2002《基于 SDH 的多业务传送节点技术要求》第 10.1.1.3 节（由于篇幅所限，在此不再详细介绍）。

（4）保护管理功能

网元级 EMS 应支持 SDH 保护功能、RPR 保护功能和 ATM 保护功能，保护管理功能包括查询/修改保护信息和保护倒换。

3. 子网级 EMS 与 NMS 接口管理功能

（1）配置管理功能

配置管理功能主要包括终端点配置管理、拓扑链路配置管理、子网配置管理、子网连接配置管理、以太网配置管理等。

（2）性能管理功能

子网级 EMS 与 NMS 接口应支持的故障管理功能与网元级 EMS 与 NMS 接口应支持的性能管理功能相同。

（3）故障管理功能

子网级 EMS 与 NMS 接口应支持的故障管理功能也与网元级 EMS 与 NMS 接口应支持的性能管理功能相同。

（4）保护管理功能

子网级 EMS 的保护管理包括 SDH 保护、RPR 保护和 ATM 保护，保护管理功能包括查询/修改保护组信息和保护倒换。

小　　结

1. 传统的电信网络管理存在着缺乏统一的管理目标、不同的专业网络之间很难互通等弊端，为解决传统的网络管理方法的缺陷，适应电信网络及业务当前和未来发展的需要，电信管理网（TMN）应运而生。

电信管理网（TMN）的概念是利用一个具备一系列标准接口（包括协议和消息规定）的统一体系结构来提供一种有组织的结构，使各种不同类型的操作系统（网管系统）与电信设备互连，从而实现电信网的自动化和标准化的管理，并提供大量的各种管理功能。

TMN 与电信网的关系为：TMN 在概念上是一个独立的网络，它与电信网有若干不同的接口，可以接收来自电信网的信息并控制电信网的运行。但是 TMN 也常常利用电信网的部分设施来提供通信联络，因而两者可以有部分重叠。

TMN 的管理层次分为事物（商务）管理层、业务（服务）管理层、网络管理层、网元管理层。另外，在网元管理层之后又分出一个称为网元层，负责网元本身的基本管理。

TMN 的基本管理功能有：性能管理、故障管理、配置管理、计费管理和安全管理。

TMN 定义了多种管理业务，包括：用户管理、用户接入管理、交换网管理、传输网管理及信令网管理等。

TMN 的体系结构包括三个方面，即 TMN 的功能体系结构、TMN 的信息结构和 TMN 的物理结构。

TMN 功能体系结构中包括操作系统功能（OSF）、网络单元功能（NEF）、适配功能（QAF）、中介功能（MF）以及工作站功能（WSF）等功能模块。在 TMN 中，为了描述各功能块之间的关系，引入了参考点 q，f，x 以及与外界相关的参考点 g，m。

TMN 信息结构是以面向目标的方法为基础的，主要是用来描述功能块之间交换的管理信息的特性。

TMN 的物理结构确定为实现 TMN 的功能所需要的各种物理配置的结构。TMN 的功能单元包括网络单元（NE）、操作系统（OS）、中介设备（MD）、工作站（WS）及数据通信网（DCN）。TMN 中共有 4 种接口，即 Q3、Qx、F 和 X 接口。

2. SDH 管理网（SMN）实际就是管理 SDH 网元的 TMN 的子集。它可以细分为一系列的 SDH 管理子网（SMS），这些 SMS 由一系列分离的嵌入控制通路（ECC）及有关站内数据通信链路组成，并构成整个 TMN 的有机部分。SDH 管理网的特点是具有智能的网元和采用嵌入的 ECC 是 SMN 的重要特点，这两者的结合使 TMN 信息的传送和响应时间大大缩短，而且可以将网管功能经 ECC 下载给网元，从而实现分布式管理。

SDH 管理网的操作运行接口有 Q 接口、F 接口和 X 接口。

SDH 管理网若从服务和商务角度看，SDH 的管理网可以分为 5 层，从下至上分别为网元层（NEL）、网元管理层（EML）、网络管理层（NML）、业务（服务）管理层（SML）和商务管理层（BML）。若仅仅是从网络角度看，SDH 的管理网只包括低 3 层，即网元层（NEL）、网元管理层（EML）和网络管理层（NML）。

SDH 管理功能主要有一般性管理功能、故障管理、性能管理、配置管理及安全管理。

ECC 协议栈包括 7 层协议：物理层、数据链路层、网络层、传送层、会话层、表示层和应用层。

3. 为了适应于 MSTP 设备组网的新特点，对 MSTP 网络管理提出的要求是：(1) 应能够对 MSTP 承载的多种业务进行统一管理；(2) 为各种业务提供齐备的管理功能；(3) 提供强大的端到端业务调度能力；(4) 提供各种业务的端到端维护模式。

基于 SDH 的 MSTP 网络管理系统（MSTP NMS）是管理 MSTP 网络所使用的软硬作系统，能够管理 MSTP 网络内由不同设备供应商提供的 SDH 网元或 SDH 子网。SDH 网元管理系统（MSTP EMS）是管理一个或多个 SDH 网元所使用的软硬件系统（网元管理系统和子网管理系统 SNMS 的统称）。

MSTP 网络管理系统的功能主要包括：拓扑管理、配置管理、路径管理、保护管理、故障管理、性能管理、报表管理、安全管理和系统管理。

网元管理系统（EMS）与网络管理系统（NMS）接口功能包括：公共管理功能、配置管理功能、性能管理功能、故障管理功能和安全管理功能。

复 习 题

1. 电信管理网（TMN）的概念是什么？
2. TMN 的管理层次分为哪几层？
3. TMN 的基本管理功能有哪些？
4. SDH 管理网的特点是什么？
5. SDH 管理网的操作运行接口有哪些？各自的作用是什么？
6. ECC 协议栈包括哪几层？
7. 对 MSTP 网络管理提出的要求有哪些？
8. MSTP 网络管理系统的功能主要包括什么？

第9章 SDH和MSTP的应用

随着IP技术的不断发展，将IP与SDH技术和MSTP技术直接结合，则为网络和业务的发展提供了一条实用的解决方案，相信SDH和MSTP技术将在不断改进的同时，支持更多的新应用。下面我们就分别进行讨论。

9.1 SDH在Internet中的应用

随着Internet业务和其他IP业务的爆炸式地发展，使得传统的电信网发生前所未有的变革。为了能够适应Internet急剧增长的业务需求，新型的宽带IP网络必须建立在最先进的网络传输基础之上。在此主要对目前最为流行的IP传输技术之一——IP over SDH进行详细的分析。

9.1.1 Internet

Internet是全球性的计算机网络系统，它是一种借助于计算机技术和现代通信技术而实现全球信息传递的快捷、有效、方便的手段。由于它是建立在现行电信网络基础之上的，而传统电信网是以电话业务作为其主要业务的，随着Internet用户数量的急剧增加，多媒体业务的不断普及，必然出现信息流量的持续高速增长，这种利用PSTN网络的传统接入方式，会产生网络拥塞、时延和服务质量问题，给用户网络造成巨大的压力。另外，由于其所提供的带宽有限，进而限制多媒体应用的进一步发展，降低了其竞争力，因此，Internet骨干网需要重新设计以具备高速、可扩展的、安全的、适应多类型业务的能力，这样可为用户提供宽带接入方式。

9.1.2 实现宽带IP网络的主要技术

在宽带IP网络建设过程中需要考虑网络分层、技术体制和接入技术等问题。

1. 网络分层

宽带IP城域网是在Internet业务迅速发展和市场竞争的条件下，建立起的城市范围内的宽带多媒体通信网络，它是宽带IP骨干网在城市范围内的延伸，并作为本地公共信息服务网络的重要组成部分，负责承载各种多媒体业务以满足用户的需求。由此可见所建立的宽带 IP 城域网必须具备可管理和可扩展的电信运营的性质。由于可管理和可扩展的电信运营网络均采用分层结构，因而宽带 IP 城域网也采用分层结构，共分三层，即核心层、汇接层和接入层，如图 9-1 所示。

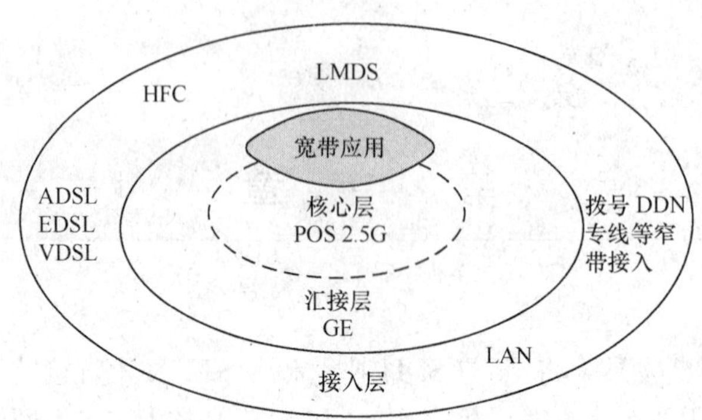

图 9-1 宽带 IP 网络结构示意图

（1）核心层

核心层主要完成城域网内部信息的高速传送与交换，实现与其他网络的互联互通。下面以一个具体的宽带 IP 网络核心层为例来进行说明，如图 9-2 所示。

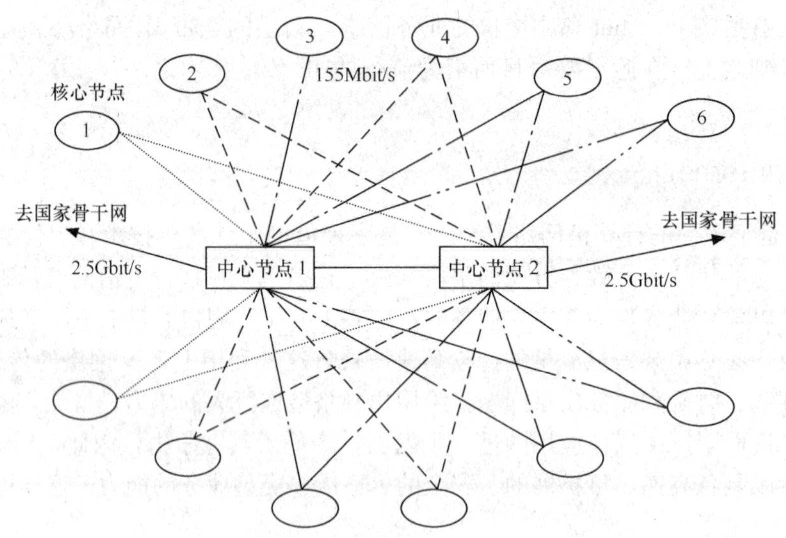

图 9-2 宽带 IP 网核心层拓扑图

由图 9-2 所示的宽带 IP 网络核心层拓扑图，可见，其网络结构采用双星型结构，除核心节点以 155Mbit/s 单路由接入中心节点 1 外，其他核心节点分别以双 2. 5Gbit/s 路由接入中心节点 1 和中心节点 2。而中心节点 1 和中心节点 2 是地区网到国家骨干网的出口，分别采用 2. 5Gbit/s 系统与之相连。

（2）汇接层

汇接层主要完成信息的汇聚和分发任务，实现用户网络管理。具体地说就是提供到小区、到大楼的百兆比特、千兆比特中继端口，也可以通过光缆线路（10～120km）延伸至有业务需求的县城或乡镇。在图 9-3 所示 IP 网络中，共设置了 96 个节点，并且每个节点分别通过两条千兆路由与本地的两个核心节点相连。

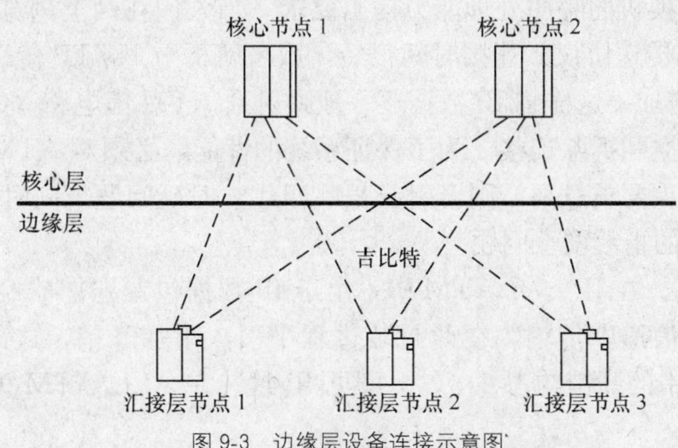

图 9-3　边缘层设备连接示意图

(3) 接入层

接入层主要是用来为用户提供具体的接入手段的。可以采用无线接入方式，也可以采用有线接入方式，既可以采用双绞线接入，也可以采用同轴线接入，或局域网、专线接入方式，以此满足不同用户对各种业务的需求。

目前一般的城域网均规划为核心层、汇接层和接入层三层结构，但对于规模不大的城域网，可视具体情况将核心层与汇接层合并以简化网络体系。

2. 传送技术

最新的宽带 IP 网络是在现有的网络技术基础之上建立起来的，可采用当前最先进的网络传输技术——IP over ATM（POA），IP over SDH（POS）和 IP over WDM（POW）等。

(1) IP over ATM

IP 是 Internet 网络层协议。IP 与 ATM 技术相融合，将能充分发挥出 ATM 支持多业务，提供服务质量保证（QoS）的技术优势，解决了传输速率问题，提高了网络性能，降低设备成本，增加了可管理性，提高了可扩展性。其基本原理和特点如下。

① IP over ATM 的基本原理

首先在 ATM 层将 IP 数据包全部封装为 ATM 信元，并以 ATM 信元形式在信道中传输。当网络中的交换机接收到一个 IP 数据包时，便根据 IP 数据包的 IP 地址进行路由地址处理，然后按路由进行转发操作，这样便在 ATM 网中建立起一个虚电路（VC），此后的 IP 数据包则可以在此虚电路 VC 上按直通方式传输。IP over ATM 的分层结构如图 9-4 所示。

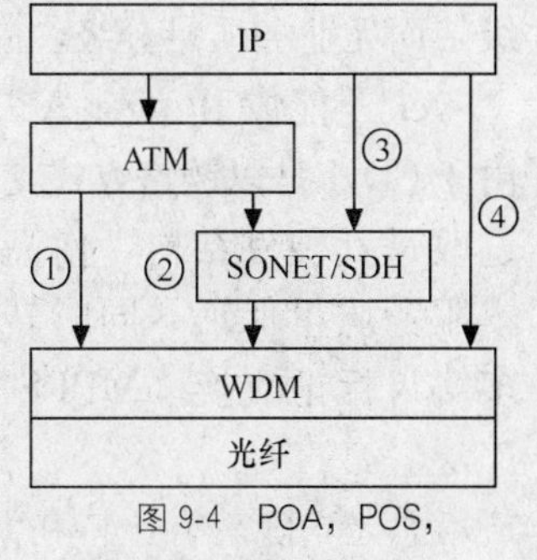

图 9-4　POA，POS，POW 的层次结构

② IP over ATM 的特点

a. ATM 技术本身能提供 QoS 保证，具有寻路、流量控制、带宽管理、拥塞控制功能以及故障恢复能力，这些是 IP 所缺乏的，因而 IP 与 ATM 技术的融合，也使 IP 具有了上述功能。这样既提高了 IP 业务的服务质量，同时又能够保障网络的高可靠性。

b. 适应于多业务，具有良好的网络可扩展能力，并能对其他几种网络协议如 IPX 等提供支持。

c. 需对 ATM 交换机的呼叫处理能力提出要求。当人们在网上浏览时，基于 Web 访问的 HTTP（超级文本传送协议）连接时间很短，域名解析与 HTTP 传送的数据量很大，并且随 IP 流量而快速增加，这样将 IP 数据逐一地映射到 ATM 虚电路 VC 上时，需耗费大量的时间和资源用于建立和拆除连接。为了保证系统的性能，必须对 ATM 交换机的呼叫处理能力提出要求。但如果要求过高，则会引起长呼叫建立时延问题，同时也会引发与 IP 业务流相应的 VC 连接数的指数增长问题。

d. 封装开销较高。在 IP over ATM 中，由于 IP 数据包首先是被封装在 ATM 信元中，然后以 ATM 信元在信道中传输，在此封装过程中引入附加开销，这部分大约占 24.4%，而 IP 封装在 PPP 帧中的开销约占 2.3%，可见 IP 封装在 ALL/ATM 里的开销高，信息传输效率相对低一些。

（2）IP over SDH

IP over SDH，也称为 Packet over SDH（POS），即直接以 SDH 网络作为 IP 数据网络的物理传输网络，可见是一种 IP 与 SDH 技术的结合，其工作原理如下：

① IP over SDH 的基本原理

首先使用点到点（PPP）协议，按照 RFC1662 规范将 IP 分组插入 PPP 帧中的信息段，从而完成 IP 数据包的封装，然后用 HDLC 协议对封装后的 PPP 帧进行定界，进而形成 HDLC 帧，再由 SDH 通道层的业务适配器将封装的 HDLC 帧映射到 SDH 的净负荷中，最后经过 SDH 传输层、复用段和再生段层，并插入各种所需的管理开销，从而形成一个完整的 SDH 帧结构，这样才到达光层，可在光纤中传输。它保留了 IP 无面向连接的特性，其分层模型如图 9-4 所示。

② IP over SDH 的特点

a. IP 与 SDH 技术的结合是将 IP 分组通过点到点协议直接映射到 SDH 帧，其中省掉了中间的 ATM 层，从而保留 Internet 的无连接特性，简化了网络体系结构，提高了传输效率，降低了成本，易于兼容不同技术体系和实现网间互联。

b. 符合 Internet 业务的特点，如有利于实施多路广播方式。

c. 能利用 SDH 技术本身的环路自愈功能进行链路保护以防止链路故障而造成的网络停顿，提高网络的稳定性。

d. 仅对 IP 业务提供良好的支持，不适于多业务平台，可扩展性不理想，只有业务分级，而无业务质量分级，尚不支持 VPN（虚拟专业网）和电路仿真。

e. 不能像 IP over ATM 技术那样提供较好的服务质量保障（QoS），在 IP over SDH 中由于 SDH 是以链路方式支持 IP 网络的，因而无法从根本上提高 IP 网络的性能，但近来通过改进其硬件结构，使高性能的线速路由器的吞吐量有了很大地突破，并可以达到基本服务质量保证，同时转发分组延时也已降到几十微妙，可以满足系统要求。特别是多协议标记交换（MPLS）的出现，使其性能又得到了很大地提升，这样使其应用更为广泛。

总之，随着吉比特和太比特路由器技术的不断完善，MPLS 的采用以及 IP 业务的不断发展，IP over SDH 正得到越来越多的应用。

（3）IP over WDM

随着DWDM光传输技术和宽带IP技术的不断完善，特别是太比特路由交换机和DWDM系统已初步进入商用阶段，从而大幅度地提高了骨干传输网络的传输容量，再加上各种宽带接入技术取得重大的发展，这样原有的利用SDH，PSTN等传统电信网构建城域数据通信网和接入Internet的方式已不能满足人们对高速、低价网络服务的要求，这主要体现在以下几方面：进一步可扩展带宽能力受到限制；严格的定时要求导致设备的复杂性和高成本；无论SDH，还是PSTN原来都是为话音业务设计的，不适应数据业务的突发性和不对称性，由此导致效率降低；主要结构为环形网络结构，节点数有限不适用于网状网结构；所需业务准备时间长（数周以上），不适应数据业务传输多变的要求；自愈恢复备用环路浪费资源。由于上述原因，因而提出IP over WDM方案。

① IP over WDM的基本原理

IP over WDM是IP与WDM技术相结合的标志。首先在发送端对不同波长的光信号进行复用，然后将复用信号送入一根光纤中传输，在接收端再利用解复用器将各不同波长的光信号分开，送入相应的终端，从而实现IP数据包在多波长光路上的传输。由此可见，IP over WDM将是一个真正意义上的链路层数据网，在IP层和物理层之间省去了ATM层和SDH层，将IP数据直接放到光路上进行传播。此时高性能的路由器可通过光ADM或WDM耦合器与WDM光纤相连，完成波长接入控制功能以及交换、路由选择和保护功能。其分层结构如图9-4所示。

② IP over WDM的特点

a. 简化了层次，减少了网络设备和功能重叠，从而减轻了网管复杂程度。

b. 充分利用光纤的带宽资源，极大地提高了带宽和相对的传输速率。

c. 对传输码率、数据格式及调制方式透明。可以传送不同码率的ATM，SDH/SONET和千兆以太网格式的业务。

由以上分析可见，IP over WDM能够极大地拓展现有的网络带宽，最大限度地提高线路利用率，这样当千兆以太网成为接入主流时，IP over WDM将会真正成为无缝接入。尽管目前DWDM已经运用于长途通信之中，但只提供终端复用功能，还不能动态地完成上、下复用功能，光信号的损耗与监控以及光通路的保护倒换与网络管理配置还停留在电层阶段。因此就目前而言，发展高性能的IP业务，IP over SDH是较好的选择，后面我们将会对IP over SDH进行详细介绍。

3. 接入技术

采用宽带IP网络作为IP骨干网之后，可以支持宽带接入服务，为用户提供各种宽带的多媒体业务，因而各运营商将根据自身的特点提出相应的解决方案，一般有FTTx+xDSL，FTTx+HFC，FTTx+LAN以及无线接入等方式，其中FTTx+LAN最为看好。这是因为以太网技术已经非常成熟，应用及为广泛，价格又便宜。另外，随着通信网络的普及，各信息化住宅小区的不断出现，商业大楼、学校、大中型企业单位、政府机关都开展了高速网络建设，这些用户相对集中，因而可以用较少的投资，最低的资费通过LAN交换机为用户提供10Mbit/s，100Mbit/s甚至1 000Mbit/s的宽带接入方案，使用户真正享受到各种各样的网络服务。

9.1.3 IP over SDH 技术

IP over SONET/SDH 也称为 POS，它是通过 SONET/SDH 提供的高速传输通道来直接传送 IP 分组，因而由此所构成的数据骨干网是由高速光纤传输通道相连接的大容量高端路由器构成，实际上它是在传统 IP 网络概念基础上的一种扩展，它不但兼容了传输的 IP，而且借助于 SDH 所提供的点到点物理连接，在物理通道上使其速率提升到 Gbit/s 数量级，其中主要涉及的两个问题，即数据的封装和高速路由器。下面便分别进行讨论。

1. 数据的封装

参照 OSI 七层网络模型在图 9-5 中给出 IP over SDH 的分层结构。可见 SONET/SDH 协议是物理层协议，主要负责物理层上数据流的传送任务。IP 是属于网络层的无连接协议，主要负责数据包由源到宿的寻址和路由选择，两者之间是数据链路层，主要负责进行帧定位和纠错。由于 SONET/SDH 是采用点到点的传输方式，因而 IETF（国际互联网工程任务联合会），建议采用 PPP（点到点协议）作为链路层协议来对 IP 数据包进行数据封装，然后再采用 HDLC 帧格式，在同步传输链路上对 PPP 封装的 IP 数据帧进行定界。从而将 PPP 帧映射到 SDH 的虚容器之中。由此可见，IP over SDH 的数据封装过程极为简单，可分为两步，即将 IP 包封装到 PPP 帧中和将 PPP 帧放入 SDH 虚容器。下面让我们从协议标准开始讨论。

Video	Voice	Data	高层	
IP			网络层	IP over SDH
PPP			数据链路层	
HDLC				
SDH				
DWDM				

图 9-5 IP over SDH 的分层结构

（1）协议标准

PPP 是针对点到点通信方式而设计的，链路层协议常使用在短距离连接、租用线、拨号 Modem 之中。有关 IP over SONET/SDH 的国际标准有三个，RFC 1619，RFC 1662 和 RFC 1661。其中 RFC 1619 定义了 PPP HDLC 的帧结构，RFC 1661 则定义了 PPP 的标准，包括多协议封装、错误控制和链路初始化等。

（2）IP 包在 PPP 帧中的封装

PPP 定义了一种点到点链路上传输的多协议数据，而其定帧方案则是仰仗其他协议来完成的。在 IP over SDH 数据封装过程中，PPP 通常采用 HDLC 帧进行组帧。

PPP 是一个十分简单的协议，它是由协议标志、信息域和填充域构成。具体内容如下。

- 协议标志：由一个或两个字节组成，用于指示信息域内所承载数据的协议类型。
- 信息域：可以由 0 个或多个字节构成，用于承载上层数据，如 IP 数据包。
- 填充域：利用填充域可控制帧长。

通常信息域和填充域的长度不能超过最大接收单元（MRU）的字节数，一般缺省为1500字节。由此可见，其中不含地址信息，只是按点到点的规律传送，并且是面向非连接的，它可以将太长的 IP 包切短，并按映射到 SDH 帧所要求的长度封装成 PPP 帧。

（3）PPP-HDLC 帧结构

PPP-HDLC 帧结构是由帧头标志、地址域、控制域、协议标志、信息域、填充域、帧效验序列和帧头标志构成，如图 9-6 所示。

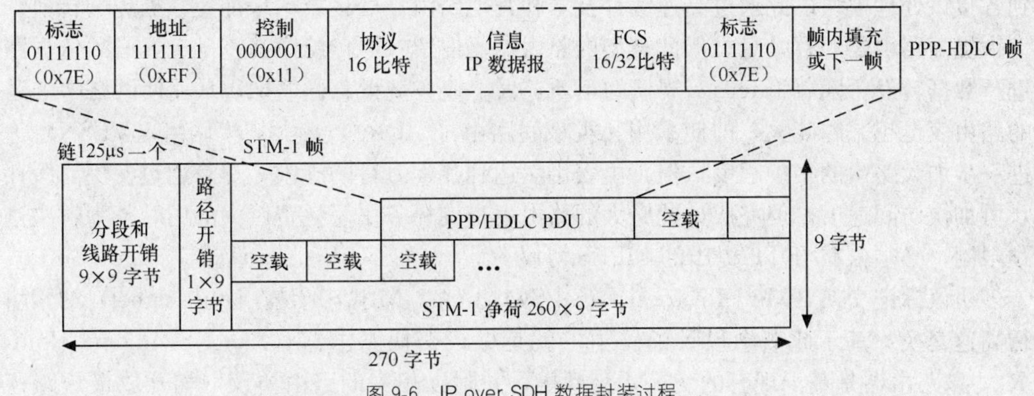

图 9-6 IP over SDH 数据封装过程

- 帧头标志：用于完成帧定界。
- 地址域：用于标识所用主机的广播地址。
- 控制域：用于表示 P/F（探询/终止）位置 0 的非标号信号帧。
- 帧校验序列；可采用 32 比特或 16 比特（缺省）的校验值，其校验范围是除帧头序列和 FCS 自身外的区域。

（4）PPP-HDLC 帧在 SONET/SDH 帧中的封装

确定了 IP 数据包在 PPP 帧中的封装后，PPP 视 SDH 为面向字节的全双工链路，可将 PPP 帧的数据流映射到 SDH 虚容器中，并使字节边界对齐，如图 9-6 所示。由图示可以看出 PPP 帧在 SDH 虚容器中是按逐行排放的。另外，由于 PPP 帧是变长的，因而允许其跨越 SDH 虚容器的边界。

由上述介绍可以看出，HDLC 在此起到定界、寻址、控制、校验等作用，PPP 帧是通过映射到 HDLC 帧中，从而可利用 HDLC 帧实现信道传输。

2. 高速路由器

传统的路由器通常是采用总线和集中处理器的结构，其处理能力一般是几十万个包/秒，最大的吞吐能力约 1 个 Gbit/s，而 SDH 的接口速率通常为 STM-4（622Mbit/s）、STM-16（2. 5Gbit/s），甚至 STM-64（10Gbit/s）由此可见，传统的路由器显然不能适用于 IP over SDH 系统之中。而因为 IP over SDH 的路由器只是针对点到点的 SDH 链路的，中间无需任何 SDH 的 ADM 或 DXC 设备，便可以灵活地进行组网工作，这样当链路速率提高到 Gbit/s 量级以后，就要求能够采用更高级别的路由器（吉比特）来胜任高速数据转发任务，以满足 Internet 对核心路由器的处理能力、容量的要求，因而新型的吉比特（位）路由器是否能够达到使用标准便成为 IP over SDH 技术的关键。为此许多厂商开发出了多种吉比特级的路由器，如 Cisco 的 7500、12000 系列路由器、Ascend 的 GRF 系列、Lucent 的 PacketStar 6400 系列，其中 Cisco GSR-12000 路由器的吞吐量达 60Gbit/s，转发速度达 27500kbit/s；PACKETE ENGNES 公司生产的 PowerRail 5200 吉位线速路由器的中继包转发速度可达 37000kbit/s，该种路由器即能提供 Cos（业务分级），而且还能提供基本服务质量（QoS）保证。

这些吉比特级路由器放弃了传统的总线/背板加集中处理器的结构，而采用了高性能的专线或通用的交换矩阵，或者 ATM 交换矩阵，并同时将原有的集中在中央处理器的功能分散到各接口处理模块以此通过高速缓存技术和其他路由预处理技术来加速数据包的转换，从而大大提高路由器的吞吐量。但此类型的路由器仍停留在原传统意义基础上，必须依据路由表进行数据转发，随着 Internet 规模的不断扩大，业务流量急剧增加，从而使网络中的路由器的路由表也越来越庞大，即使采用无类域间路由（CIDR）、甚大规模网络（VLSN）等技术进一步加大路由的集中程度，但路由表仍然达到几十万行的规模，尽管通过使用高缓存手段，可加快访问速度，但完成如此庞大的路由表查询任务仍需耗费巨大的用时。为解决这一瓶颈限制，必须依靠 IETF 提出的 MPLS 协议。

多协议标记交换（Muti-Protocal Label Switching，MPLS）是在标记（label）的索引下进行高速交换。基于此概念设计的路由器就是标记交换路由器（Label Switching Router，LSR），该路由器是基于现有的 ATM 交换机，并附以相关的路由协议（如开放最短路径优化路由协议——OSPF，边缘网络协议——BGP）和标记分配协议，同时采用索引查表方式，这样可直接将内容本身作为地址索引，一步就能从表的对应位置找到表项，这使其能具有比当前吉比特路由器更高的吞吐量。目前许多厂家都推出了他们的 MPLS 兼容路由器，如 Lucent的 PacketStar 6400 系列。

总之，随着缓存技术、硬件（芯片）处理技术的不断进步，再加之多标记交换技术以及以信元交换作为路由器作为内部体系架构的路由交换等技术的出现，进一步加速路由器技术的发展。

3. IP over SDH 应用方案

IP over SDH 组网的核心是新型吉比特路由器。随着吉比特路由器的商用化，IP over SDH 也显示出了其强大的发展趋势。早在 1997 年 9 月美国 Cisco 公司便推出了其 12000 系列吉比特交换路由器（GSR），该路由器可在吉比特位速率上实际 Internet 业务的选路功能，还具有 60Gbit/s 的带宽交换能力，同时还能提供灵活的拥塞管理、组播和 QoS 功能，可使骨干网速率达到 2.5Gbit/s，与此同时多家公司都在这方面做着巨大的努力，其中 AT&T 和 KDD 用一条横跨太平洋的海底光缆专用线路连接旧金山和东京，而用另一条横跨大西洋的海底光缆连接纽约和斯德哥尔摩，并在其上开展 IP over SDH 业务。目前世界各国已建立起 IP over SDH 网络，图 9-7 所示给出了 IP over SDH 的应用方案。

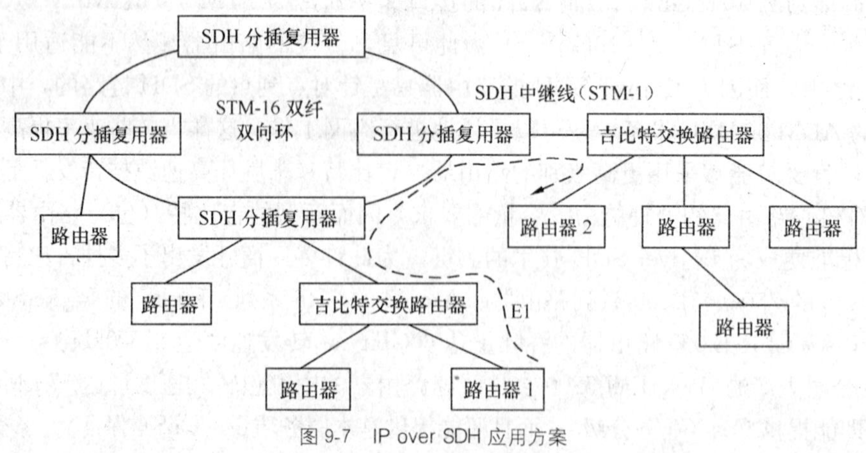

图 9-7　IP over SDH 应用方案

从图中可以看出，该网络是由一个 STM-16 双纤双向环和若干路由器组成，路由器与

SDH 分插复用器以及路由器与路由器之间均采用 STM-1 中继线，由于路由器在网络中所处的位置不同又可以分成不同的等级，不同等级的路由器与各自的 IP 子网相连。例如，图 9-7 中路由器 1 欲与路由器 2 进行通信，则可由 SDH 网管系统在 STM-1 中继线及 STM-16 光纤环路中分别给定一条 E1 速率的信号用以支持路由器 1 和路由器 2 之间的固定连接。这种连接类似于 ATM 网中设置的永久虚电路（图中以虚线表示）。

9.1.4 基于 SDH 的吉比特以太网技术

随着国际互联网的规模的不断扩大，IP 业务量也随之急剧增加，因此，如何在现有传输速率上最大限度地有效利用光带宽的问题倍受关注。一个最有潜力的解决方案就是用一个构建在光网络上的二层交换平台来完成 IP 路由器的连接。可见这是通过直接在光网络单元上集成以太网接口及功能来实现的。下面我们从数据封装开始介绍。

1. 数据封装

在图 9-8 中给出 GEOS 系统的协议栈结构。

从图中可以看出，GEOS 系统的协议栈可分为三层：网络层采用 IPv4 或 IPv6 协议；链路层包括三部分协议，LLC，MAC 和 LAPS；而物理层则为 SDH 传送网。

（1）协议内容

① IPv4 或 IPv6

IPv4 和 IPv6 是不同版本的协议，在这里作为协议数据单元（PDU）的内容。

② LLC

LLC 称为逻辑链路控制子层，负责建立和释放逻辑链路层的逻辑连接、提供与高层的接口、差错控制等功能。

③ MAC

MAC 称为媒体接入控制（MAC）子层，主要处理与接入媒体有关的问题，负责将上层交下来的数据封装成帧进行发送（接收时进行相反的操作，将帧拆卸）、比特差错检测和寻址等。

LLC 和 MAC 的关系如图 9-9 所示，可见 IPv4 或 IPv6 作为协议数据单元（PDU）的内容，映射进 LLC 子层之中，再加上 LLC 的首部字节，便构成一个逻辑链路控制子层的协议数据单元 LLC-PDU（即 LLC 帧）。当 LLC-PDU 再向下传送到 MAC 子层时，被加上适当的首部和尾部，这就构成了媒体接入控制子层的协议数据单元 MAC PDU（即 MAC 帧），其结构如图 9-10 所示。

IPv4/IPv6	网络层
LLC	链路层
MAC	
LAPS	
SDH	物理层

图 9-8 GEOS 系统的协议栈结构

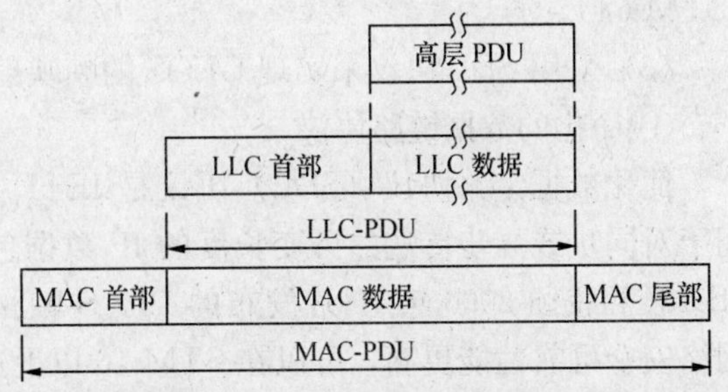

图 9-9 LLC PDU 和 MAC PDU 的关系

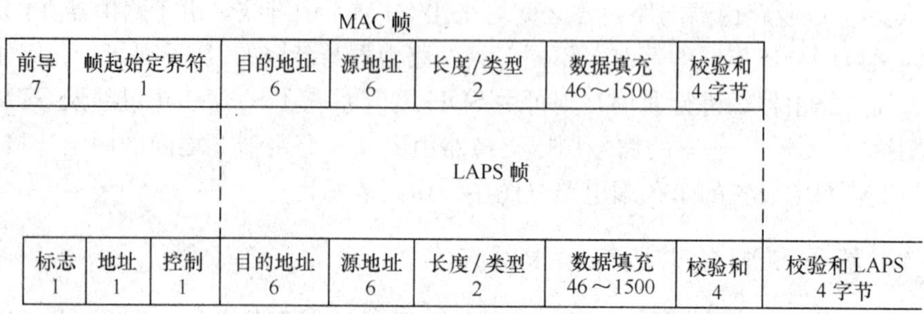

图 9-10　MAC 帧封装成 LAPS 帧

④ LAPS

将图 9-6 与图 9-10 对照之后，可知 LAPS 协议与 HDLC 协议相似。实际上，就链路访问规程而言，LAPS 是 HDLC 中的一种。在 PPP-HDLC 帧中，地址域的全局地址为 0xff，表明所有站的状态都处于接收状态，可随时进行接收帧操作，对个别地址并未作出规定；而 LAPS 帧则规定了三种地址：全局地址为 0xff，个别地址分别为 0x04（IPv4）和 0x06（IPv6）。PPP-HDLC 帧采用协议域进行多协议的封装；而 LAPS 帧采用 SAPIs（服务接入点指示）来进行多协议的封装。在 PPP-HDLC 帧的传送过程中，必须按要求对短的信息域进行填充，其允许的最大接收单元为 1500 字节；而 LAPS 帧不需要进行填充。此外，PPP-HDLC帧的校验域为 32bits 或 16bits，可依据具体情况而定，而 LAPS 帧的校验域为 32bits。

（2）映射过程

LAPS 协议的帧映射过程可分为如下两步进行。

① 将以太网的 MAC 帧封装成 LAPS 协议帧的过程如图 9-10 所示。MAC 帧通过协议子层（RS）和媒质无关接口（MII）封装进 LAPS 协议帧，在此过程中无需地址过滤功能。图中 LAPS 帧和 MAC 帧的 FCS（校验域）的计算分别遵循 ITU-T x. 85 建议和 IEEE 802. 3 标准。这样 Ethernet over SDH（采用 LAPS）系统的功能单元将所有要发送的 LAPS 帧的信息域发送到对等的链路层，并且可以在传送前对 LAPS 帧进行缓冲。

② 将 LAPS 协议帧映射到 SDH 帧中。与图 9-6 类似，只是此时将 PPP-HDLC 帧换成 LAPS 帧。在此操作过程中，发送端和接收端都需要对每一个输出/输入字节进行监控，而且当用户数据字节的编码与标志字节相同时，还要在两端分别进行填充和去填充操作。这种映射过程增加了设备操作的复杂性。为此朗讯公司提出了一种 SDL（Simplified Data Link-简化数据链路）协议，可代替 HDLC 协议，并且使其链路速率可达到 2. 5Gbit/s（STM-64）。

（3）采用 SDL 协议来实现 GEOS 的帧映射过程

① 简化的数据链路协议

简化数据链路协议（SDL）协议是 IETF 于 2000 年 1 月提出的一种数据链路层协议，用于对同步或异步传送的可变长度的 IP 数据包进行高速定界，相对于 RFC 1662 中提出的 HDLC 和我国 2000 年 10 月发布的 LPAS 帧格式，其定帧速率更快、纠错检错能力更好、网络安全可靠性能更高，可以在 STM-16 以上速率的 SDH 链路上传送不同的 PDU（协议数据单元）信息。其帧结构如图 9-11 所示。

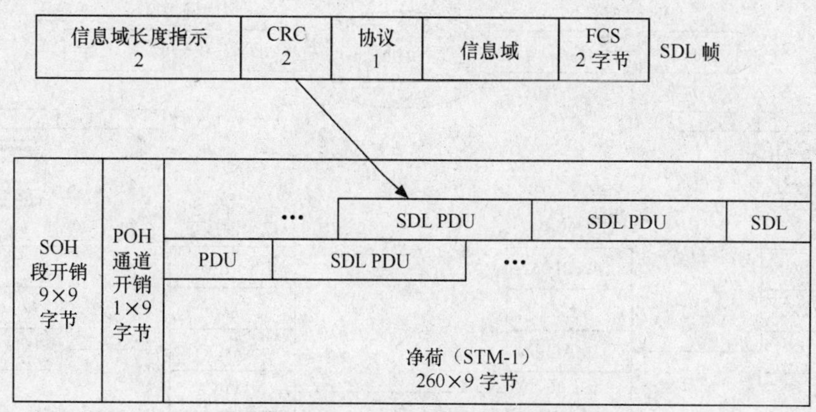

图 9-11 采用 SDL 的映射过程

CRC 为头部循环冗余校验域，FCS 为帧校验序列域。信息域长度为 4～64K 字节。当信息域长度指示 $LI=0$ 时，表示空闲帧，其帧长为 4 字节，其中包括 LI 域和 CRC 域，这种空闲帧在接收端将被丢弃。当 $LI=1$ 时，表示本帧所传送的是扰码器状态信息，此时无协议域，信息域的内容为 6 字节的扰码器状态信息。当 $LI=2$ 或 3 时，传送的是软件定义的消息（在 SDL 草案中称为 A、B 消息），此时并无协议域，信息域仍是 6 字节。当 $LI>3$ 时，则表示传送 A、B 消息之外的信息，其值指示了信息域的长度，此时帧中包含了 1 字节的协议域。

② SDL 帧映射到 SDH 帧中

在 IP/PPP/HDLC/SDH 中是采用基于 HDLC 的帧定界协议来完成 SDH 同步传输的。这样当用户使用 HDLC 时，网管就需要对每一个输入、输出字节进行监视。当用户数据字节的编码与标志字节相同时，网管便进行填充或去填充操作。为此 Lucent 提出了简化数据协议 SDL，从而可实现对同步或异步传送的可变长的 IP 数据包进行高速定界，其映射过程如图 9-11 所示。这样当系统开始启动时，系统便能够按照 CRC 捕捉方法或通过 SDH 通道开销中的 H4 字节所指示的位置来确定 SDL 的帧界。

2. GEOS 应用方案

下面我们仅以 MAC/LAPS/SDH 系统为例来进行说明。

（1）系统结构

GEOS 是一种采用 IP 分组交换方式的光广域网。它将以太网的二层交换灵活性和资源优化能力与现有 SDH 光网络的大容量、高带宽效率和低协议开销相结合，从而得到一种高速、经济的数据接入方案，在此方案中实质上是采用了分布式通信的无连接网络机制，如图 9-12所示。

从图中可以看出，在 Ethernet over SDH 系统中的是通过在 SDH 设备（如 ADM）上增加以太网接口或采用以太网交换机，这样可由以太网接口或交换机所提供的帧映射和 VC 级联等功能，将以太网中所传送的信号映射到 SDH 帧中，经 SDH 网传送到 与接收终端相连的具有以太网接口或以太网交换机的 SDH 设备，并经过去映射，将恢复出的适于以太网传送的信号送往接收终端。

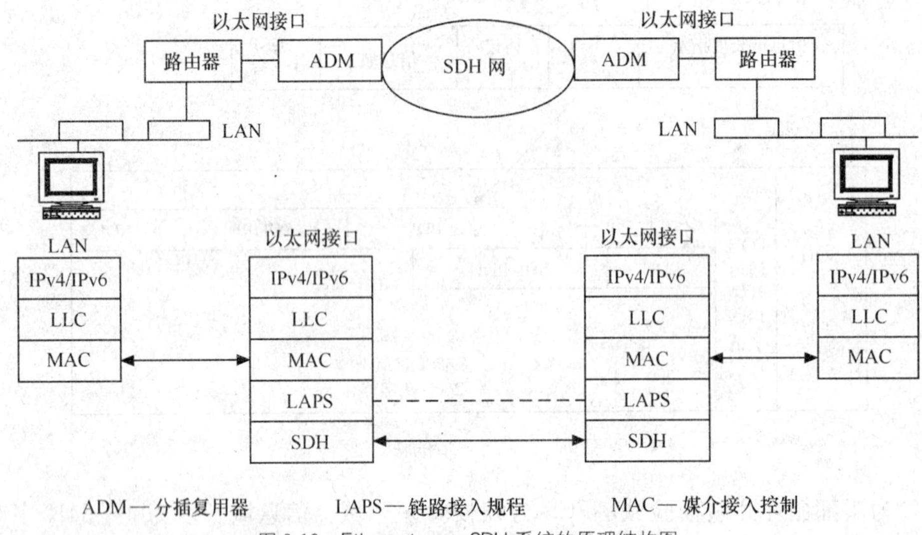

图 9-12 Ethernet over SDH 系统的原理结构图

（2）GEOS 的速率适配问题

由于以太网技术相当成熟，因而可以采用 10Mbit/s，100Mbit/s 和 1 000Mbit/s 不同速率，而 SDH 所提供的接口速率分别为 2Mbit/s，34Mbit/s，140Mbit/s 和 155Mbit/s，显然以太网的信号速率与 SDH 净负荷速率不匹配，因而不能充分发挥 SDH 的高效传输性能。特别是当以太网帧所需带宽大于 C-4 时，则 SDH 设备必须提供 X 个 VC-4 用于建立点到点链路间的通信。例如，某以太网帧传送所需的速率为 400Mbit/s，那么，在 SDH 设备中必须对 3 个 VC-4（需 3 个 155Mbit/s 接口）分别建立点到点链路来完成通信。虽然这样做能够满足了信号带宽的要求，但由于以太网帧信号是通过 3 个不同的 155Mbit/s 接口进行的，如果在 SDH 网络中所引入的时延不同的话，那么会给以太网帧信号的恢复带来困难。为了克服这一不利的影响，因此要求 SDH 网络能够提供带宽动态分配功能，即将几条 SDH 电路捆绑在一起以获得与以太网速率相匹配的带宽，这就是级联技术。它是通过在 SDH 设备中增加的吉比特以太网接口提供的 VC-4 级联功能来完成。

（3）GEOS 系统的优点

与 IP over SDH 相比，Ethernet over SDH 的优点如下。

① 提高了网络的带宽利用率

例如，300Mbit/s 带宽的 IP 数据报业务在 IP over SDH 系统 中，需要通过路由器的 STM-4（622Mbit/s）接口映射到 SDH，在 SDH 光网络上传输时需要占用 622Mbit/s 的通道；而在 Ethernet over SDH 中，通过分配数个 STM-1（155Mbit/s）来满足不同用户的带宽要求。300Mbit/s 的以太网 MAC 帧数据报业务只需分配两个 STM-1，这样通过 SDH 光网络传输时只需占用 310Mbit/s 的通道，从而提高了网络的带宽利用率。

② 具有带宽优化特性

在 GEOS 中，业务数据流是同时承载于多条链路之中，因而承载业务流的资源具有共享特性。而其传输网络是用光通信网络实现的，故而可以认为光带宽可由多个 IP 数据流所共享。当与端口汇集特性（一个吉比特以太网端口实际上可视为一个 1.25Gbit/s 信道接口）相结合，可最大利用信道带宽，这就是带宽优化特性。这种带宽优化特性在网状配置下更为经济有效。

9.2 SDH 在接入网中的应用

随着电信技术的不断进步，整个通信网络也得到了不断的发展。目前主干网基本上已实现了光纤化、数字化和宽带化。但作为电信“最后一公里”的用户环路部分却一直发展缓慢、技术落后，已经成为制约全网宽带化的瓶颈。针对这一问题，各国相继开发了基于铜缆的数字用户环路，即 DSL 技术；基于光缆的光接入网；基于现有的有线电视网的 HFC 系统以及无线接入技术等宽带接入手段。

光纤接入是宽带接入的最佳方案，但就目前的实际情况来说，完全抛弃现有的用户网络，重新铺设光缆，这是很不现实的，因而如何选择理想的解决方案，高效、经济地构建满足各种用户要求的接入网络是人们关注的一个焦点。宽带接入网建设应根据社会的发展、用户的需要、设备的成熟程度和经济实力分阶段实施。接入设备必须具备组网灵活和能够支持新业务的特性。

基于 SDH 的集成接入系统是将 SDH 技术上的优势应用于接入网领域，使 SDH 的功能和接口尽可能靠近用户，从而提升了接入网的技术水平，这是接入网的必然发展趋势。

9.2.1 在接入网中应用 SDH 的主要优势

1. 具有标准的速率接口

在 SDH 体系中，对各种速率等级的光接口都有详细的规范。这样使 SDH 网络具有统一的网络节点接口（NNI），从而简化了信号互通以及信号传输、复用、交叉连接和交换过程，使各厂家的设备都可以实现互连。

2. 极大地增加了网络运行、维护、管理（OAM）功能

在 SDH 帧结构中定义了丰富的开销字节，其中包括网管通道、公务电话通道、通道跟踪字节及丰富的误码监视、告警指示、远端告警指示等。这些开销能够为维护与管理提供巨大的便利条件，这样当出现故障时，就能够利用丰富的误码率计算等开销来进行在线监视，及时地判断出故障性质和位置，从而降低了维护成本。

3. 完善的自愈功能可增加网络的可靠性

SDH 体系具有指针调整机制和环路管理功能，可以组成完备的自愈保护环。这样当某处光缆出现断线故障时，具有高度智能化的网元（TM，ADM，DXC）能够迅速地找到代替路由，并恢复业务。

4. 具有网络扩展与升级能力

目前，一般接入网最多采用 155Mbit/s 的传输速率，相信随着人们对电话、数据、图像各种业务需求的不断增加，由此对接入速率的要求也将随之提高。由于采用 SDH 标准体系结构，因而可以很方便地实现从 155Mbit/s 到 622Mbit/s，乃至 2.5Gbit/s 的升级。

为了能更好地利用SDH的优势，同时也需要将SDH进一步延伸至窄带用户，这就要求其能够灵活地提供综合新老业务的64kbit/s级传输平台。

9.2.2 SDH在接入网中的应用方案

对于带宽要求较大的大企事业用户，可将SDH分插复用器（ADM）设置在用户处，并采用点到点或环形结构，以一个STM-1速率的通道与STM-*N*速率的业务节点相连，而对于带宽要求较小的企事业用户，则可采用较低速率的复用器或共享ADM方式来实现连接。下面以一个集成接入系统为例来进行分析。

在一个基于SDH的集成接入系统中，由于采用了SDH技术，因而使SDH的功能和接口能尽可能地靠近用户。再考虑到接入网的建设成本较高以及运行环境较恶劣等问题，因此要求运用于接入网的SDH设备必须具有紧凑、功耗低和价格便宜的特点。

1. 接入方案

从网络拓扑结构上分析，接入方案可采用点到点的链路结构、星形结构、环形结构或环形-星形混合结构，但从其传输的角度来分析，可归纳为基于SDH接入和综合接入方式。

（1）基于SDH的接入方式

该接入方案中的传输部分采用SDH的传输标准，具有标准的速率、帧结构以及与STM-1相同的功能，并能够通过标准的SDH支路接口与STM-4或STM-16实现互通，而SDH支路接口既可以提供E1（2Mbit/s）信号，也可以提供155Mbit/s信号。在155Mbit/s支路接口上具有光/电分路功能，这样在光路上可形成光分路，也可利用电分路盘复用到上一级传输设备上去，从而提高系统组网的灵活性。

（2）综合接入方式

随着接入技术的不断发展，衡量一个综合接入网产品的好坏，已不能仅停留在其支持接入业务的种类多少上，而应根据其解决宽、窄兼容技术水平来确定。如果能够动态地分配带宽，那么只要配备相应的接口，便能满足各种业务（包括未来的新业务）要求，在集成接入系统中是通过虚容器（VC），将不同的支路信号映射到STM-1中，由于在传输过程中是以VC作为独立单元进行传输的，因而采用级联的VC就能映射比单独一个VC更大的数据流，这样便能够按照需求动态地为信道分配带宽，达到更有效地利用传输带宽的目的。例如，当要求接入的业务比特率大于E1时，可为其分配多个级联的VC-12；反之分配一个或部分E1。

2. 支持接入业务类型

GEOS系统所能支持多种类型的接入业务，大致可分为以下三种。

（1）支持窄带业务

集成接入系统充分利用SDH技术优势，使SDH的功能和接口尽可能地靠近用户，这样可通过STM-0子速率（Sub STM-0）连接来为其提供灵活的、并能综合新老业务的64kbit/s传送平台。目前ITU-T第15研究组已开发出了新的G.708建议，建议中对sSTM-2n和sSTM-1k接口做出规范，不久SDH将会进一步向用户推进。在集成接入系统中是通过V5接口或DLC完成窄带接入的，如图9-13所示。

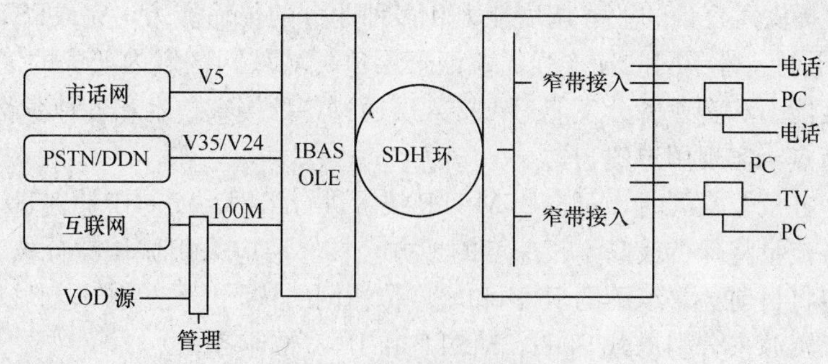

图 9-13 集成接入系统应用实例

（2）支持宽带业务

SDH 利用 VC 将不同的支路信号映射到（E1 映射到 VC-12，E3（34Mbit/s）映射到 VC-3）STM-*N* 中，这样级联的 VC 能映射比单个 VC 更大的数据流，从而实现“带宽的按需分配”，即动态分配信道，提高带宽的利用率，在图 9-13 所示的集成接入系统中是通过插入不同接口卡直接为用户提供 10Mbit/s，100Mbit/s 以太网接口或 270Mbit/s DVB 数字图像接口，而无需 ATM 适配层就能将宽带业务映射到 SDH 帧中，并动态地按需为其分配带宽（$N\times$E1），从而有效地利用带宽，实现真正意义上的宽、窄带业务接入兼容。

（3）支持 IP 业务

SDH 在接入网中的最新应用趋势就是支持 IP 接入，即利用部分 SDH 净负荷来传送 IP 业务，从而使 SDH 也能支持 IP 接入。在集成接入系统中是通过在其 IBAS 设备（如图 9-13 所示）中插入网卡，以此作为支路盘来为用户提供两路以太网接口，并且可根据需要由系统为以太网接口分配带宽（$n\times$2Mbit/s），如图 9-13 所示。

随着 IP 技术介入到 SDH 传送平台，从而使各种不同技术标准达到相互兼容，实现网络互连及多媒体业务的互通。但由于最初 SDH 系统主要是针对语音业务而设计的，因而对于接入 10Mbit/s，100Mbit/s 的以太网业务，可采用 POS 互连方式组网。POS 方式的优点是技术成熟，并且便于维护管理，但缺点是只能支持点到点的连接，灵活性差。为了满足人们对各种多媒体应用的需求，目前城域网中普遍使用基于 SDH 的多业务传送平台。

9.3 MSTP 技术在城域网中的应用

9.3.1 城域网建设技术策略

传统的 SDH 组网结构中，主要有链形网络、星形网络、树形网络以及环形网络。随着 IP 业务需求的不断增长，各运营商不仅需要网络具有大容量高带宽的特点，而且对网络的稳定性也提出了更高的要求，因此，环形网络在现代 MSTP 网络构架中越来越普及，甚至网状网络结构也不断出现，即各节点可通过自由互连组成 mesh 结构的网络，此组网模式给网络带来了非常大的灵活性和可靠性，同时还提高了网络的通信容量，但也增加了网络的复杂程度，给业务配置、保护方式以及网络运营带来较大的难度和压力。因此，城域网中可采用接入、汇聚、核心分层结构组网，这样在业务调度规划时，可以根据不同网络分层进行不同的电路级别规划。对于业务量较小的城域网而言，也可以采用核心层和接入层二层结构。

核心层主要提供大容量的业务调度能力和多种业务的传输能力，完成PSTN、ATM/FR、DDN 和公用主干网、骨干网的互连互通；汇聚层负责城域网区域内业务的汇聚和疏导，提供本地业务调度能力和多业务分发能力；接入层通过各种接入技术和各种线路资源，把业务就近接入汇聚节点，实现用户覆盖。

当核心层业务量非常大时，可选用 MSTP 技术进行组网，而对于业务量非常大的区域，尤其是未来业务流量将保持较高增长速度的地方，核心层应采用城域波分技术。在与 IP 网的关系上，可以将目前独立组网的 IP 网和城域传输网的核心层统一接入到城域波分网络中，利用不同的波长资源来分别承载 SDH，MSTP 和 IP 宽带业务。

在汇聚层采用 MSTP 技术可保证对传统 TDM 业务的支持外，还能够很好地优化数据业务的传送，提高带宽利用率。而在与 IP 网的关系上，建议采用汇聚层 IP 城域网和城域传输网分别组网的形式，使 IP 节点独立于传输节点。

在接入层中可供选择的技术很多。由于在城域网的建设中技术选择直接影响其网络建设成本。接入层使用 MSTP 技术，可提供丰富的业务接口，以最大限度地满足 IP 业务的接入和承载要求，有利于节约网络投资和提高资源利用率。若需 IP 业务流量占主导的区域，可采用 RPR 组网来优化数据业务接入能力。对于组建 IP 接入网，应综合考虑技术成熟度和经济效应，根据实际情况，采用相应的技术方案。

9.3.2　核心层组网方案

核心层传送网的业务需求主要以 2Mbit/s 和 155 Mbit/s 为主，同时还要满足 3G 核心网、软交换以及城域骨干数据传输的需要，可见对带宽、传输延时等技术特性提出了的更高的要求。目前城域网中普遍采用 SDH 环网来构建核心传送网，同时考虑到向 ASON 的过度，因此需从网络结构、设备配置以及通路组织等方面进行规划。

1. 网络拓扑结构的规划

根据本地区的业务需求，分别作出近期、中期和远期的业务预测，并以中期为规划目标，进行传输带宽需求预测，并根据预测结果，进行传输网的通路组织，从而获得带宽需求矩阵表、中继链路流量图等，作为网络规划的依据。具体设计原则如下：

（1）充分考虑当地现有业务网的结构，准确地完成传输带宽需求预测，并在此基础上进行拓扑设计。采用环形结构，一般普通城市建设 1～3 个核心层光环即可，大型城市可适当多建几个，但一般不超过 6 个。环上节点宜控制在 3～4 个，这样有利于节点间业务直接传送，从而提高带宽利用率及业务安全性。

（2）业务流量均衡组网原则，即网络中各节点、中继段所分担的负荷、带宽应达到均衡，避免流量过分集中而造成的不平衡的局面。

（3）未连通节点间的中继业务应本着转接节点最少、双路由分担负荷的原则进行规划。

值得说明的是，节点连通度与业务直达路由的合理规划都是向 ASON 平滑演进的有利条件。

2. 节点设备的配置

节点设备的配置应该建立在合理的架构基础上，要对设备的总线结构、交叉容量、群路、支路能力及业务调度的结构层次等进行统筹安排，这样才能充分发挥网络节点的重要作用。具体设备配置原则如下：

（1）城域网核心层面业务量较大，且承担着各区业务的疏导和调度功能，光接口数量需求很多，同时考虑到向 ASON 演进的高连接度要求，建议采用大容量 MADM 设备，利用 WDM，10Gbit/s，2.5Gbit/s 的 SDH 设备进行组网，这样可提供充足的设备冗余度。

（2）2Mbit/s 电路与光接口支路应各自配置独立的下载子架，对于 155Mbit/s 带宽以上的接入电路，可选择由主设备接入 GE 或 2.5Gbit/s SDH 设备，下载子架应与 2.5Gbit/s 或以上速率级别主设备互连。

（3）建网初期下载子架的 2Mbit/s 支路板可以满配；光支路板、以太业务板等的配置则应根据需要并考虑适量冗余。在配置 155Mbit/s 光接口时，应按照与业务网元 1+1 保护的原则来进行配置，既要考虑到光接口数量的成倍需求，还要注意业务端口和保护端口在板位上分离。

3. 通路组织与保护

由于核心传送网所传输的业务流量较大，因此应采用 155Mbit/s 或以上级别颗粒进行业务调度。SDH 保护方式一般是以复用段保护为主，而对于重要业务需要跨环转接时，可采用 SNCP 保护，提供对支路板之间的 1：*N* 保护，并且为提高电路生存性，主设备与下载子架间可采用 1+1MSP 或 1：1MSP 保护。

SNCP 是一种专用的保护机理，可用于任何物理结构（如网状网、环形网、或混合结构）的传输网及采用分层结构网络中的任何通道层。由此可见，路径保护中的通道保护只是 SNCP 的一个特例，只对端到端的业务进行保护，而 SNCP 则对所有通道保护的场合都能胜任。通过双发选收的机制，在不使用 APS 倒换开关的情况下，通过对通道开销的监测即可完成主备用通路的倒换，解决了 MS-SPing 中因段开销终结而造成保护不易实现的问题，可见 SNCP 对网络的结构有着极大的适应性。特别是对于网络结构复杂及在由不同厂家设备间联合组网的情况下，对某一段路径进行保护，充分展示了它的优势。

9.3.3 汇聚层组网方案

考虑到汇聚层的容量、接入能力及网络的安全性，汇聚层网络应遵循下列规定：

- 单个 2.5Gbit/s 环形网上的节点数宜控制在 4～6 个；
- 下挂的接入层 622Mbit/s 环上节点数为 6～8 个、155Mbit/s 环上节点数为 6～8 个；
- 汇聚点直接下挂的支链长度不能超过 4 个节点，接入环下挂的支链长度不能超过 3 个节点。

通常在进行汇聚层和接入层组网设计时，应根据实际情况进行统一地考虑。从安全性方面考虑，原则上要求一个接入层节点应向上与汇聚层中的两个汇聚节点实现互连，并且各类业务应采用负荷分担方式通过两个节点进行疏通；同时需要考虑单节点和单平面失效故障，宜采用间插覆盖的网络结构，以防止汇聚区域内业务全阻。具体的组网方式可以根据实际情况选择下列组网方式之一。

1. 双平面双节点结构 MSP＋通道保护组网方式

采用双平面双节点结构 MSP＋通道保护组网方式的网络结构如图 9-14 所示。其中汇聚层是由双平面 2.5Gbit/s 系统构成，接入层采用 155Mbit/s 环分别上连到不同平面的汇聚设备上，通路采用通道保护方式。这样相邻基站的电路通过不同的汇聚节点汇聚，中心机房可通过不同的设备实现上下话路操作。可见当汇聚节点出现故障瘫痪时，将会影响 50％的电路。

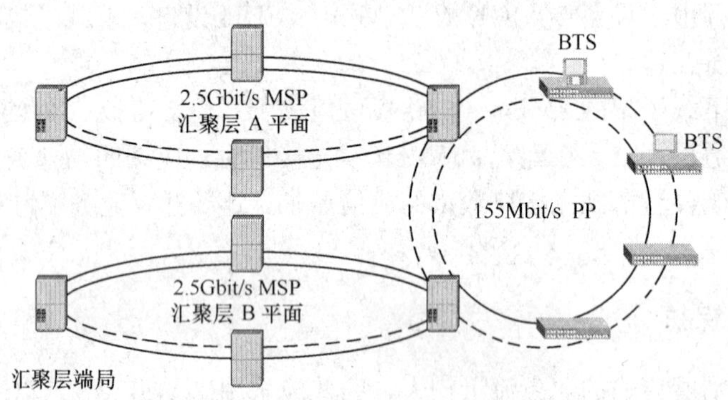

图 9-14　双平面双节点结构 MSP＋通道保护组网方式

2. 双节点互连端到端通道保护组网方式

采用双节点互连端到端通道保护组网方式的网络结构如图 9-15 所示。接入环挂接在同一汇聚环上不同的汇聚设备上，电路采用全程端到端 PP 保护方式。这样可以消除汇聚节点单节点失效导致业务中断的风险，大大提高设备的安全性。

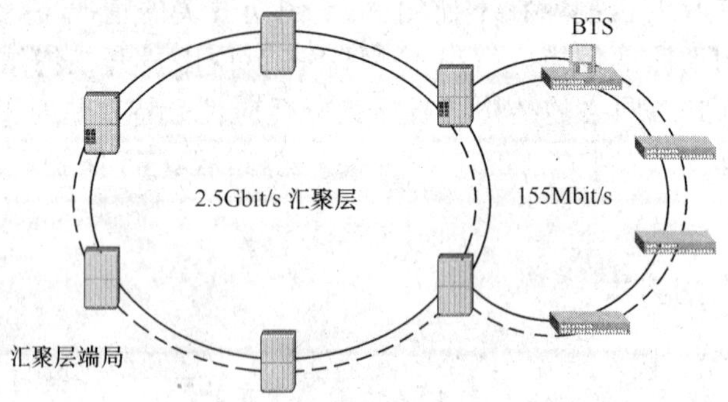

图 9-15　双节点互连端到端通道保护的组网方式

3. 双节点挂环 MSP＋通道保护的组网方式

采用双节点挂环 MSP＋通道保护组网方式的网络结构如图 9-16 所示。接入环挂接在同一汇聚环上不同的汇聚设备上，相邻基站的电路通过不同的汇聚节点汇聚。这种互连方式要求接入层通道保护环能够配合骨干层 MSP 环，同一个 2Mbit/s 业务的主用和保护路由均由同一个汇聚节点进行转接，虽然单个层面上业务均有较好的保护，但整个业务路径上存在单个节点互联的风险。

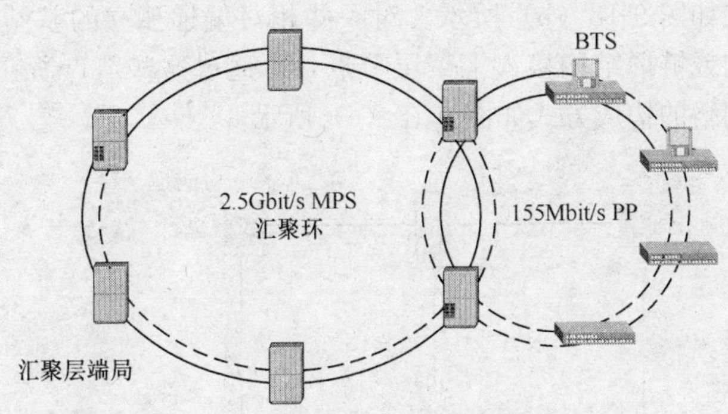

图 9-16 双节点挂环 MSP+通道保护组网方式

4. 双平面单节点互连 MSP+PP 组网方式

采用双平面单节点互连 MSP+PP 组网方式的网络结构如图 9-17 所示。汇聚层组建双平面，接入环采用单节点方式连接在单个汇聚设备上，接入层节点采用间插组网，即在接入层站点较多光缆环上采用同一条光缆，但不同的光纤环采用不同的芯缆，这样分纤隔点组成两个 155Mbit/s 接入环，如图 9-13 右图所示。

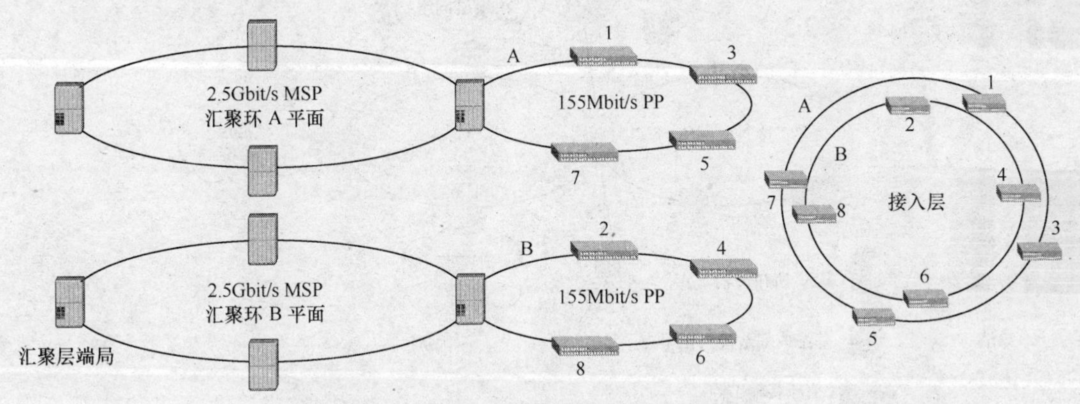

图 9-17 双平面单节点互联 MSP+PP 组网方式

9.3.4 接入层组网方案

接入层传输设备可根据接入光缆路由分别组成环形、星形、树形或链形结构。根据基站分布的特点，归纳了 3 种基站接入的组网模式。

由于市内的基站分布较密集，而且所需使用的载频数也较多。因此，通常会在市内的繁华地段和各区的中心地带，其光缆的建设相对比较完善，对于这类基站的接入，专家建议市区内的各基站接入汇聚点之间易采用网格网来组建汇聚层网络，这样可通过逻辑环形网方式进行电路的组织调度，将基站的电路需求汇集到基站控制器中。传输网络的构成方式如图 9-18（a）所示。而在基站分布较分散的地区，由于基站间的距离相对较远，采用物理上 mesh 网络结构会相对造成传输资源的浪费，因此专家建议在这类基站中选择部分基站接入汇聚点（该局同时也可是一个基站），通过环形网或线形、星型结构将一定范围内的基站接入该基站接入汇聚点，几个基站接入汇聚点通过环型结构和 BSC 所在的骨干传输节点相连。

传输网络的构成方式如图 9-18（b）所示。对一些相对偏远孤立的基站或载频数小的基站，可以直接用星形结构或链形结构接入汇聚层节点，再通过这些节点所在的环网进入 BSC 所在传输节点。传输网络的构成方式如图 9-18（c）所示。

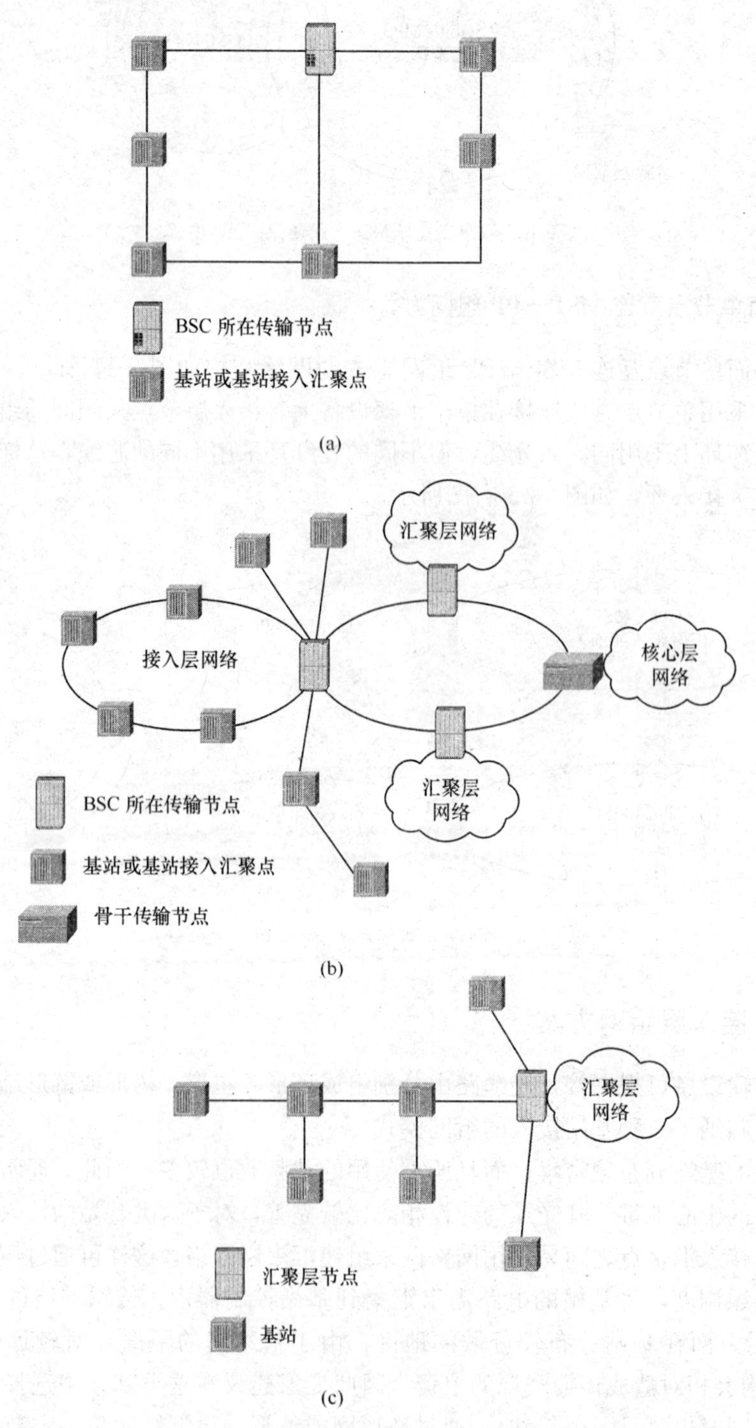

图 9-18　基站接入传输组网示意图

9.4 MSTP在IP承载网中的应用

MSTP作为新业务的承载网，可以承载NGN，3G等业务。以NGN为例，MSTP对AG（接入网关）上行的承载主要有以太网汇聚的方式和MSTP内嵌RPR环网的方式，如图9-19所示。前者各AG上行的FE、GE业务将承载在MSTP的不同VC通道，独占带宽，可以保证各类业务的QoS和安全，在核心节点处通过GE汇聚进入到骨干路由器。后者利用MSTP的部分VC开通RPR环网，RPR技术提供QoS，支持公平算法和业务优先级。这两种方式都可以利用LCAS对业务带宽进行平滑调整，满足业务发展的需求。同时，MSTP网络还提供其他业务的接入，使网络利用率进一步提高。在具体的组网中，应根据网络情况进行选择。如果若干个AG欲接入一个MSTP环网，那么，此时采用内嵌RPR的MSTP方案为最佳方案。如果若干个AG欲接入到不同的MSTP环网或者MSTP设备没有条件组环的环境，则通过汇聚型的MSTP以太网专线的方式接入到骨干路由器，这是一种比较灵活的方案。

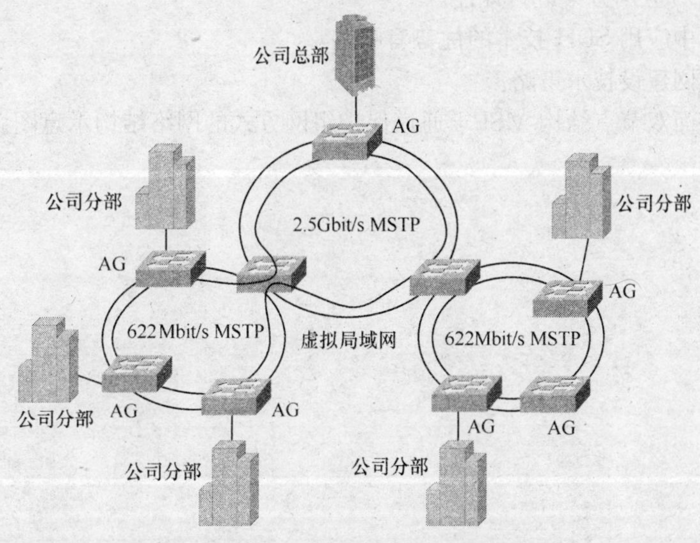

图9-19 利用MSTP提供虚拟局域网组网模式

3G的Node B到RNC（无线网络控制器）之间的传输和NGN中AG上连的传输方式一样，只不过Node B提供的传输接口为IMA 2 Mbit/s或者STM-1（ATM），MSTP则提供EI/STM-1等速率的ATM电路和VP Ring两种方案，在NGN组网过程中，这两种方案所考虑的问题是一致的。

小 结

本章主要对SDH技术运用于国际互联网、接入网时以及MSTP技术应用于城域网时的应用方案进行了详细的分析。

1. SDH在Internet中实现宽带IP网络的主要技术如下。

网络分层技术：核心层、汇接层、接入层。

传送技术：IP over ATM，IP over SDH，IP over WDM。

接入技术；有线接入、无线接入。

2. IP over SDH 技术：数据封装、映射过程、高速路由器、应用方案。

3. 基于 SDH 的千兆以太网技术：数据封装、映射过程、应用方案。

4. SDH 在接入网中的应用：应用优势、应用方案、接入业务类型。

5. MSTP 在城域网中的应用：核心层、汇聚层、接入层组网方案。

复 习 题

1. 简述宽带 IP 网络中所运用的网络分层结构。
2. 请说出在宽带 IP 网络中所使用的传送技术有哪些？
3. 简述 IP over SDH 的基本工作原理。
4. 画出 SDL 帧结构。
5. 请对 GEOS 应用方案进行评述。
6. 在接入网中应用 SDH 技术的优势有哪些？
7. 简述城域网建设技术策略。
8. 画出双平面双节点结构 MSP＋通道保护组网方式的网络结构示意图。

第10章 SDH传输网的规划设计

目前许多通信网交换局之间都采用SDH网作为传输网，它为交换局之间提供高速高质量的数字传送能力，而且SDH也是宽带IP城域网常采用的骨干传输技术之一。由此可见如何进行SDH传输网的规划设计是至关重要的。

本章首先介绍SDH传输网规划设计的原则，然后举例说明本地SDH传输网规划设计的内容。

10.1 SDH传输网规划设计的原则

在进行SDH传输网络规划设计时，除应参照原邮电部1994年制定的《光同步传输技术体制》的相关标准和有关规定外，还要结合具体情况，确定网络拓扑结构、设备选型等内容，此外还要注意以下问题。

(1) SDH传输网络的建设应有计划分步骤实施。一个实用的SDH网络结构相当复杂，它与经济、环境以及当前业务发展状况有关。因而在综合考虑建设资金、业务量和技术等条件的前提下，逐步向更完善的网络结构过渡。

(2) SDH网络规划应与本地电话网的范围相协调，省内传输网络建设一般应覆盖所有长途传输中心所在的城市。

(3) 我国的长途传输网目前是由省际网（一级干线网）和省内网（二级干线网）两个层面组成的，SDH网络规划应考虑两个层的合理衔接。

(4) 当进行SDH网络规划时，除考虑电话业务之外，必须兼顾数据、图文、视频、电路租用等业务对传输的要求。另外还应从网络功能划分方面考虑到支撑网对传输的要求，同时还要充分考虑网络的安全性问题，以此根据网络拓扑和设备配置情况，确定网络冗余度、网络保护方式和通道调度方式。

(5) 在我国的SDH映射结构中，只对PDH 2Mbit/s，34Mbit/s和140Mbit/s三种支路信号提供了映射路径，又由于34Mbit/s信号的频带利用率最低，故而建议使用2Mbit/s和140Mbit/s接口。如需要可经主管部门审批后，可为34Mbit/s支路信号提供接口。

(6) 新建立的SDH网络是叠加在原有PDH网络上的，两种网络之间的互连可通过边界上的接口来实现，但应尽量减少互连的次数以避免抖动的影响。

10.2 SDH 传输网规划设计的内容

本节主要介绍本地 SDH 传输网规划设计的内容。

10.2.1 SDH 传输网规划设计的内容

SDH 传输网规划设计包括以下内容：

- 网络拓扑结构的设计；
- 设备选型；
- 局间中继电路的计算与分配；
- 环的容量的设计；
- 局间中继距离的计算；
- SDH 网络保护方式的选择；
- SDH 网同步的设计。

10.2.2 SDH 传输网规划设计举例

下面以某市为例说明如何进行 SDH 传输网的规划设计。

1. 网络拓扑结构的设计

在选择 SDH 传输网的拓扑结构时，应考虑到以下几方面的因素。

（1）在进行 SDH 网络规划时，应从经济角度衡量其合理性，同时还要考虑到不同地区、不同时期的业务增长率的不平衡性。

（2）应考虑网络现状、网络覆盖区域、网络保护及通道调度方式以及节点传输容量，最大限度地利用现有网络设备。

（3）由于环形网环中接入节点数受到传输容量的限制，因而环网适用于传输容量不大、节点数较少的地区。通常当环的节点设备速率为 STM-4 时，接入节点数一般在 3～5 个为宜，当 ADM 的速率为 STM-16 时，接入节点数不宜超过 10 个。

（4）根据具体业务分布情况和经济条件，选择适当的保护方式。

前面介绍过 SDH 网络的拓扑结构有线形、星形、树形、环形和网孔形，由于环形拓扑结构具有自愈功能，所以在本地 SDH 传输网规划设计时一般采用环形拓扑结构，并根据情况配以一定的线形（也叫链形）。

环形拓扑结构中各节点的设备一般选用分插复用器（ADM）。

图 10-1 所示是某市本地网的拓扑结构。为了便于集中计费和实现新业务，上级地区本地网已经采用智能网软交换平台。采用了智能网软交换平台后，要求本地网内任意端局的任何一次呼叫必须经过智能网软交换平台交换后，才能到达目的局。所以即使一个端局内的用户呼叫本端局的另一用户，也必须经过智能网软交换平台，才能到达本端局的另一用户。所以本地区的各端局之间无直达电路，各端局只与汇接局 A 有电路。

所设计的 SDH 传输网所连接的本地网的逻辑结构也如图 10-1 所示。本次设计的传输网所连接的局站共有 10 个，其中汇接局 A 与端局 B、端局 C、端局 D、端局 E 和端局 F 以星

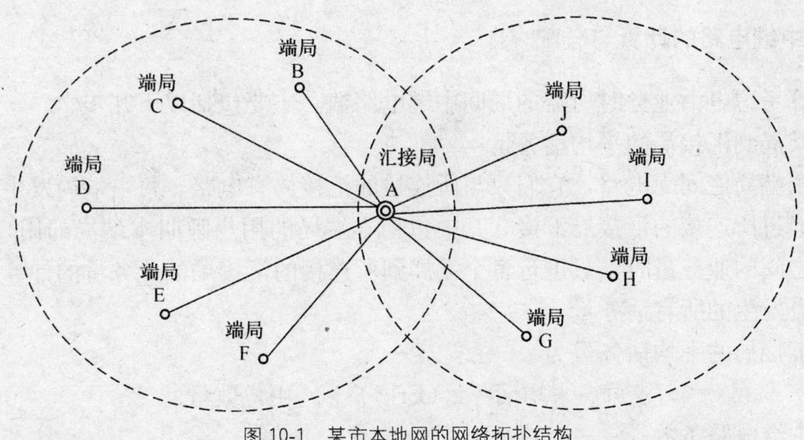

图 10-1　某市本地网的网络拓扑结构

形方式连接，又同时与端局 G、端局 H、端局 I 和端局 J 以星形方式连接。

本次设计的传输网的物理结构如图 10-2 所示。

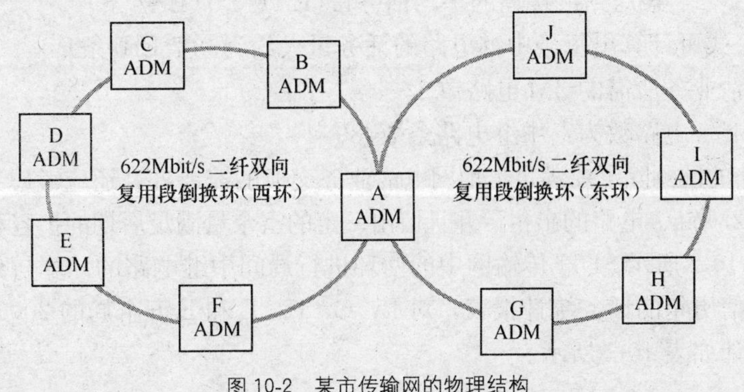

图 10-2　某市传输网的物理结构

由图 10-2 可见，所设计的 SDH 传输网连成两个环路，两环之间通过汇接局 A 相连。

2. 设备选型

目前，生产 SDH 设备的厂家颇多：国外的有朗讯、富士通等公司，国内的有武汉院、中兴、华为等公司。在进行设备选型时要综合考虑：技术先进性、可靠性、适用性、经济性和组网灵活性等因素。

例如，图 10-2 所示的 SDH 网络，选择使用中兴公司生产的 ZXSM-150/600/2500 系列 SDH 光同步传送设备。该设备的特点如下。

（1）可由 STM-1 升级到 STM-4 直至 STM-16，只需要更换光接口板，实现平滑升级。

（2）它的核心设计理念是“模块化的平台式结构”，设备硬件采用模块化设计，将 SDH 设备所处理的各项功能分为网元控制、ECC 通信处理、净荷交叉、开销处理和时钟电源等功能模块，并相对独立。

（3）在业务通道上，系统可提供 4 个群路方向的 STM-16 光接口、12 个群路方向的 STM-4 光接口、32 个群路方向的 STM-1 光接口，可以组成复杂的传输网络。

（4）配置 BITS 外部时钟接口盒，可提供 2 路 2Mbits/s 或 2 路 2MHz 的外部时钟接入或 2 路 2Mbits/s 或 2 路 2MHz 的外部时钟输出。

3. 局间中继电路的计算与分配

首先计算考虑电话业务时所需的局间中继电路数，主要包括以下几步。

（1）求某局到汇接局的平均话务量

由于各个端局之间无电路，它们只与所连接的汇接局有电路，每一端局发生的任何一次呼叫均需要经过所连接的汇接局汇接（其中包括本端局的用户呼叫本端局的用户）。所以在计算各局站之间的业务量时，只进行各个端局到所连接的汇接局的业务量的计算，即只计算各个端局各自发生的所有话务量。

某局到汇接局的平均话务量为

每户平均话务量(Erl/户)×用户数量

（2）求中继电路条数

查厄朗表（呼损率不大于 1%）得到中继电路条数，或根据下列计算方法得出中继电路条数

某局到汇接局的平均话务量(Erl)/0.7(Erl/条)

（根据厄朗公式可计算出每条中继电路的话务量大约为 0.7 Erl/条）

（3）计算电话业务所需的 2M 电路数

所需的 2Mbit/s 电路数为：中继电路条数/30

2Mbit/s 电路的预测除了要满足本地网电话业务交换的需要外，还应考虑到宽带节点、城域网节点、用户 2Mbit/s 电路的出租，并且留出一定的富余量满足后期的扩容和发展需要。

例如，对图 10-2 所示 SDH 传输网中的西环进行局间中继电路的计算与分配。

查阅该市电信历年的话务统计报表，对 B，C，D，E 和 F 五个局的 2000 年～2007 年用户平均话务量统计如表 10-1 所示。

表 10-1 每户平均话务量 单位：Erl

局 名	2000 年	2002 年	2003 年	2004 年	2005 年	2006 年	2007 年	总平均
B	0.011	0.021	0.028	0.032	0.039	0.041	0.033	0.029
C	0.012	0.018	0.026	0.033	0.037	0.041	0.033	0.028
D	0.010	0.017	0.021	0.026	0.029	0.033	0.025	0.023
E	0.010	0.012	0.016	0.019	0.021	0.023	0.020	0.017
F	0.011	0.016	0.019	0.023	0.026	0.029	0.024	0.021

另外，依照目前电信市场的发展情况来看，固定电话的发展速度已经远落后于移动电话。所以，在考虑 3～5 年的固话发展量上，分析目前的实际情况，应该是装机增量很小，因此，语音话务量的计算依照现在的用户数来计算。各局的用户量统计如表 10-2 所示。

表 10-2 用户量统计表 单位：户

局 名	B	C	D	E	F
用户量	7 326	6 823	3 238	4 369	4 966

下面以 B 局为例来计算中继电路数。

B 局到 A 局的平均话务量为

每户平均话务量(Erl/户)×用户数量

即 0.029 Erl/户×7 326 户 ＝ 213 Erl

查厄朗表（呼损率不大于 1%）得到中继电路条数为 305（或 213/0.7＝305）。

2Mbit/s 电路数为：

305/30 ＝ 11(个)

以上预测的是电话业务所需的 2Mbit/s 电路数，再考虑到宽带节点、城域网节点、用户 2Mbit/s 电路的出租，并为后期的扩容和发展需要留出一定的富余量。得出各局所需的 2Mbit/s 电路数如表 10-3 所示。

表 10-3　　2Mbit/s 电路统计表

序　号	站　点	2Mbit/s 配置（个）	富余 2Mbit/s（个）	其他业务 2Mbit/s（个）	2Mbit/s 合计（个）
1	B	11	4	5	20
2	C	10	2	6	18
3	D	4	2	2	8
4	E	4	2	2	8
5	F	5	2	3	10
合计		34	12	18	64

西环各局的业务矩阵图如表 10-4 所示。

表 10-4　　622Mbit/s 西环业务矩阵图

局　址	A	F	E	D	C	B	小计
A		10	8	8	18	20	64
F	10						10
E	8						8
D	8						8
C	18						18
B	20						20
小计	64	10	8	8	16	20	128

由表 10-4 可得到西环通路组织图如图 10-3 所示。

4. 环的容量的设计

我国的 SDH 传输网技术规定中的复用映射结构是以 G.709 建议的复用结构为基础的，1 个 STM-1 里包含 63 个 2Mbit/s。由表 10-4 可知，西环实际容量为 128 个 2Mbit/s，所以应该选 STM-4（即 622Mbit/s 环）。按照同样的方法可以得到东环的各局的业务矩阵图、通路组织图等（不再赘述），结论是东环也选 STM-4（即 622Mbit/s 环）。

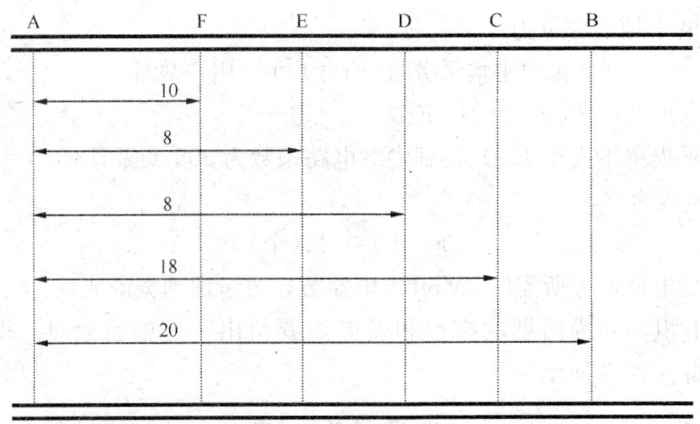

图 10-3 622Mbit/s 西环通路组织图（单位：2Mbit/s）

5. 局间中继距离的计算

中继距离的计算是 SDH 传输网设计的一项主要内容。在计算中继距离时应考虑衰减和色散这两个限制因素。其中色散与传输速率有关，高速传输情况下甚至成为决定因素。下面分别进行讨论。

（1）衰减受限系统

在衰减受限系统中，中继距离越长，则光纤系统的成本越低，获得的技术经济效益越高。因而这个问题一直受到系统设计者们的重视。当前，广泛采用的设计方法是 ITU-T G. 956 所建议的极限值设计法。这里将在进一步考虑到光纤和接头损耗的基础上，对中继距离的设计方法（极限值设计法）加以描述。

在工程设计中，一般光纤系统的中继距离可以表示为

$$L_a = \frac{P_T - P_R - A_{CT} - A_{CR} - P_P - M_E}{A_f + A_S + M_C} \tag{10-1}$$

式中，

P_T 表示发送光功率（dBm）；

P_R 表示接收灵敏度（dBm）；（接收灵敏度是指系统满足一定误码率指标的条件下接收机所允许的最小光功率。）

A_{CT} 和 A_{CR} 分别表示线路系统发送端和接收端活动连接器的接续损耗（dB）；

P_P 是光通道功率代价（dB），包括反射功率代价 P_r 和色散功率代价 P_d；

M_E 是设备富余度（dB）；

A_f 是中继段的平均光缆衰减系数（dB/km）；

A_S 是中继段平均接头损耗（dB/km）；

M_C 是光缆富余度（dB/km）。

（2）色散受限系统

在光纤通信系统中，如果使用不同类型的光源，则由光纤色散对系统的影响各不相同，下面分别加以介绍。

① 多纵模激光器和发光二极管

就目前的速率系统而言，通常光缆线路的中继距离用下式确定，即

$$L_D = \frac{\varepsilon \times 10^6}{B \times \Delta\lambda \times D} \tag{10-2}$$

式中，

L_D ——传输距离（km）；

B ——线路码速率（Mbit/s）；

D ——色散系数（ps/km·nm）；

$\Delta\lambda$ ——光源谱线宽度（nm）；

ε ——与色散代价有关的系数。

其中 ε 由系统中所选用的光源类型来决定，若采用多纵模激光器（MLM），因而具有码间干扰和模分配噪声两种色散机理，故取 $\varepsilon=0.115$；若采用发光二极管（LED），由于主要存在码间干扰，因而应取 $\varepsilon=0.306$。

② 单纵模激光器

单纵模激光器（SLM）的色散代价主要是由啁啾声决定的。对于处于直接强度调制状态下的单纵模激光器，其载流子密度的变化是随注入电流的变化而变化。这样使有源区的折射率指数发生变化，从而导致激光器谐振腔的光通路长度相应变化，结果致使振荡波长随时间偏移，这就是所谓的频率啁啾现象。因为这种时间偏移是随机的，因而当受上述影响的光脉冲经过光纤后，在光纤色散的作用下，可以使光脉冲波形发生展宽，因此接收取样点所接收的信号中就会存在随机成份，这就是一种噪声——啁啾声。严重时会造成判决困难，给单模数字光通信系统带来损伤，从而限制传输距离。

其中继距离计算公式如下

$$L_C = \frac{71\,400}{\alpha \cdot D \cdot \lambda^2 \cdot B^2} \tag{10-3}$$

式中，α 为频率啁啾系数。当采用普通 DFB 激光器作为系统光源时，α 取值范围为 4～6；当采用新型的量子阱激光器时，α 值可降低为 2～4；同样 B 仍为线路码速率，但量纲为 Tbit/s。

以上分别介绍了考虑衰减和色散时计算中继距离的公式，对于某一传输速率的系统而言，在考虑上述两个因素同时，根据不同性质的光源，可以利用式（10-1）和式（10-2）或式（10-3）分别计算出两个中继距离 L_a 和 L_D（或 L_C），然后取其较短的作为该传输速率情况下系统的实际可达中继距离。

6. SDH 网络保护方式的选择

前面介绍了有关 SDH 网络保护方式的内容，我们已知环形网采用自愈环进行网络保护。在实际规划设计一个 SDH 传输网时，应根据本地区的实际情况（如容量、经济情况等）综合考虑采用哪一种自愈环。

图 10-2 所示的 SDH 传输网采用二纤双向复用段保护方式，如图 10-4 所示。

本网络所设计的西环保护倒换示意图如图 10-5 所示。

本书第 5 章已经介绍过二纤双向复用段倒换环的保护倒换原理，下面针对本网络所设计的西环保护倒换为例具体说明是如何保护倒换的。

以 A 局到 D 局通信为例，图 10-5（a）所示是正常情况，AD 之间的通信，低速支路信

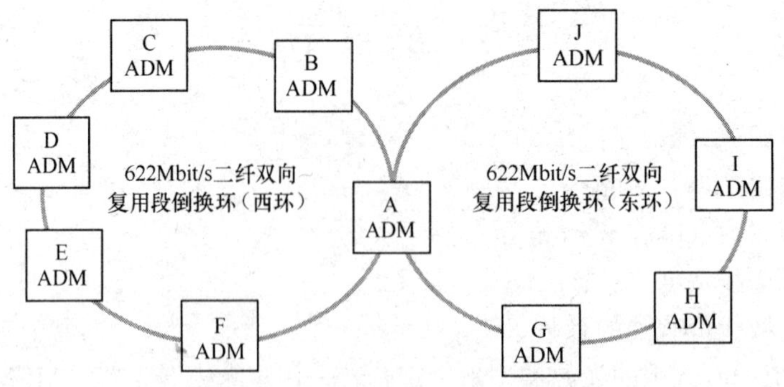

图 10-4　SDH 传输网采用二纤双向复用段倒换方式

号在 A 局馈入到 S1（S1/P2 光纤的前一部分时隙），沿 S1 经 F、E 到 D 落地接收。DA 之间的通信，低速支路信号在 D 局馈入到 S2（S2/P1 光纤的前一部分时隙），沿 S2 经 E 和 F 到 A 落地接收。

图 10-5（b）所示假设 A 和 F 节点间光缆被切断，与切断点相邻的 A 局和 F 局中的倒换开关将 S1/P2 光纤与 S2/P1 光纤沟通（即开关倒换）。AD 之间的通信，低速支路信号在 A 局馈入到 S1，由 S1 倒换到 P1，沿 P1 由 A，经 C，D 和 E 到 F，在 F 局信号由 P1 倒换到 S1，沿 S1 经 E 到 D 落地接收。DA 之间的通信，低速支路信号在 D 局馈入到 S2，沿 S2 经 E 到 F，在 F 局信号由 S2 倒换到 P2，沿 P2 经 E，D，C 和 B 到 A，在 A 局信号由 P2 倒换到 S2 落地接收。

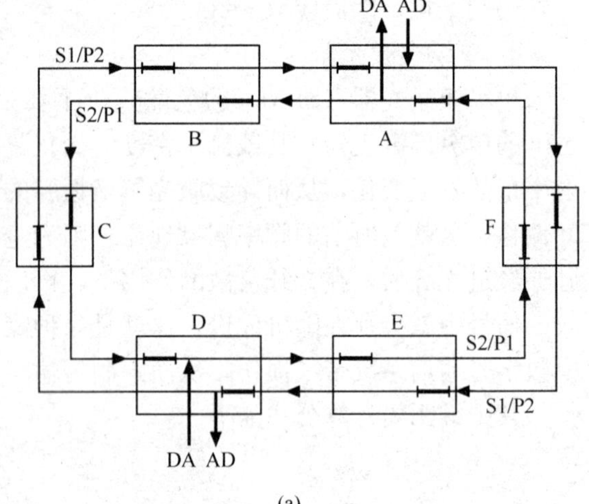

(a)

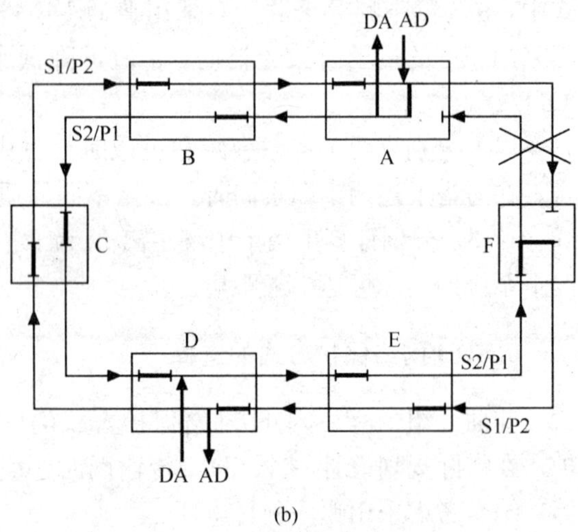

(b)

图 10-5　西环保护倒换示意图

7. SDH 网同步的设计

在进行 SDH 网同步的设计时应该注意以下几点。

（1）同步网定时基准传输链的长度要尽量短。

（2）所有节点时钟的 NE 时钟都至少可以从两条同步路径获取定时（即应配置传送时钟的备用路径）。这样，原有路径出故障时，从时钟可重新配置从备用路径获取定时。

（3）不同的同步路径最好由不同的路由提供。

（4）一定要避免形成定时环路。

例如，图 10-2 所示的 SDH 传输网的时钟同步系统采用主从同步方式，即 SDH 系统采用外部定时工作方式。时钟跟踪的情况如图 10-6 所示。

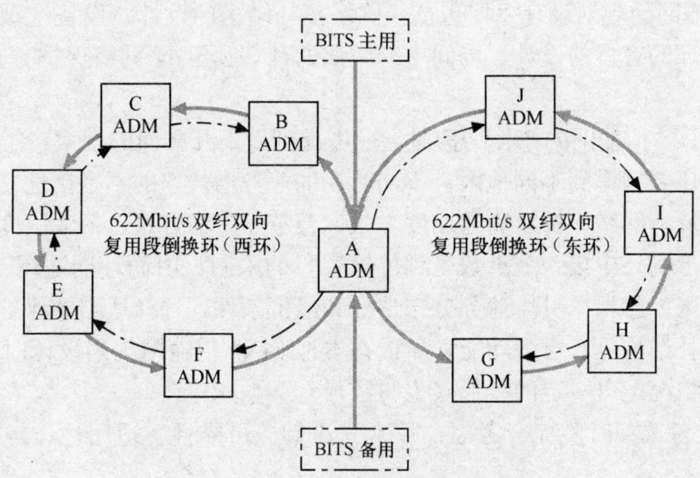

图 10-6 某市 SDH 传输网时钟跟踪示意图

在本环网系统中由于环网的节点较多，因此采用从 A 局 BITS 设备分别引用两路同步时钟信号的工作方式。

主用时钟信号：从 A 局的长途电信枢纽大楼的长途传输机房现有的大楼综合定时供给系统 BITS 设备配置 DDF 架上引入 2Mbit/s 主用同步时钟信号，接入本次工程新设 SDH 设备 A 节点的外部同步时钟输入口 1，其余各站 SDH 设备从线路信号中提取 2Mbit/s 的主用时钟。

备用时钟信号：从 A 局本地传输机房现有定时供给系统 BITS 设备配置 DDF 架上引入 2Mbit/s 备用同步时钟信号，接入本工程新设 SDH 设备 A 节点的外部同步时钟输入口 2，其余各站 SDH 设备从线路信号中提取备用时钟。

时钟保护按以下方法配置。

A 局的外部时钟源 1 分配 ID 为 1，外部时钟源 2 分配 ID 为 2，内部时钟源分配 ID 为 3，全网节点启动 S1 字节，时钟源跟踪级别设置如下。

A 局：外部时钟源 1 / 外部时钟源 2/内部时钟源；

B，C，D，E，F，G，H，I 和 J 局：跟踪主用时钟源/跟踪备用时钟源/内部时钟源。

正常情况下，各局从第一等级提取时钟，即跟踪主用时钟源。假如图 10-5 中，西环 C 局与 B 局之间的光缆断裂时，B 局跟踪 A 局的主用时钟源，而 C，D，E 和 F 局则只能从第二等级提取时钟，即跟踪备用时钟源。

小 结

1. SDH 传输网络规划设计的原则是：（1）SDH 传输网络的建设应有计划分步骤实施。（2）SDH 网络规划应与本地电话网的范围相协调。（3）SDH 网络规划应考虑我国的长途传输网两个层的合理衔接。（4）当进行 SDH 网络规划时，除考虑电话业务之外，必须兼顾考虑数据、图文、视频、电路租用等业务对传输等的要求。（5）建议使用 2Mbit/s、140 Mbit/s 接口。（6）SDH 网络与 PDH 网络之间的互连可通过边界上的接口来实现，但应尽量减少互连的次数以避免抖动的影响。

2. SDH 传输网的规划设计主要包括：网络拓扑结构的设计、设备选型、局间中继电路的计算与分配、环的容量的设计、局间中继距离的计算、SDH 网络保护方式的选择和 SDH 网同步的设计。

3. 在选择 SDH 传输网的拓扑结构时，应考虑到以下几方面的因素：①从经济角度衡量其合理性，同时还要考虑到不同地区、不同时期的业务增长率的不平衡性。②应考虑网络现状、网络覆盖区域、网络保护及通道调度方式以及节点传输容量，最大限度地利用现有网络设备。③由于环形网环中接入节点数受到传输容量的限制，因而环网适用于传输容量不大、节点数较少的地区。④根据具体业务分布情况和经济条件，选择适当的保护方式。

由于环形拓扑结构具有自愈功能，所以在本地 SDH 传输网规划设计时一般采用环形拓扑结构，并根据情况配以一定的线形（也叫链形）。

4. 在进行设备选型时要综合考虑：技术先进性、可靠性、适用性、经济性和组网灵活性等因素。

5. 局间中继电路的计算与分配，首先计算考虑电话业务时所需的局间中继电路数，主要包括以下几步：①求某局到汇接局的平均话务量；②求中继电路条数；③计算电话业务所需的 2Mbit/s 电路数。再考虑到宽带节点、城域网节点、用户 2Mbit/s 电路的出租，并为后期的扩容和发展需要留出一定的富余量，得出各局所需的 2Mbit/s 电路数。由此得出各局的业务矩阵图和环路通路组织图。

6. 根据各局的业务矩阵图考虑环的容量。

7. 局间中继距离的计算考虑衰减和色散这两个限制因素。

8. 环形网采用自愈环进行网络保护。在实际规划设计一个 SDH 传输网时，应根据本地区的实际情况（如容量、经济情况等）综合考虑采用哪一种自愈环。

9. 在进行 SDH 网同步的设计时应该注意：①同步网定时基准传输链的长度要尽量短。②所有节点时钟的 NE 时钟都至少可以从两条同步路径获取定时。③不同的同步路径最好由不同的路由提供。④一定要避免形成定时环路。

复 习 题

1. 在本地 SDH 传输网规划设计时一般采用什么类型的拓扑结构？为什么？
2. 在进行设备选型时要考虑哪些因素？
3. 计算局间中继电路数（考虑电话业务）主要包括哪几步？
4. 计算中继距离时应考虑哪两个因素？
5. 在进行 SDH 网同步的设计时应该注意哪些问题？